国家级精品课程建设配套教材

制 冷 技 术

主 编　金 文　逯红杰
参 编　杜芳莉　刘 铭　杜 鹃

U0336020

机械工业出版社

本书为"制冷技术"国家级精品课程建设配套教材，全书共 12 章，分别介绍了蒸气压缩式制冷热力学原理、制冷剂与载冷剂、蒸气压缩式制冷装置、蒸气压缩式制冷系统、制冷机组、水系统、空调制冷站设计、蒸气压缩式制冷系统运转前期工作、双级和复叠式蒸气压缩制冷、吸收式制冷、热泵技术、蓄冷技术等内容。

本书可作为高职高专供热通风与空调工程技术、制冷与空调技术、建筑设备工程技术等专业教材，也可作为从事制冷技术工程技术人员的自学和培训教材。

图书在版编目（CIP）数据

制冷技术/金文，逯红杰主编 . —北京：机械工业出版社，2009.8
（2022.1 重印）
国家级精品课程建设配套教材
ISBN 978-7-111-27871-9

Ⅰ. 制⋯　Ⅱ. ①金⋯②逯⋯　Ⅲ. 制冷技术 – 高等学校 – 教材
Ⅳ. TB66

中国版本图书馆 CIP 数据核字（2009）第 128823 号

机械工业出版社（北京市百万庄大街 22 号　邮政编码 100037）
策划编辑：覃密道　责任编辑：王靖辉　版式设计：霍永明
责任校对：李秋荣　封面设计：张　静　责任印制：李　昂
北京捷迅佳彩印刷有限公司印刷
2022 年 1 月第 1 版第 9 次印刷
184mm×260mm · 17.75 印张 · 437 千字
标准书号：ISBN 978-7-111-27871-9
定价：49.80 元

电话服务　　　　　　　　网络服务
客服电话：010-88361066　机 工 官 网：www.cmpbook.com
　　　　　010-88379833　机 工 官 博：weibo.com/cmp1952
　　　　　010-68326294　金 书 网：www.golden-book.com
封底无防伪标均为盗版　机工教育服务网：www.cmpedu.com

前　言

本书是根据高职高专供热通风与空调工程技术专业的课程教学要求，结合多年的教学和工程实践，配合"制冷技术"国家级精品课程建设而编写的。

本书共12章，分别介绍了蒸气压缩式制冷热力学原理、制冷剂与载冷剂、蒸气压缩式制冷装置、蒸气压缩式制冷系统、制冷机组、水系统、空调制冷站设计、蒸气压缩式制冷系统运转前期工作、双级和复叠式蒸气压缩制冷、吸收式制冷、热泵技术、蓄冷技术等内容。

在编写过程中，编写人员多次对本书的大纲及内容进行研讨，参考了大量的相关专业书籍，并虚心听取了设计院、施工企业的技术专家和制冷系统运行管理一线技术人员的意见和建议，力求使教材更通俗、实用。教材编写以培养高技能应用型专门人才为目的，遵循理论与实践相结合的原则，突出对学生应用能力的培养。内容上深入浅出，符合认知规律。为了便于学生学习和掌握课程内容，本书各章前有学习目标，每节后都编写了小结，每章后列有思考与练习。

本书由金文和逯红杰担任主编。编写分工如下：绪论、第3章、第10章由逯红杰编写；第1章、第2章、第8章由金文编写；第4章、第9章由杜芳莉编写；第5章由刘铭编写；第6章、第7章、第11章、第12章由杜鹃编写。

由于编者水平有限，时间仓促，书中难免有错误或不当之处，恳请专家和使用本书的读者批评指正。

"制冷技术"国家级精品课程网址为：http：//www.xihangzh.com/zlkj，网站提供了丰富的仿真课件、电子教案、思考练习题等网络资源，并有课程全程教学录像，供访问者学习和使用。

编者

目　　录

绪　　论

制冷技术与我们的生活有着密切的关系，从家用电冰箱、空调器、冰柜、空调汽车、空调火车，到宾馆、商场的空调、冷库等，都离不开制冷。制冷技术是由于社会生产和人民生活的需要而产生和发展的，它的发展又促使了社会生产和科学技术的进步，满足了人们生活和生产需要。随着社会的不断进步，国民经济的快速发展，人们生活水平的不断提高，制冷技术将会被越来越多地应用到生产、生活等各个领域。通俗地讲，制冷技术就是研究如何获得低温的一门科学技术。

制冷可以通过两种途径来实现，一种是利用天然冷源，另一种是人工制冷。天然冷源主要是指夏季使用的深井水和冬天贮存下来的天然冰。在夏季，深井水的温度低于环境温度，可以用来防暑降温或作为空调冷源使用；天然冰可以用来食品冷藏和防暑降温。天然冷源虽具有价格低廉和不需要复杂技术设备等优点，但它受到时间和地区等条件的限制，最主要的是受到制冷温度的限制，它只能制取 0℃ 以上的温度。要想获得 0℃ 以下的制冷温度，必须采用人工制冷的方法来实现。本书中所称的制冷均是指人工制冷。

1. 制冷的概念

制冷是指用人工的方法将被冷却对象的热量转移到周围环境介质，使得被冷却对象达到比环境介质更低的温度，并在所需的时间内维持这个低温。

制冷与冷却不同。冷却是热量从高温对象传向低温对象的过程，是一个自发的过程，如一杯开水在空气中的自然冷却，开水的热量自发地传给了空气。而制冷是将低温对象的热量传给高温对象。如同将水从低处输送到高处需要使用水泵消耗电能一样，将热量从低温对象传给高温对象，是一个非自发的过程，需要使用一定的设备，消耗外界能量作为补偿。

实现制冷的机器和设备称为制冷机。制冷机在制取冷量的同时，必须消耗外界能量，这种能量可以是机械能、电能、热能、太阳能或其他形式的能量。

制冷的方法很多，可以认为，凡是伴随着吸热的物理过程都可以用来制冷。按物理过程的不同，制冷的方法有液体气化制冷、气体膨胀制冷、热电制冷、固体绝热去磁制冷等。在我们的专业范围内，应用最为广泛的是液体气化制冷，它是利用液体气化时吸收气化潜热而产生冷效应来实现制冷的。液体气化制冷的方法又包括蒸气压缩式制冷、吸收式制冷、吸附式制冷、蒸气喷射式制冷等。本书主要介绍蒸气压缩式制冷和吸收式制冷，其他制冷方法读者可根据兴趣和需要查阅相关书籍。

制冷剂是制冷过程中将热量从被冷却对象转移到环境的工作介质，也称制冷工质。

为了获得持续的低温，需要连续不断地制冷，制冷剂也就需要连续不断地从被冷却对象吸热和向环境介质放热，从而在制冷机器和设备内形成一个周而复始的循环流动，称为制冷循环。

按照制冷温度的不同，制冷技术可以分为不同的种类。不同的分类方法所划分的温度范围也有所不同，其中一种分类方法把制冷技术分为普通制冷（$T > 120K$）、低温制冷（$T = 4.2 \sim 120K$）和超低温制冷（$T < 4.2K$）。由于制冷温度不同，所采用的制冷剂、制冷方法、

制冷机器及设备都有较大的差别。食品冷藏冷冻、空气调节和一般的生产工艺用冷属于普通制冷的范畴，主要采用液体气化制冷。

2. 制冷技术的应用

随着制冷工业的发展，制冷技术的应用也日益广泛，现已渗透到人们生活、生产、科学研究活动的各个领域，并在改善人类的生活质量方面发挥着巨大的作用，从日常的衣、食、住、行，到尖端科学技术都离不开制冷。美国机械工程师学会将空调制冷技术列为20世纪20项最重大工程技术成就之一（位列第十位）。

1）日常生活中，家用冰箱、空调等均是制冷技术的应用，啤酒、冷饮、胶卷的生产，都离不开制冷技术。没有制冷技术，卫星地面站就不能正常传输信号，就不能正常收看电视节目了。

2）空调工程是制冷技术应用的一个广阔领域。光学仪器仪表、精密计量量具、计算机房等，都要求对环境的温度、湿度、洁净度进行不同程度的控制，需要安装工艺性空调系统；体育馆、大会堂、宾馆、超市、商场等公共建筑和小汽车、飞机、大型客车等交通工具也都需有舒适性空调系统，满足人们的身心健康和提高工作效率。

3）食品行业，易腐食品从采购或捕捞、加工、贮藏、运输到销售的全部流通过程中，都必须保持稳定的低温环境，才能延长和提高食品的质量、经济寿命与价值。这就需有各种制冷设施，如冷加工设备、冷冻冷藏库、冷藏运输车或船、冷藏售货柜台等。

4）精密机床油压系统利用制冷来控制油温，可稳定油膜黏度，使机床能正常工作；对钢进行低温处理可改善钢的性能，提高钢的硬度和强度；机械装配时利用低温进行零部件间的过盈配合等。

5）医疗卫生事业，血浆、疫苗及某些特殊药品需要低温保存，低温冷冻骨髓和外周血干细胞；低温麻醉、低温手术及高烧患者的冷敷降温等也需制冷技术；在生物技术的研究和开发中，制冷技术起着举足轻重的作用；冷冻医疗正在蓬勃发展。

6）国防工业中，航空仪表、火箭、导航的控制仪器以及航空发动机都需要在模拟的高空低温条件下进行低温性能试验；可能在高寒地区使用的汽车、坦克、大炮、枪械等常规武器也需要作低温环境模拟试验。

7）人工降雨也需要制冷技术。在高科技领域，如激光、红外、超导、遥感、核工业、微电子技术、宇宙开发、新材料等，都离不开制冷技术。

8）在石油化工、有机合成、基本化工中的分离、结晶、浓缩、液化、控制反应温度等，都离不开制冷技术。

9）农业中的良种保存、种子处理、人工气候室，都需要低温。

10）建筑业中，对于大型混凝土构件，凝固过程的放热将造成开裂，需要用冰替代水来抵消水泥的固化反应热。在矿山、隧道建设中，遇到流沙等恶劣地质条件，可以用制冷将土壤冻结，实现冻土法开采土方，以保持工作面。

3. 制冷技术的发展

人类最早的制冷方法是利用自然界存在的冷物质如冰、深井水等。早在三千多年前，我国人民已经懂得利用天然冷源，在严寒的冬季采集水面的厚冰贮藏在冰窖里，到夏季再取出来使用，在《诗经》、《左传》、《周礼》中均有记载。到了秦汉时期，冰的使用就更进了一步，到了唐朝已经生产冰镇饮料了。

利用天然冷源严格说还不是人工制冷，现代人工制冷始于 18 世纪中叶，19 世纪中叶开始发展起来。

1748 年，英国人柯伦证明了乙醚在真空下蒸发时会产生制冷效应。

1755 年，爱丁堡的化学教授库仑利用乙醚蒸发使水结冰，他的学生布拉克从本质上解释了融化和汽化现象，提出了潜热的概念，发明了冰量热器，标志着现代制冷技术的开始。

1834 年，在伦敦工作的美国人波尔金斯制成了用乙醚为制冷剂的手摇式压缩制冷机，制得了冰，并正式申请了专利，这是蒸气压缩式制冷机的雏形。其重要进步是实现了闭合循环。

1844 年，美国人戈里介绍了他发明的第一台空气制冷机，并于 1851 年获得美国专利。这是世界第一台制冷和空调用的空气制冷机。

1858 年，美国人尼斯取得了冷库设计的第一个美国专利，从此商用食品冷藏事业开始发展。

1859 年，法国人卡列制成了第一台氨吸收式制冷机，并申请了原理专利。

1872 年，美国人波义耳发明了氨压缩机。

1874 年，德国人林德建成了第一台氨压缩式制冷系统，使氨压缩式制冷机在工业上得到了普遍应用。

1910 年左右，马利斯·莱兰克在巴黎发明了蒸汽喷射式制冷系统。

1918 年，美国工程师考布兰发明了第一台家用电冰箱。

1919 年，美国在芝加哥建起了第一座空调电影院，空调技术开始应用。

1929 年，美国通用电气公司米杰里发现氟利昂制冷剂 R12，从而使氟利昂压缩式制冷机迅速发展起来，并在应用中超过了氨压缩机。

进入 20 世纪后，制冷技术进入实际应用的广阔天地，人工制冷不受季节、区域等的限制，可以根据需要制取不同的低温。随后，人们又发现了半导体制冷、声能制冷、热电制冷、磁制冷、吸附式制冷、地温制冷等制冷方法。

我国制冷行业的发展始于 20 世纪 50 年代末期，1956 年开始在大学中设立制冷学科，制冷压缩机制造业从仿制开始起步到 20 世纪 60 年代能自行设计制造。改革开放以来，制冷工业得到飞速发展，特别是 80 年代通过引进国外先进技术，使我国已发展成制冷空调产品的生产大国，许多产品已打入了国际市场。

到 20 世纪 80 年代，随着部分氟利昂制冷剂对大气臭氧层的破坏得以公认，寻找新的、可替代的制冷剂成了新的研究方向。随着制冷空调的应用越来越广泛，其消耗的电能占用电量的比重越来越大，制冷空调的节能也显得越来越重要，对太阳能、地热能的开发和利用，系统能量的回收再利用尤为必要。随着自动控制技术的发展，制冷系统的运行管理已普遍采用微机控制，同时网络技术用于制冷系统的远程控制、故障诊断已经成为现实，从而使制冷系统能够更加可靠、节能、高效地运行

4. 本课程的主要内容及学习方法

本课程主要阐述单级蒸汽压缩式制冷的基本原理；制冷剂的性质及制冷剂的替代；制冷压缩机和设备的构造、性能；制冷系统的构成和设计方法；制冷机组的组成及选用；冷却水和冷冻水系统的组成与设计；双级和复叠式制冷的原理；蒸汽压缩式制冷系统的试运转；溴化锂吸收式制冷机组的工作原理；空调制冷站的设计；热泵、蓄冷技术的原理和应用等。

　　本课程以"流体力学"、"热工基础"等课程为理论基础，学习过程中应重视理论联系实际，注重课内实践、参观、实物展示、设备拆装、仿真电子课件等教学形式的利用。

思考与练习

0-1　什么是制冷？制冷和冷却有何不同？

0-2　制冷的方法有哪些？

0-3　日常生活中，你接触到过哪些制冷系统或设备？制冷对你的生活产生了哪些影响？

0-4　结合个人情况，谈谈你将如何学好制冷技术这门课程。

第1章 蒸气压缩式制冷热力学原理

本章目标:

    1. 理解蒸气压缩式制冷系统的基本原理以及系统组成。

    2. 熟悉单级蒸气压缩式制冷循环在压焓图或温熵图上的表示。

    3. 掌握单级蒸气压缩式制冷热力学基础:理想制冷循环、理论制冷循环、实际制冷循环特点。

    4. 熟练应用压焓图对单级蒸气压缩式制冷循环进行热力学计算并了解计算目的。

    5. 理解制冷循环经济评价指标:制冷系数与热力完善度、性能系数与能效比。

    6. 掌握单级蒸气压缩式制冷系统的运行工况以及工况变化对制冷循环性能的影响。

在绪论中了解到,制冷是人为将热量从低温物体传向高温物体,在这个逆向传热过程中,必须要有一个能量补偿。蒸气压缩式制冷是以消耗机械能为补偿条件,借助制冷工质(常称为制冷剂)的状态变化将热量从温度较低的物体不断地传给温度较高的环境介质(通常是自然界的水或空气)中去。在本章,我们学习制冷工质在制冷循环中发生怎样的状态变化,这些变化带来多少热量和能量的转移。

1.1 制冷原理

1. 制冷系统组成

在炎热的夏天我们会有这样的体会,如果身上的汗能够不断地挥发出去,就会感到凉爽,这是因为汗水变为气体扩散到空气中时要吸收大量的汽化潜热,而这些潜热来自我们的身体,所以汗不断挥发,身体里的热量就不断地被带走。也就是说,液体汽化会从外界吸收热量,从而实现制冷的目的。那么在制冷系统中如何来实现制冷呢?

首先要有一种像汗一样能够吸热而汽化的工质,这就是制冷工质,通常称为制冷剂。让制冷剂不断地经过被冷却物,从被冷却物中吸热汽化,使之达到并保持低温。但是制冷剂一旦汽化后就不能再制冷了,而在实际制冷过程中,我们总希望制冷剂能周而复始的被使用,连续地制冷,这就需要有一套机械装置把汽化后的制冷剂再变为液体,恢复其汽化制冷的功能,这套机械装置称为制冷装置。

制冷剂汽化吸热而实现制冷的设备叫蒸发器。蒸发器是一种热交换设备,制冷剂和被冷却物在其中进行热量传递,制冷剂进入蒸发器时是液体,离开时变为气体。将气态制冷剂变回液体的设备是冷凝器。冷凝器也是一种热交换设备,在其中制冷剂向环境(环境介质通常为空气或水)释放热量,由气态冷凝为液态,即制冷剂进入冷凝器时是气体,离开时变为液体,它又具备了汽化能力。但是制冷剂冷凝是向常温常压下的环境介质放热,而制冷后离开蒸发器的气态制冷剂温度很低，低于环境温度（制冷是使被冷却物低于环境温度并保持），这个低温的制冷剂是无法向环境自发放热冷凝的，这就需要一种设备将低温低压蒸发器出口状态的制冷剂，变为高温高压冷凝器入口状态的制冷剂，这个设备就是压缩机。压缩机是耗能设备，它及时地从蒸发器抽取气态制冷剂，维持蒸发器低温低压状态，同时通过压缩作用提高制冷剂温度压力，并向冷凝器输送，实现向环境放热冷凝的目的。这样，制冷剂在蒸发器处于低温低压状态，在冷凝器处于高温高压状态，蒸发器与冷凝器不能直接连接，蒸发器出口与冷凝器入口通过压缩机提高压力实现连接，那么冷凝器出口与蒸发器入口也要有一个完成降压作用的连接设备，这就是节流机构。节流机构一方面将高温高压液态制冷剂节流降压，满足蒸发器工作条件，另一方面还可以调节蒸发器的供液量，满足被冷却物降温变化的要求。

因此，完成一个制冷过程所需最基本的组成设备包括压缩机、冷凝器、节流机构和蒸发器，它们通常称为制冷四大件。其中，压缩机是制冷系统的"心脏"，负责压缩和输送制冷剂蒸气；冷凝器输出热量，将制冷剂蒸气变回液体；节流阀是节流降压设备，供给蒸发器需要的制冷剂状态和流量；蒸发器吸收热量（输出冷量）从而实现制冷。

由压缩机、冷凝器、节流机构和蒸发器四个部件并依次用管道连接成封闭的系统，充注适当制冷工质，这就组成了制冷机，被称为最简单的制冷机。

2. 制冷循环过程

图1-1是最简单的制冷机结构组成示意图，也是工程中常见的蒸气压缩式制冷系统图。它由压缩机、冷凝器、节流阀和蒸发器组成。其工作过程如下：

压缩机吸入来自蒸发器的低温低压制冷剂蒸气，经压缩，提高其压力达到冷凝压力 p_k 之后送入冷凝器，放出热量并传给冷却介质（通常是常温常压下的水或空气），由高温高压制冷剂蒸气冷凝成液体，液化后的高温高压制冷剂又进入节流机构，通过节流降温降压，达到蒸发压力 p_0 后进入蒸发

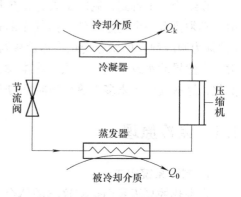

图1-1　蒸气压缩式制冷系统图

器，在蒸发温度 t_0 下吸收被冷却介质的热量，低温低压制冷剂液体沸腾，变成低温低压的蒸气，随即再次被压缩机吸入，重复上述过程。制冷剂在单级蒸气压缩式制冷系统中周而复始的工作过程就叫蒸气压缩式制冷循环。通过制冷循环制冷剂不断吸收周围空气或物体的热量，从而使室温或物体温度降低，以达到制冷的目的。

在制冷过程中，蒸发器源源不断地从被冷却介质中吸收热量 Q_0，即对被冷却介质产生制冷量 Q_0，而这些热量通过制冷剂载送到冷凝器，再释放给冷却介质，同时制冷剂在传送热量过程中需要压缩机做功耗能 W，在冷凝器也一并释放给冷却介质，因此冷凝器传出的热量包括制冷量 Q_0 和压缩功率 W 两个方面，这部分热量称为冷凝热负荷 Q_k。

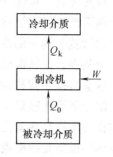

图1-2　制冷过程热量传递示意

$$Q_k = Q_0 + W$$

制冷过程热量传递情况如图 1-2 所示。

在蒸气压缩式制冷循环中，制冷剂不断发生状态变化，并有多种状态存在于系统当中，为了更好地了解制冷剂在不同位置所处的状态，我们可以将制冷系统横向分为两部分，如图 1-3a 所示，上部为高压部分，制冷剂在这部分处于高压——冷凝压力 p_k 状态下，下部为低压部分，制冷剂在这部分处于低压——蒸发压力 p_0 状态下；将制冷系统纵向也可分为两部分，如图 1-3b 所示，左部为液态部分，以液体制冷剂为主要存在形式；右部为气态部分，制冷剂在此为气体状态。

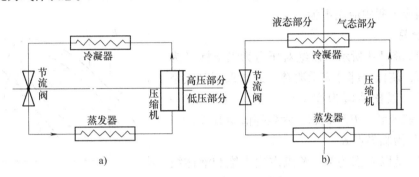

图 1-3　制冷系统中制冷剂的状态变化

制冷原理小结

1. 蒸气压缩式制冷系统基本组成有压缩机、冷凝器、节流机构和蒸发器。

2. 压缩机作用：从蒸发器吸入低温低压气态制冷剂，经压缩变为高温高压气态制冷剂。

3. 冷凝器作用：将压缩机排出的高温高压气态制冷剂与冷却介质进行热交换，放热冷凝为高温高压液态制冷剂。

4. 节流机构作用：对冷凝后的高温高压液态制冷剂节流降压，成为低温低压液态制冷剂。

5. 蒸发器作用：节流机构向蒸发器供液，低温低压液态制冷剂从被冷却介质吸热汽化，变为低温低压气态制冷剂，而被冷却介质在此实现制冷目的。

1.2　压焓图与温熵图

研究一个制冷循环过程，不单单知道其过程的组成，制冷剂发生的状态变化就可以了，而是要对制冷循环过程作定性定量分析计算，对制冷系统进行设计和优化。比如，根据用户对冷量的要求，什么样的制冷机能满足其需求？配置多大功率的制冷压缩机？怎样的冷凝器、节流机构和蒸发器才能与之匹配？制冷剂选用什么物质？制冷系统在什么条件下运行效率才高？

因此，为了深入全面分析蒸气压缩式制冷循环，不仅要研究循环中每一个过程，而且要了解各个过程之间的内在关系及其相互影响。这就需要借助一种分析工具，帮助我们研究整个制冷循环，直观地表述制冷循环中各过程状态变化及其过程特点，这个工具就是制冷剂的温熵图和压焓图，这些制冷剂的热力状态图不仅可以对制冷循环进行分析和计算，而且还能使问题的解决得到简化。

在表示制冷剂状态参数的多种图线中，由于制冷剂的温熵图中，热力过程线下面的面积为该过程所收受的热量，很直观，便于分析比较，常常用于制冷循环的定性分析；而定压过程的吸热量、放热量以及绝热压缩过程压缩机的耗功量都可用过程初、终状态的制冷剂的焓值变化来计算，所以，进行制冷循环的热力计算时，常采用压焓图（也称莫里尔图），因此压焓图在制冷工程中应用更为广泛。

1. 压焓图

压焓图如图1-4所示。以绝对压力为纵坐标（为了缩小图面，使低压部分表示清楚，通常采用对数坐标，即 $\lg p$），以比焓值为横坐标，即 h。图上有一点、二线、三区域、五种状态、六条等值参数线。

"一点"为临界点 K。

"二线"是以 K 点为界，K 点左边为饱和液体线（称为下界线）；右边为干饱和蒸气线（称为上界线）。

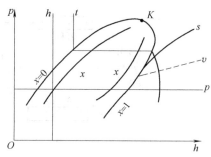

图1-4 压焓图

"三区"是利用临界点 K 和上、下界线将图分成三个区域，下界线以左为过冷液体区；上界线以右为过热蒸气区；二者之间为湿蒸气区（即两相区），在湿蒸气区内，等压线与等温线重合。

"五种状态"包括过冷液体区内制冷剂液体状态；上界线上的饱和制冷剂液体状态；两相区中制冷剂湿蒸气状态；下界线上的饱和制冷剂气体状态；过热蒸气区内制冷剂气体状态。

"六条等值参数线"簇分别为：

1）等压线——水平线。其大小从下向上逐渐增大。

2）等焓线——垂直线。其大小从左向右逐渐增大。

3）等温线——液体区几乎为垂直线，湿蒸气区与等压线重合为水平线，过热区为向右下方弯曲的倾斜线。其大小从下向上逐渐增大。

4）等熵线——向右上方倾斜，且倾角较大的实线。注意等熵线不是一组平行线，越向右走，等熵线越平坦，其值变化越大。其大小从上向下逐渐增大。

5）等容线——向右上方倾斜，但比等熵线平坦的虚线。其大小从上向下逐渐增大。

6）等干度线——只在湿蒸气区域内，下界线为干度 $x = 0$ 的等值线；上界线为干度 $x = 1$ 的等值线；湿蒸气区域内等干度线方向大致与饱和液体线或饱和蒸气线相近。其大小从左向右逐渐增大。

压焓图是进行制冷循环分析和计算的重要工具，应熟练掌握和应用。本书附录中列出了几种常用制冷剂的压焓图。

2. 温熵图

温熵图结构如图1-5所示。它以熵为横坐标，温度为纵坐标。一点、二线、三区域、六条等值参数线如图所示，与压焓图类同。

3. 应用

在温度、压力、比体积、焓、熵、干度等参数中，只要知道其中任意两个状态参数，就可在压焓图或温熵图上确定其状态点，其余参数便可直接从图中读出。

对于一个制冷系统，制冷剂在循环过程中各个状态点表示在压焓图或温熵图上，就形成一个封闭的循环回路，即制冷循环。因此，一个制冷过程只能在压焓图或温熵图上画出一个制冷循环。

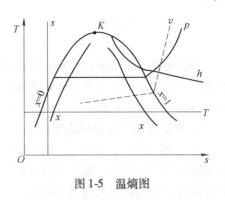

图 1-5　温熵图

1.3　理想制冷循环

1. 理想制冷循环

在热工理论课程的学习中，我们知道卡诺热机和逆卡诺循环，卡诺热机是效率为 100% 的理想热机，在实际中是不存在的。而逆卡诺循环则是卡诺热机的逆向循环，是一个理想的可逆制冷循环，在理论中可以实现制冷，但在工程上同样是不存在的。但是逆卡诺循环从理论上指出了制冷系统设计及提高制冷经济性的重要方向。逆卡诺循环将一个制冷过程通过几个热力学变化过程表达出来，使之可以利用热力状态图进行分析和计算，由此可以设计出一个适当的制冷系统，所以有了理想制冷循环理论基础，再通过一些过渡关系，就可以实现对实际制冷循环的分析计算。

理想制冷循环是逆卡诺循环，它是在两个恒温热源之间，由两个定温过程和两个绝热过程组成，由温熵图和压焓图结构可知，理想制冷循环是在制冷剂的湿蒸气区域内进行的。完成理想制冷循环的必要设备是压缩机、冷凝器、膨胀机和蒸发器，其循环的热力过程表示在温熵图上如图 1-6 所示。

1-2-3-4-1 是存在于高温热源 T'_k 和低温热源 T'_0 之间的理想制冷循环，它将热量从低温热源传送到高温热源，并消耗了功量。制冷循环过程为：单位质量制冷剂沿绝热线 1-2 等熵压缩，使制冷剂温度由低温 T'_0 提升到高温 T'_k，消耗功量 w；然后沿 $T = T'_k$ 等温线进行 2-3 定温冷凝，在高温热源 T'_k 条件下向冷却介质释放热量 q_k；再沿绝热线 3-4 等熵膨胀，使制冷剂温度由高温 T'_k 恢复到低温 T'_0；最后沿 $T = T'_0$ 等温线进行 4-1 定温蒸发，在低温热源 T'_0 条件下向被冷却介质吸收热量 q_0。这样，通过单位质量制冷剂在每一个制冷循环中可制取冷量 q_0，消耗功量 w，两者之比即为该制冷循环的性能指标——制冷系数 ε。制冷系数表示为单位耗功量所能制取的冷量，定义式为：

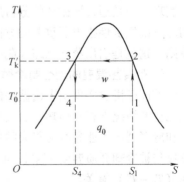

图 1-6　理想制冷循环 T-S 图

$$\varepsilon = \frac{q_0}{w}$$

对于理想制冷循环，即逆卡诺循环来说制冷系数为：

$$\varepsilon_c = \frac{T_0'}{T_k' - T_0'}$$

由此可见，理想制冷循环的制冷系数只与两个热源（冷却介质和被冷却介质）的温度有关，与制冷剂性质等其他因素无关，且冷却介质温度越低、被冷却介质温度越高，制冷系数就越大，制冷循环的经济性就越高。

2. 制约理想制冷循环因素

理想制冷循环实现的关键条件是：高、低温热源恒定，制冷剂在冷凝器和蒸发器中与两个热源间无传热温差，制冷工质流经各个设备中不考虑任何损失，因此，逆卡诺循环是理想制冷循环，它的制冷系数是最高的。

但是在实际工程中，要想满足理想制冷循环的几个关键条件是不现实的，也是无法实现的，主要表现在：

1）压缩过程在湿蒸气区中进行的，危害性很大。若压缩机吸入的是湿蒸气，在压缩过程中必会产生湿压缩，而湿压缩将引起液击等种种不良的后果，严重时甚至毁坏压缩机，在实际运行时应严禁发生。因此，在实际蒸气压缩式的制冷循环中必须采用干压缩，即进入压缩机的制冷剂为干饱和蒸气或过热蒸气。

2）膨胀机进行等熵膨胀不现实。因为蒸气压缩式制冷循环中，制冷剂液体在绝热膨胀前后体积变化很小，而节流损耗较大，以致使所能获得的膨胀功是不足以克服机器本身的工作损耗，且高精度的膨胀机很难加工。因此，在蒸气压缩式制冷循环中，均由节流机构（如节流阀、膨胀阀、毛细管等）代替膨胀机。

3）在实际工程中，无温差传热是不可能实现的，否则理论上要求蒸发器和冷凝器应具有无限大传热面积，这当然是不可能的。所以实际循环只能使制冷剂的蒸发温度（T_0）低于被冷却介质的温度（低温热源 T_0'），制冷剂的冷凝温度（T_k）高于冷却介质的温度（高温热源 T_k'）。

综上可知，虽然逆卡诺循环制冷系数最大，但只是一个理想制冷循环，在实际工程中无法实现，但是通过该循环的分析所得出的结论对实际制冷循环具有重要的指导意义，对提高制冷系统经济性指出了重要的方向。因此，要使实际制冷系统节能运行，必须严格遵循上述原则，这就是引出蒸气压缩式制冷理想循环的主要目的。

3. 带传热温差的理想制冷循环

前面已讲过实现逆卡诺循环的一个重要条件是制冷剂与被冷却介质和冷却介质之间必须在无温差情况下相互传热，而实际的热交换器总是在有温差的情况下进行传热的，因为蒸发器和冷凝器不可能具有无限大的传热面积。所以，实际有传热温差的制冷循环，制冷系数 ε 不仅与被冷却介质温度 T_0' 和冷却介质温度 T_k' 有关，还与热交换过程的传热温差（$T_0' - T_0$）和（$T_k - T_k'$）有关。

例如被冷却介质在蒸发器中的平均温度为 T_0'，而冷却介质在冷凝器中的平均温度为 T_k' 时，逆卡诺循环可用图 1-7 中的 1'-2'-3'-4'-1' 表示。由于有传热温差存在，在蒸发器内制冷剂的蒸发温度 T_0 应低于被冷却介质温度 T_0，即 $T_0 = T_0' - \Delta T_0$；而冷凝器内制冷剂的冷凝温度 T_k 应高于冷却介质温度 T_k'，即 $T_k = T_k' + \Delta T_k$。此时有传热温差的制冷循环可用图 1-7 中的 1-2-3-4-1 表示。从图中可以看出，有传热温差的制冷循环所消耗的功量增大了，多消耗的功量为图中两部分阴影面积 2'233'2' 与 11'4'41 之和，而制冷量却减少了，减少量为 11'4'

41 面积。同理可得具有传热温差的两个绝热、定温过程组成的制冷循环的制冷系数为：

$$\varepsilon_c' = \frac{T_0}{T_k - T_0} = \frac{T_0' - \Delta T_0}{(T_k' + \Delta T_k) - (T_0' - \Delta T_0)} = \frac{T_0' - \Delta T_0}{(T_k' - T_0') + (\Delta T_k + \Delta T_0)}$$

$$< \frac{T_0'}{T_k' - T_0'} = \varepsilon_c$$

上式推导出 $\varepsilon_c' < \varepsilon_c$，这表明具有传热温差的制冷循环的制冷系数总要小于逆卡诺循环的制冷系数。

由于一切实际制冷循环均为不可逆循环，因此，实际循环的制冷系数 ε 总是小于工作在相同热源温度下的逆卡诺循环的制冷系数 ε_c。实际制冷循环的制冷系数 ε 与逆卡诺循环的制冷系数 ε_c 之比称为热力完善度，定义式为：

$$\eta = \frac{\varepsilon}{\varepsilon_c}$$

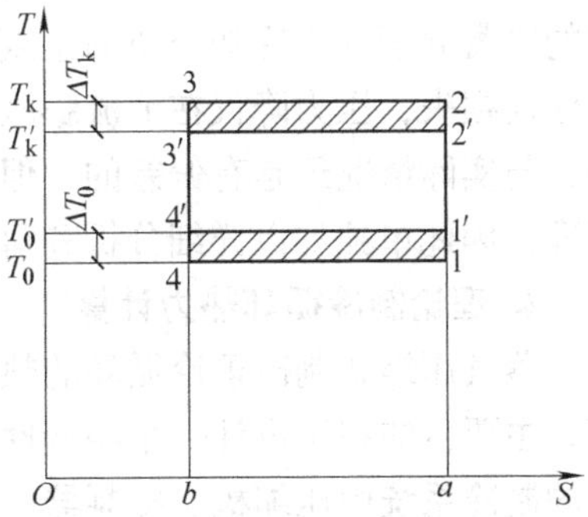

图 1-7　带传热温差制冷循环

热力完善度 η 是小于 1 的数，它愈接近 1，表明实际循环的不可逆程度越小，循环的经济性越好，它的大小反映了实际制冷循环接近逆卡诺循环的程度。

理想制冷循环小结

1. 理想制冷循环是逆卡诺循环，在实际过程中是不存在的。
2. 理想制冷循环组成：等熵压缩、定温冷凝、等熵膨胀、定温蒸发制冷。
3. 制冷系数 ε 是衡量制冷循环经济性的指标。
4. 理想制冷循环制冷系数 ε_c 只与冷却介质和被冷却介质的温度有关，为最大制冷系数。
5. 热力完善度 η 是衡量实际制冷循环接近理想制冷循环程度的指标。

1.4　理论制冷循环

1. 理论制冷循环组成

由理想制冷循环的组成可知，湿压缩、膨胀机和无传热温差使理想制冷循环在实际工程中是不可实现的，因此，在理论制冷循环中作了如下调整：蒸气的压缩采用干压缩代替湿压缩；节流机构代替膨胀机；两个传热过程均为定压过程。

前两条的原因前面已经说明，这里不再重复，那么为什么要把两个传热过程设定为定压过程呢？

为了保证干压缩，压缩机吸入的是干饱和蒸气，则制冷剂吸气状态点位于饱和蒸气线上，那么制冷剂的绝热压缩过程就必定在过热蒸气区进行，压缩终了状态点成为了过热蒸气。因此，制冷剂在冷凝器中首先进行等压降温过程，当制冷剂由过热蒸气变为饱和蒸气后才能进行冷凝相变，而两相区等温线和等压线一致，则相变既是等温变化过程也是等压变化过程，因此，冷凝器中的这个状态变化过程并非单纯的定温凝结过程，而是等压降温和等压冷凝过程。

所以，蒸气压缩式制冷的理论循环是由等熵压缩、等压冷凝、等焓节流和等压蒸发四个过程组成，设定离开蒸发器和进入压缩机的制冷剂为蒸发压力 p_0 下的饱和蒸气；离开冷凝器和进入节流阀的液体是冷凝压力 p_k 下的饱和液体；压缩机的压缩过程为等熵压缩；制冷剂的冷凝温度等于冷却介质的温度，制冷剂的蒸发温度等于被冷却介质的温度；系统管路中无任何损失，压力降仅在节流膨胀过程中产生。显然，上述条件是经过简化后的理论制冷循环，与实际情况还是有偏差的，但便于进行分析研究，且可作为讨论实际循环的基础和比较标准，因此单独加以详细分析和讨论。

2. 理论制冷循环热力计算

蒸气压缩式制冷理论循环的热力计算能够达到什么目的呢？对一个制冷循环进行热力计算，主要目的在于设计一个经济性高的制冷系统，使之运行安全、稳定、节能。而一个最简单的制冷系统由压缩机、冷凝器、节流机构和蒸发器四个设备组成，这四个设备怎样选用，它们之间能否匹配，这些问题都与设备的选型参数有关（见后详述），这就需要对这个制冷循环进行定量计算，即热力计算。

对蒸气压缩式制冷的理论循环进行热力计算，需要借助压焓图，选出完成制冷循环的制冷剂，在该制冷剂的压焓图上绘制其状态变化过程。蒸气压缩式制冷的理论循环压焓图如图1-8所示，制冷循环压焓图绘制步骤如下：

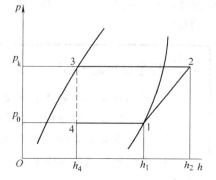

图1-8 蒸气压缩式制冷理论循环

1）在压焓图上绘出冷凝压力 p_k 和蒸发压力 p_0 等值线。

2）蒸发压力 p_0 等值线与干饱和蒸气线的交点为**状态点 1**。状态点 1 表示蒸发器出口和进入压缩机的制冷剂的状态。它是蒸发压力 p_0 的饱和蒸气。过程线 4-1 为制冷工质在蒸发器中定压定温的汽化过程，在这一过程中 p_0 和 t_0 保持不变，利用制冷剂液体在低压低温下汽化吸收被冷却介质的热量使其温度降低而达到制冷的目的。

3）冷凝压力 p_k 等值线与饱和液体线的交点为**状态点 3**。状态点 3 是制冷剂出冷凝器的状态。它是冷凝压力 p_k 下的饱和液体。过程线 2-3 表示制冷剂在冷凝器中定压下的放热过程，过热蒸气区部分为冷却过程，放出过热热量，温度降低，两相区部分为冷凝过程，放出冷凝潜热，温度不变。

4）状态点 1 在过热蒸气区沿等熵线与冷凝压力 p_k 等值线的交点为**状态点 2**。状态点 2 是压缩机排气及进入冷凝器的状态。过程线 1-2 为制冷剂在压缩机中的等熵压缩过程，压力由蒸发压力 p_0 升高到冷凝压力 p_k。由于压缩过程消耗外功，制冷剂温度升高，状态点 2 处于过热蒸气状态。

5）状态点 3 在湿蒸气区沿等焓线与蒸发压力 p_0 等值线的交点为**状态点 4**。状态点 4 为制冷剂出节流阀进入蒸发器的状态。过程线 3-4 为制冷剂液体在节流阀中的节流过程，节流前后的焓值不变，压力由冷凝压力 p_k 降为蒸发压力 p_0，温度也由 t_0 降到 t_k，制冷剂由饱和液体进入气、液两相区，即节流后有部分液体制冷剂闪发成饱和蒸气（称为闪发蒸气）。由于节流过程是不可逆过程，因此在图上用虚线表示。

6）将状态点 1、2、3、4、1 连成一个回路，就是一个完整的理论制冷循环。

在压焓图上绘制好制冷循环后，就可以查出四个状态点的状态参数。一般制冷循环的热力计算需要已知的状态参数有四个状态点的焓值 h_1、h_2、h_3、h_4（其中 $h_3 = h_4$）和压缩机吸气点的比体积 v_1。

这时就可以开始对这个单级蒸气压缩式制冷理论循环进行热力计算。

1）单位质量制冷量 q_0：即 1kg 制冷剂在蒸发器内完成一次制冷循环所制取的冷量，单位为 kJ/kg。该值与蒸发器的制冷量有关，折算为蒸发器制冷量 Q_0，这是蒸发器的选型参数——蒸发面积的计算依据。

$$q_0 = h_1 - h_4$$

2）单位容积制冷量 q_V：即制冷压缩机每吸入 $1m^3$ 制冷剂蒸气在该制冷系统内所能制取的冷量，单位为 kJ/m^2。该值能够评价在制取一定冷量时制冷系统体积的大小。

$$q_V = \frac{q_0}{v_1} = \frac{h_1 - h_4}{v_1}$$

式中　v_1——压缩机吸入制冷剂蒸气的比体积（m^3/kg）。

3）制冷剂质量流量 M_R：制冷系统中制冷剂每秒流通的制冷剂质量，单位为 kg/s，主要针对液态制冷剂。该值可将制冷系统中的各个参数单位量，折算为总量。

$$M_R = \frac{Q_0}{q_0}$$

式中　Q_0——制冷系统的制冷量（kJ/s）。

4）制冷剂体积流量 V_R：制冷系统中压缩机每秒吸入的气体制冷剂体积量，单位为 m^3/s，针对的是制冷剂气体。

$$V_R = M_R v_1 = \frac{Q_0}{q_V}$$

制冷剂体积流量 V_R 在压缩机部分使用时，也被称为压缩机实际输气量，对应该值，制冷压缩机还有一个理论输气量 V_{th}，它是压缩机的选型参数之一，由压缩机气缸结构尺寸和数量决定，两者之间通过输气系数 N（详见第 3 章）建立关系：

$$V_{th} = \frac{V_R}{N}$$

因此，可由制冷剂体积流量 V_R 折算出压缩机的选型参数理论输气量 V_{th}，以备后续选型设计之用。

5）单位冷凝热负荷 q_k：即 1kg 制冷剂在冷凝器内对外所释放的热量，单位为 kJ/kg。该值与冷凝器选择计算有关。

$$q_k = h_2 - h_3$$

6）冷凝器热负荷 Q_k：单位时间冷凝器与冷却介质进行热交换量，单位为 kW。该值是计算冷凝器的设计选型参数——冷凝换热面积的依据。

$$Q_k = M_R q_k$$

7）单位理论功 w_0：制冷压缩机每压缩 1kg 制冷剂蒸气所消耗的功，单位为 kJ/kg。该值与制冷压缩机或其配备电机选择计算有关。

$$w_0 = h_2 - h_1$$

8）压缩机理论耗功率 N_0：制冷压缩机在压缩制冷剂蒸气过程中所消耗的功率，单位为 kW。功率是制冷压缩机匹配的电动机的选型参数。

$$N_0 = M_R w_0 = M_R (h_2 - h_1)$$

9）理论制冷系数 ε_0：指理论制冷循环中，制冷系统制取冷量与所消耗功率的比值。该值评价制冷系统的经济性，即投入多少功率，能产出多少冷量。

$$\varepsilon_0 = \frac{Q_0}{N_0} = \frac{q_0}{w_0} = \frac{h_1 - h_4}{h_2 - h_1}$$

10）热力完善度 η：表示理论制冷循环接近理想制冷循环的程度。

$$\eta = \frac{\varepsilon_0}{\varepsilon_c}$$

例 1-1　某空气调节系统需制冷量 20kW，假定循环为单级蒸气压缩式制冷理论循环，且选用氨作为制冷剂，工作条件为：蒸发温度 $t_0 = 5℃$，冷凝温度 $t_k = 40℃$。试对该理论制冷循环进行热力计算。

解：工作条件：蒸发温度 $t_0 = 5℃$，冷凝温度 $t_k = 40℃$

在制冷剂氨的压焓图上画出相应的制冷循环（图 1-9）：根据 $t_0 = 5℃$ 和 $t_k = 40℃$ 在压焓图上绘制两条等压线，与两条饱和线分别交出制冷压缩机吸气点 1 和冷凝器出液点 3，过点 1 作等熵线得制冷压缩机排气点 2，过点 3 作等焓线得蒸发器入口点 4，1-2-3-4-1 组成该理论制冷循环。

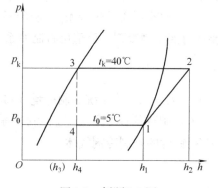

图 1-9　例题 1-1 图

在氨的压焓图上查取相应的热力状态参数值：

$h_1 = 1461.69 \text{ kJ/kg}$

$h_2 = 1633.47 \text{ kJ/kg}$

$h_3 = h_4 = 390.25 \text{ kJ/kg}$

$v_1 = 0.24114 \text{ m}^3/\text{kg}$

① 单位质量制冷量

$$q_0 = h_1 - h_4 = (1461.69 - 390.25) \text{ kJ/kg} = 1071.44 \text{kJ/kg}$$

② 单位容积制冷量

$$q_v = \frac{q_0}{v_1} = \frac{1071.44}{0.24114} \text{kJ/m}^3 = 4443.23 \text{kJ/m}^3$$

③ 质量流量

$$M_R = \frac{Q_0}{q_0} = \frac{20}{1071.44} \text{kg/s} = 0.0187 \text{kg/s}$$

④ 体积流量

$$V_R = M_R v_1 = 0.0187 \times 0.24114 \text{m}^3/\text{s} = 0.00450 \text{m}^3/\text{s}$$

⑤ 单位冷凝热负荷

$$q_k = h_2 - h_3 = (1633.47 - 390.25) \text{ kJ/kg} = 1243.22 \text{kJ/kg}$$

⑥ 冷凝器热负荷

$$Q_k = M_R q_k = （0.0187 \times 1243.22）\ kW = 23.248kW$$

⑦ 单位理论功

$$W_0 = h_2 - h_1 = （1633.47 - 1461.69）\ kJ/kg = 171.78\ kJ/kg$$

⑧ 压缩机理论耗功率

$$N_0 = M_R w_0 = M_R（h_2 - h_1）= （0.0187 \times 171.78）\ kW = 3.212kW$$

⑨ 理论制冷系数

$$\varepsilon_0 = \frac{Q_0}{N_0} = \frac{20}{3.212} = 6.23$$

⑩ 热力完善度

$$\varepsilon_c = \frac{T'_0}{T'_k - T'_0} = \frac{273 + 5}{（273 + 40）-（273 + 5）} = 7.94 （不考虑传热温差）$$

$$\eta = \frac{\varepsilon_0}{\varepsilon_c} = \frac{6.23}{7.94} = 78\%$$

讨论：制冷理论循环中，$q_0 + w_0 = q_k$

$$Q_0 + N_0 = Q_k$$

符合能量守恒的基本原则。

理论制冷循环小结

1. 理论制冷循环是假设条件下的制冷循环，虽比理想制冷循环接近实际情况，在工程中仍难以实现。

2. 理论制冷循环组成：等熵压缩、等压冷凝、等焓节流、等压蒸发制冷。

3. 理论制冷循环热力计算参数包括 q_0、q_V、M_R、V_R、q_k、Q_k、w_0、N_0、ε_0、η。

4. 其用途：q_0、Q_0 ——→蒸发器

q_k、Q_k ——→冷凝器

V_R ——→压缩机

w_0、N_0 ——→压缩机及其匹配电机

M_R ——→制冷剂流量

q_V ——→制冷系统体积

ε_0、η ——→制冷系统经济性

1.5 实际制冷循环

1.5.1 带液体过冷的制冷循环

1. 液体过冷循环概念

在实际制冷循环中，常常将制冷剂在冷凝器中液化后、进入节流机构降压之前进行再次降温处理，使饱和液态制冷剂降温成为过冷液体，这种处理方法叫做液体过冷。此时，液态

制冷剂的温度低于冷凝压力下的饱和温度，这个温度称为过冷温度，用符号 t_{gl} 表示；而过冷温度与饱和温度的差值称为过冷度，用符号 Δt_{gl} 表示。带有液体过冷的制冷循环也称为过冷循环。

带液体过冷的制冷循环过程：

1-2（压缩机）：等熵压缩；

2-3（冷凝器）：等压放热；

3-3′（过冷器）：等压传热；

3′-4′（节流阀）：等焓节流；

4′-1（蒸发器）：等压吸热。

2. 液体过冷循环作用

饱和液态制冷剂节流后，则变为湿蒸气（注意：不是液体，而是液体和闪发蒸气混合体），而湿蒸气干度的大小，直接影响到单位质量制冷量的大小，如图 1-10 所示，理论制冷循环为 1-2-3-4-1；对其进行液体过冷处理，即饱和液体点 3 继续放热冷却成为过冷液体点 3′，然后再节流、蒸发制冷，制冷循环为 1-2-3-3′-4′-1。从图 1-10 中可以看出，未过冷的节流点 4，含闪发蒸气量多；而过冷后节流点 4′，虽然还在湿蒸气区，但更靠近饱和液体线，即干度变小，闪发蒸气含量比前者减少了。

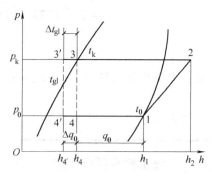

图 1-10　过冷循环

两个制冷循环对比见表 1-1。

表 1-1　两个制冷循环对比

比　　较	理论循环 1-2-3-4-1	过冷循环 1-2-3-3′-4′-1
单位质量制冷量	$q_0 = h_1 - h_4$	$q_0' = h_1 - h_{4'} = q_0 + \Delta q_0$（增加）
单位理论功	$w_0 = h_2 - h_1$	$w_0' = h_2 - h_1$（不变）
制冷系数	$\varepsilon_0 = \dfrac{q_0}{w_0}$	$\varepsilon_0' = \dfrac{q_0'}{w_0'} = \varepsilon_0 + \dfrac{\Delta q_0}{w_0}$（增加）

由上分析，在冷凝压力一定的情况下，若能进一步降低节流前液体的温度，使其处于低于冷凝温度下的过冷液体状态，则可减少节流后产生的闪发蒸气量，增加单位质量制冷量，使制冷系数提高。因此应用液体过冷对改善循环的性能总是有利的，提高了制冷循环的经济性。

3. 实现液体过冷循环方法

液体过冷处理对制冷循环是有益的。如何在制冷循环中实现液体过冷？常采用的方法有：

1）设计冷凝器时，适当增大冷凝面积。

2）冷凝器后装过冷器（或称再冷器），利用温度低的冷却水首先通过串接于冷凝器后的过冷器，使制冷剂的温度进一步降低，实现液体过冷。

3）制冷系统中设置回热器，采用回热循环。

虽然液体过冷，制冷循环的单位质量制冷量增加了，而循环的压缩比功并未增加，使过冷循环的制冷系数提高了。但是，采用液体过冷必然增加工程初投资和设备运行费用，因此在选用时应进行全面技术经济分析比较。通常，对于大型的氨制冷系统，且蒸发温度如在 -5℃以下多采用液体过冷，过冷度一般取 2~3℃左右；对于空气调节用的制冷系统一般不单独设置过冷器，而是通过适当增加冷凝器的传热面积的方法，实现制冷剂在冷凝器内过冷。此外，在小型制冷系统中，尤其是氟利昂系统中，常常采用回热器实现液体过冷，这一点将在后面论述。

4. 液体过冷循环热力计算

过冷过程中每千克液体制冷剂放出的热量为过冷负荷，计算如下：

$$q_{gl} = h_3 - h_{3'}$$

若采用增大冷凝器面积的方法进行过冷，该负荷应加到冷凝器负荷中；若采用过冷器，则单独计算，该值是过冷器的选型设计依据；若采用回热器，该值与回热器设计、运行调节有关。

前面已经分析，制冷循环经过过冷处理，其单位质量制冷量会有所增加，增加量为：

$$\Delta q_{0'} = h_4 - h_{4'} = h_3 - h_{3'} = q_{gl}$$

上式说明过冷循环增加的制冷量等于过冷的液体制冷剂放出的热量。

对于制冷量和压缩机功耗的热力分析见例题1-2。

例1-2 某蔬果冷藏库需制冷量55kW，制冷剂采用R22，要求蒸发温度 $t_0 = -10℃$，冷凝温度 $t_k = 40℃$。设计时采用了两种方案：一种为单级蒸气压缩式制冷理论循环；一种为过冷循环，过冷度为5℃。试比较两个制冷循环的性能。

解：1. 理论制冷循环

工作条件：蒸发温度 $t_0 = -10℃$，冷凝温度 $t_k = 40℃$

在制冷剂R22的压焓图上画出相应的制冷循环1-2-3-4-1（图1-10）：

查取相应的热力状态参数值：$h_1 = 401.6 \text{ kJ/kg}$

$$h_2 = 439.5 \text{ kJ/kg}$$
$$h_3 = h_4 = 249.7 \text{ kJ/kg}$$
$$v_1 = 0.06534 \text{ m}^3/\text{kg}$$

① 单位质量制冷量：$q_0 = h_1 - h_4 = 151.9 \text{kJ/kg}$

② 单位容积制冷量：$q_V = \dfrac{q_0}{v_1} = 2324.763 \text{kJ/m}^3$

③ 质量流量：$M_R = \dfrac{Q_0}{q_0} = 0.362 \text{kg/s}$

④ 体积流量：$V_R = M_R v_1 = 0.024 \text{m}^3/\text{s}$

⑤ 单位冷凝热负荷：$q_k = h_2 - h_3 = 189.8 \text{kJ/kg}$

⑥ 冷凝器热负荷：$Q_k = M_R q_k = 68.708 \text{kW}$

⑦ 单位理论功：$w_0 = h_2 - h_1 = 37.9 \text{kJ/kg}$

⑧ 压缩机理论耗功率：$N_0 = M_R w_0 = 13.720 \text{kW}$

⑨ 理论制冷系数：$\varepsilon_0 = \dfrac{q_0}{w_0} = 4.0$

2. 过冷循环

工作条件：蒸发温度 $t_0 = -10℃$，冷凝温度 $t_k = 40℃$，过冷温度 $t_{gl} = (40-5)℃ = 35℃$

在制冷剂 R22 的压焓图上画出相应的制冷循环（图 1-10）：根据 $t_0 = -10℃$ 和 $t_k = 40℃$ 在压焓图上绘制两条等压线，与两条饱和线分别交出制冷压缩机吸气点 1 和冷凝器出液点 3，过点 1 作等熵线得制冷压缩机排气点 2，过点 3 向液体区作等压线，与 $t_{gl} = 35℃$ 等温线相交得点 3'，再过点 3' 作等焓线得蒸发器入口点 4'，1-2-3-3'-4'-1 组成该理论制冷循环。

查取相应的热力状态参数值：

$$h_1 = 401.6 \ kJ/kg$$
$$h_2 = 439.5 \ kJ/kg$$
$$h_3 = 249.7 \ kJ/kg$$
$$h_{3'} = h_{4'} = 243.5 \ kJ/kg$$
$$v_1 = 0.06534 \ m^3/kg$$

① 单位质量制冷量：$q_0 = h_1 - h_{4'} = 158.1 kJ/kg$（增大）

② 单位容积制冷量：$q_V = \dfrac{q_0}{v_1} = 2419.651 kJ/m^3$（增大）

③ 质量流量：$M_R = \dfrac{Q_0}{q_0} = 0.348 kg/s$（减少）

④ 体积流量：$V_R = M_R v_1 = 0.023 m^3/s$（减少）

⑤ 单位冷凝热负荷（冷凝器过冷）：$q_k = h_2 - h_{3'} = 196.0 kJ/kg$

    单位冷凝热负荷（设过冷器）：$q_k' = h_2 - h_3 = 189.8 kJ/kg$

⑥ 冷凝器热负荷（冷凝器过冷）：$Q_k = M_R q_k = 68.208 kW$

    $\begin{cases} \text{冷凝器热负荷（设过冷器）：} Q_k' = M_R q_k' = 66.050 kW \\ \text{过冷器热负荷：} Q_{gl} = M_R (h_3 - h_{3'}) = 2.158 kW \end{cases}$

⑦ 单位理论功：$w_0 = h_2 - h_1 = 37.9 kJ/kg$（不变）

⑧ 压缩机理论耗功率：$N_0 = M_R w_0 = 13.189 kW$（减少）

⑨ 理论制冷系数：$\varepsilon_0 = \dfrac{q_0}{w_0} = 4.17$（提高）

1.5.2 带蒸气过热的制冷循环

1. 制冷循环中蒸气过热的作用

制冷循环中，制冷压缩机不可能吸入饱和状态的蒸气，因为饱和蒸气是一个临界状态，在实际工程中很难控制，为了防止制冷剂液滴进入制冷压缩机造成液击等事故，要求液体制冷剂在蒸发器中完全蒸发后继续吸收一部分热量，以此保证干压缩；另外，来自蒸发器的低温蒸气，在通过蒸发器到制冷压缩机之间的吸气管路中，由于制冷剂此时温度低于环境温度（根据制冷定义），会在流动过程中吸收周围空气的热量而使蒸气温度升高。因此，压缩机吸入的制冷剂蒸气在压缩之前已处于过热状态。

2. 蒸气过热循环概念

在实际制冷循环中，要求蒸发器汽化后的制冷剂蒸气，在进入制冷压缩机之前，继续吸热成为过热蒸气，这种处理方法叫做蒸气过热。这样，压缩机吸入的气态制冷剂的温度高于蒸发压力下的饱和温度，这个温度称为过热温度，用符号 t_{gr} 表示；而制冷剂过热温度与其饱和蒸发温度的差值称为过热度，用符号 Δt_{gr} 表示。带有蒸气过热的制冷循环也称为过热循环。

带蒸气过热的制冷循环过程：

1'-2'（压缩机）：等熵压缩；

2'-3（冷凝器）：等压放热；

3-4（节流阀）：等焓节流；

4-1（蒸发器）：等压吸热；

1-1'（过热）：等压传热。

蒸气过热分为有效过热和有害过热两种。有效过热指制冷剂蒸气过热吸收的热量来自被冷却介质，产生有用的制冷效果；有害过热则是制冷剂过热吸收的热量，来自被冷却介质以外的其他物质，对制冷对象无制冷效果的情况。这里应注意，有害过热由于吸收的热量不是被冷却介质的，这部分热量不能计入制冷量中，对提高制冷系数没有帮助，但是，有害过热一样有助于解决了压缩机干压缩问题，对制冷循环是有益的，不要因"有害"一词而否定其作用。

3. 制冷循环中蒸气过热实现方法

1）选用蒸发器面积大于设计所需面积，多出的传热面积用于过热。此为有效过热。

2）通过蒸发器与压缩机间的连接管道吸取外界环境热量而过热。此为有害过热。

3）系统中设置回热器。此为有害过热，但有伴随有过冷循环。

带有蒸气过热后，制冷循环的运行变得安全可靠，但同时要也为此付出代价。如吸气温度升高造成排气温度大幅升高，导致压缩机内润滑油效率降低、冷凝器负担增加；增加设备及附属部件，使一次投资和运行费用增加；过热对制冷循环经济性的影响等等，还有制冷剂性质制约过热度等因素，均要求我们在实现蒸气过热时，应从技术和经济两方面综合考虑，选择合适的方法和适度的过热度。

4. 带蒸气过热的制冷循环热力分析

图 1-11 表示出蒸气过热循环的压焓图，其循环过程为 1'-2'-3-4-1'。为了便于比较，在同一图中也表示出了理论制冷循环（即饱和循环），其循环过程为 1-2-3-4-1。

（1）蒸发器过热　蒸气在蒸发器内过热（例如使用热力膨胀阀的氟利昂压缩机），这部分过热吸收的热量来自被冷却介质，应计入单位质量制冷量内。因此，这种过热循环属于有效过热。

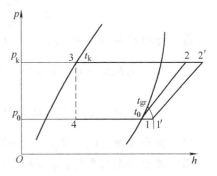

图 1-11　蒸气过热循环

蒸发器内的蒸气过热循环，与理论制冷循环比较之后可知，单位质量制冷量虽增加了，但蒸气过热循环的单位压缩功也增加了，同时冷凝器的单位热负荷也增加了，进入压缩机蒸气的比容也增大了，制冷系统体积也要变大，故总体制冷系统的经济性降低了。

（2）管道过热　比较蒸发器出口的饱和蒸气在吸气管路中过热的吸气过热循环与理论制冷循环之后可知，两者的单位质量制冷量相同，但蒸气过热循环的单位压缩功增加了，冷凝器的单位热负荷也增加了，进入压缩机蒸气的比容也增大了，故制冷装置的制冷能力降低，单位容积制冷量、制冷系数都将降低。

上述分析说明，制冷剂蒸气在吸气管道内过热是不利的，属于有害过热。蒸发温度越低，制冷剂蒸气与周围环境空气间的温差越大，有害过热也就越大。为此，应考虑在吸气管道上敷设隔热材料，以减轻有害过热。

应当指出，虽然管道过热对制冷循环性能有不利影响，但大多数情况下都希望压缩机吸入蒸气在吸气管路中有适当的过热度，以此保证压缩机的干压缩工作状态。但是，毕竟管道过热会降低制冷循环的制冷系数，因此吸入蒸气的过热度也不宜过大，以免造成排气温度过高，对压缩机正常工作不利，同时还增加了冷凝器的负担。

鉴于有害过热对制冷循环的双重影响，所以在蒸气过热度的取值上作了一定限制。一般，吸入蒸气所允许的过热度与使用制冷剂性质有关，例如，用氨制冷剂时，一般取 Δt_{gr} 约为5℃；用氟利昂制冷剂时，过热度可取大一些。

例1-3 如例1-2的某蔬果冷藏库，制冷量、制冷剂、蒸发温度、冷凝温度均不变。设计时采用了管道过热循环，过热度为10℃。试进行制冷循环的热力计算，并与例1-2的理论制冷循环比较。

解： 管道过热循环（有害过热）

工作条件：蒸发温度 $t_0 = -10℃$，冷凝温度 $t_k = 40℃$，吸气温度 $t_{gr} = -10 + 10 = 0℃$。

在制冷剂R22的压焓图上画出相应的制冷循环（图1-11）：根据 $t_0 = -10℃$ 和 $t_k = 40℃$ 在压焓图上绘制两条等压线，与两条饱和线分别交出蒸发器出口点1和冷凝器出液点3，过点1向蒸气区作等压线，与 $t_{gr} = 0℃$ 等温线相交得压缩机吸气点1′，再过点1′作等熵线得制冷压缩机排气点2′，过点3作等焓线得蒸发器入口点4，1-1′-2′-3-4-1组成该理论制冷循环。

查取相应的热力状态参数值：$h_1 = 401.6$ kJ/kg

$$h_{1'} = 409.2 \text{ kJ/kg}$$
$$h_{2'} = 450.0 \text{ kJ/kg}$$
$$h_3 = h_4 = 249.7 \text{ kJ/kg}$$
$$v_{1'} = 0.069 \text{ m}^3/\text{kg}$$

① 单位质量制冷量：$q_0 = h_1 - h_4 = 151.9 \text{kJ/kg}$（因有害过热而不变）

② 单位容积制冷量：$q_V = \dfrac{q_0}{v_{1'}} = 2201.449 \text{kJ/m}^3$（降低）

③ 质量流量：$M_R = \dfrac{Q_0}{q_0} = 0.362 \text{kg/s}$（不变）

④ 体积流量：$V_R = M_R v_{1'} = 0.025 \text{m}^3/\text{s}$（增大）

⑤ 单位冷凝热负荷：$q_k = h_{2'} - h_3 = 200.3 \text{kJ/kg}$（增大）

⑥ 冷凝器热负荷：$Q_k = M_R q_k = 72.509 \text{kW}$（增大）

⑦ 单位理论功：$w_0 = h_{2'} - h_{1'} = 40.8 \text{kJ/kg}$（增大）

⑧ 压缩机理论耗功率：$N_0 = M_R w_0 = 14.770 \text{kW}$（增大）

⑨ 理论制冷系数：$\varepsilon_0 = \dfrac{q_0}{w_0} = 3.7$（降低）

例1-4 如例1-2的某蔬果冷藏库，制冷量、制冷剂、蒸发温度、冷凝温度均不变。假设完全在蒸发器进行过热，过热度为10℃。试进行制冷循环的热力计算。

解： 蒸发器过热循环（有效过热）

工作条件：蒸发温度 $t_0 = -10℃$，冷凝温度 $t_k = 40℃$，吸气温度 $t_{gr} = (-10 + 10)℃ = 0℃$。

在制冷剂R22的压焓图上画出相应的制冷循环（图1-11）

查取相应的热力状态参数值：$h_1 = 401.6$ kJ/kg

$$h_{1'} = 409.2 \text{ kJ/kg}$$
$$h_{2'} = 450.0 \text{ kJ/kg}$$
$$h_3 = h_4 = 249.7 \text{ kJ/kg}$$
$$v_{1'} = 0.069 \text{ m}^3/\text{kg}$$

① 单位质量制冷量：$q_0 = h_{1'} - h_4 = 159.5 \text{kJ/kg}$

② 单位容积制冷量：$q_v = \dfrac{q_0}{v_{1'}} = 2311.594 \text{kJ/m}^3$

③ 质量流量：$M_R = \dfrac{Q_0}{q_0} = 0.345 \text{kg/s}$

④ 体积流量：$V_R = M_R v_{1'} = 0.024 \text{m}^3/\text{s}$

⑤ 单位冷凝热负荷：$q_k = h_{2'} - h_3 = 200.3 \text{kJ/kg}$

⑥ 冷凝器热负荷：$Q_k = M_R q_k = 69.104 \text{kW}$

⑦ 单位理论功：$w_0 = h_{2'} - h_{1'} = 40.8 \text{kJ/kg}$

⑧ 压缩机理论耗功率：$N_0 = M_R w_0 = 14.076 \text{kW}$

⑨ 理论制冷系数：$\varepsilon_0 = \dfrac{q_0}{w_0} = 3.9$

1.5.3　带回热的制冷循环

1. 回热循环

利用一个气-液热交换器（又称回热器）使节流前的高温液体制冷剂与蒸发器出来的低温制冷剂蒸气进行热交换，这样不仅可以增加节流前的液体过冷度提高单位质量制冷量，而且又能保证压缩机吸入具有一定过热度的蒸气，保证干压缩。这种循环称为回热循环。

回热循环过程如图 1-12 所示。来自蒸发器的低温气态制冷剂 1，在进入压缩机前先经过回热器。在回热器中低温蒸气与来自冷凝器的饱和液 3（或再冷液）进行热交换，低温蒸气 1 定压过热到状态 1′，而温度较高的液体 3 被定压再冷却到状态 3′。回热循环 1′-2′-3-3′-4′-1-1′中，3-3′为液体的再冷却过程，1-1′为低压蒸气的过热过程。

带回热的制冷循环过程：

1′-2′（压缩机）：等熵压缩；

2′-3（冷凝器）：等压放热冷凝；

3-3′（回热器）：等压放热液体过冷；

3′-4′（节流阀）：等焓节流；

4′-1（蒸发器）：等压吸热制冷；

1-1′（回热器）：等压吸热蒸气过热。

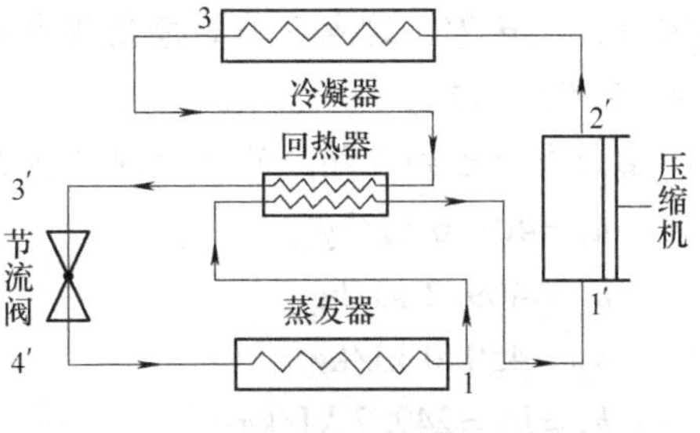

2. 回热循环热力分析

图 1-12　回热循环流程图

根据稳定流动连续定理，流经回热器的液态制冷剂和气态制冷剂的质量流量相等。因此，在对外无热损失情况下，每千克液态制冷剂放出的热量应等于每千克气态制冷剂吸收热量。也就是说，单位质量制冷剂再冷所增加的制冷能力 Δq_0（$= h_4 - h_{4'}$）等于单位质量气态制冷剂所吸收的热量 Δq（$= h_{1'} - h_1$）。即回热器的单位热负荷：

$$q_h = h_4 - h_{4'} = h_3 - h_{3'} = h_{1'} - h_1$$

或
$$q_h = c_R (t_3 - t_{3'}) = c_p (t_{1'} - t_1)$$

式中　c_R——液态制冷剂的比热容［kJ/（kg·℃）］；

　　　c_p——制冷剂过热蒸气的比定压热容［kJ/（kg·℃）］。

由于制冷剂的液体比热容大于气体的比热容，故液体的温降总比蒸气的温升小。

由于有了回热器，虽然单位质量制冷能力有所增加，但是，压缩机的耗功量也增加了 Δw_0（因为等熵线不是平行线）。因此，回热式蒸气压缩式制冷循环的理论制冷系数是否提高，应具体分析。它与制冷剂的性质和工作温度有关，例如，回热对制冷剂 R22 是有利的，而制冷剂氨则相反。此外，蒸气回热循环将提高压缩机的排气温度，所以，实际制冷系统是否值得采用回热循环，应仔细考虑。

3. 制冷循环中回热循环实现方法

（1）系统中设回热器　对于回热式蒸气压缩制冷循环，虽然压缩机吸入过热蒸气所多消耗的功量可靠高压液态制冷剂的再冷却弥补。但是，如果蒸发器与压缩机之间管路过长，从而引起低压低温气态制冷剂管道过热，这种过热度是无意义的，因为回热器已经实现蒸气过热，保证了干压缩，这里的管道过热只是导致压缩机耗功量无谓地增加，为此，蒸发器与压缩机之间的管路必须用绝热材料保温。

（2）吸气管与供液管绑扎　小型氟利昂空调装置一般不单设回热器，而是将高压供液管与低压回气管包扎在一起，以起到回热的效果。

例 1-5　如例 1-2 的某蔬果冷藏库，制冷量、制冷剂、蒸发温度、冷凝温度均不变。假如制冷系统设置回热器改善循环，吸气温度为 0℃。试进行制冷循环的热力计算。

解: 回热器过热循环为有害过热

工作条件：蒸发温度 $t_0 = -10℃$，冷凝温度 $t_k = 40℃$，吸气温度 $t_{gr} = 0℃$。

在制冷剂 R22 的压焓图上画出相应的制冷循环（图 1-13）：根据 $t_0 = -10℃$ 和 $t_k = 40℃$ 在压焓图上绘制两条等压线，与两条饱和线分别交出蒸发器出口点 1 和冷凝器出液点 3，过点 1 向蒸气区作等压线，与 $t_{gr} = 0℃$ 等温线相交得压缩机吸气点 1'，再过点 1' 作等熵线得制冷压缩机排气点 2'，过点 3 作等焓线得点 4，此时点 3' 和点 4' 还不能确定。

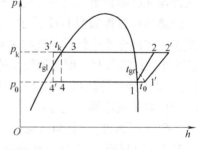

图 1-13　回热循环

由此查取已知点相应的热力状态参数值:

$h_1 = 401.6$ kJ/kg

$h_{1'} = 409.2$ kJ/kg

$h_{2'} = 450.0$ kJ/kg

$h_3 = h_4 = 249.7$ kJ/kg

$v_{1'} = 0.069$ m³/kg

根据 $h_3 - h_{3'} = h_{1'} - h_1$ 得:

$$h_{3'} = h_3 - (h_{1'} - h_1) = [249.7 - (409.2 - 401.6)] \text{kJ/kg} = 242.1 \text{ kJ/kg}$$
$$h_{4'} = 242.1 \text{ kJ/kg}$$

因此，过点 3 向液体区作等压线，与 $h_{3'} = 242.1$ kJ/kg 等焓线相交得点 3'，再过点 3' 作等熔线得蒸发器入口点 $4'$，$1\text{-}1'\text{-}2'\text{-}3\text{-}3'\text{-}4'\text{-}1$ 组成该回热制冷循环。

① 单位质量制冷量：$q_0 = h_1 - h_{4'} = 159.5\text{kJ/kg}$

② 单位容积制冷量：$q_V = \dfrac{q_0}{v_{1'}} = 2311.594\text{kJ/m}^3$

③ 质量流量：$M_R = \dfrac{Q_0}{q_0} = 0.345\text{kg/s}$

④ 体积流量：$V_R = M_R v_{1'} = 0.024\text{m}^3/\text{s}$

⑤ 冷凝器热负荷：$Q_k = M_R q_k = M_R\ (h_{2'} - h_3) = 69.104\text{kW}$

⑥ 回热器热负荷：$Q_h = M_R\ (h_{1'} - h_1) = 2.622\text{kW}$

⑦ 单位理论功：$w_0 = h_{2'} - h_{1'} = 40.8\text{kJ/kg}$

⑧ 压缩机理论耗功率：$N_0 = M_R w_0 = 14.076\text{kW}$

⑨ 理论制冷系数：$\varepsilon_0 = \dfrac{q_0}{w_0} = 3.9$

1.5.4　实际压缩过程

实际压缩过程不是等熵过程。制冷剂蒸气在压缩过程中存在着明显的热交换过程。压缩初始阶段，蒸气温度低于缸壁温度，蒸气吸收缸壁的热量，压缩终了阶段，蒸气温度高于缸壁的温度，蒸气又向缸壁放出热量，再加之压缩机工作存在的摩擦损耗，因此，实际压缩过程是一个熵增过程。

因此，在制冷压缩机的实际工作过程中，由于摩擦等损耗，造成制冷压缩机输入功率必然大于其压缩气体需要的功率。压缩气体需要的比功和功率前面已经介绍过，就是理论比功 w_0 和理论功率 N_0，而实际制冷压缩机应该输入多少功率呢？下面我们逐步分析计算。

1. 制冷压缩机指示比功、指示功率、指示效率

回顾前面知识，只有在理论制冷循环中，制冷压缩机压缩过程为等熵过程，压缩所消耗的功表示为：

理论比功 $w_0 = h_2 - h_1$

理论功率 $N_0 = M_R w_0$

考虑在实际制冷循环中，制冷压缩机的压缩过程不是等熵过程，而是熵增过程，因此，定义压缩 1kg 制冷剂蒸气因压缩偏离等熵过程而实际消耗的功为指示比功 w_i（kJ/kg）；单位时间内制冷压缩机因压缩偏离等熵过程所消耗的功为

指示功率 N_i（kW），用下式表示：

$$N_i = M_R w_i$$

压缩机在实际压缩过程中，偏离等熵过程的程度用指示效率 η_i 表示，指示效率用下式表示：

$$\eta_i = \frac{w_0}{w_i} = \frac{N_0}{N_i}$$

由上式可知，通过理论制冷循环计算出理论比功 w_0，只要再能得到指示效率 η_i，即可计算出指示比功 w_i 和指示功率 N_i。图 1-14 给出了指示效率与压缩比

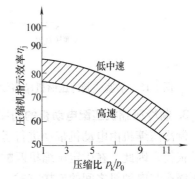

图 1-14　活塞式制冷压缩机指示效率

之间的变化关系，从图中可以得到指示效率。

2. 制冷压缩机摩擦功率、摩擦效率、实际比功、轴功率、轴效率

在实际制冷循环中，制冷压缩机还需克服运动部件的摩擦力和驱动附属设备（如润滑液泵）。因此，制冷压缩机除了因偏离等熵压缩过程而造成多做功外，摩擦也将使压缩机多消耗功率，这部分多消耗的功率称为摩擦功率 N_m。制冷压缩机的摩擦功率与制冷系统运行条件和制冷剂性质有关。

综合上述，制冷压缩机实际所做的功应包括各种损耗。在考虑偏离等熵过程、克服运动部件的摩擦力和驱动附属设备等诸多影响因素的情况下，制冷压缩机压缩 1kg 制冷剂蒸气实际消耗的功称为实际比功 w_e（kJ/kg）；单位时间内实际制冷循环所消耗的功率为实际功率，通常称为轴功率 N_e（kW），它与指示功率和摩擦功率的关系为：

$$N_e = N_i + N_m$$

制冷压缩机在实际压缩过程中，摩擦等因素对压缩过程的影响程度用摩擦效率 η_m 表示：

$$\eta_m = \frac{w_i}{w_e} = \frac{N_i}{N_e}$$

由上式可知，只要能得到摩擦效率 η_m，利用指示比功 w_i 和指示功率 N_i，就能计算出实际比功 w_e 和轴功率 N_e。图 1-15 给出了摩擦效率与压缩比之间的变化关系，从图中可以得到摩擦效率。

因此，轴功率可按下式计算：

$$N_e = \frac{N_i}{\eta_m} = \frac{N_0}{\eta_i \eta_m} = \frac{M_R(h_2 - h_1)}{\eta_e}$$

式中，指示效率与摩擦效率的乘积称为压缩机总效率，也称轴效率 η_e。图 1-16 表示出轴效率与压缩比之间的变化关系，从图中可以查出压缩机轴效率。

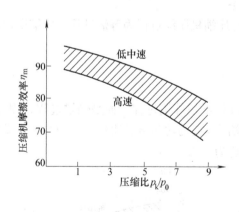

图 1-15　活塞式制冷压缩机摩擦效率　　　　图 1-16　活塞式压缩机轴效率

3. 制冷压缩机匹配电动机的功率、传动效率

制冷压缩机由电动机带动进行运转，但电动机将能量传递给压缩机主轴时，存在一定的传动损耗，因此，在确定压缩机匹配电动机功率时，除了考虑制冷压缩机运行状态，还要考虑压缩机与电动机之间的连接方式，并给予一定的裕量。电动机与制冷压缩机之间能量传递造成的功率损耗程度用传动效率表示。压缩机匹配电动机功率计算如下：

$$N_{in} = (1.10 \sim 1.15) \frac{N_e}{\eta_d} = (1.10 \sim 1.15) \frac{N_0}{\eta_i \eta_m \eta_d}$$

式中　η_d——传动效率，压缩机与电动机直接连接时取 1；采用 V 带连接时取 $0.90 \sim 0.95$。

1.5.5　实际制冷循环

1. 实际制冷循环与理论制冷循环的区别

前面分析讨论了单级蒸气压缩式制冷理论循环，制冷理论循环是由等熵压缩、等压冷凝放热、等焓节流降压和等压汽化制冷组成的。但是，实际制冷循环与理论制冷循环存在许多差别，其主要差别归纳如下：

1）制冷剂在压缩机中的压缩过程不是等熵过程。

2）制冷剂通过压缩机吸、排气阀时有节流损失及热量交换。

3）制冷剂通过管道和设备时，制冷剂与管壁或器壁之间存在流动阻力及与外界的热交换。

4）热交换过程存在液体过冷和蒸气过热现象。

5）节流过程不完全是绝热过程，即不是等焓过程。

2. 实际制冷循环在压焓图上的表示

图 1-17 所示为单级蒸气压缩式制冷的实际循环在 $p\text{-}h$ 图上的表示，图中 1-2-3-4-1 是理论循环；$1'\text{-}1''\text{-}1^0\text{-}2'\text{-}2''\text{-}2^0\text{-}3\text{-}3'\text{-}4'\text{-}1'$ 为实际循环。

过程线 $1'\text{-}1''$：低温低压制冷剂从蒸发器向压缩机通过吸气管道时，由于沿途摩擦阻力和局部阻力以及吸收外界热量，所以制冷剂压力稍有降低，温度有所升高。

过程线 $1''\text{-}1^0$：低温低压制冷剂通过吸气阀时被节流，压力降低。

过程线 $1^0\text{-}2'$：这是气态制冷剂在压缩机中的实际压缩过程。压缩开始阶段，制冷剂蒸气温度低于气缸壁温度，蒸气吸收缸壁的热量而使熵增加；当压缩到一定程度后，制冷剂蒸气温度高于气缸壁的温度，蒸气又向气缸壁放出热量而使熵减少，再加之压缩过程中气体内部、气体与缸壁之间的摩擦，因此实际压缩过程是一个多变的过程。

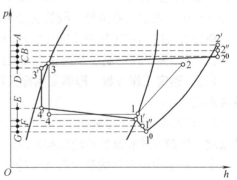

图 1-17　实际制冷循环在压焓图上表示

A—排气阀压降　B—排气管压降　C—冷凝器压降

D—高压供液管压降　E—蒸发器压降

F—吸气管压降　G—吸气阀压降

过程线 $2'\text{-}2''$：制冷剂从压缩机排出，通过排气阀被节流，压力有所降低，其焓值基本不变。

过程线 $2''\text{-}2^0$：高温高压制冷剂气体从压缩机排出后，通过排气管道至冷凝器，由于沿途有摩擦阻力和局部阻力，以及对外散热，制冷剂的压力和温度均有所降低。

过程线 $2^0\text{-}3$：高压气体在冷凝器中的冷凝过程，制冷剂被冷凝为液体，由于制冷剂通过冷凝器时有摩擦阻力和涡流，所以冷凝过程不是定压过程。

过程线 $3\text{-}3'$：高压液体从冷凝器出来至节流机构前的供液管路上由于有摩擦和局部阻

力，其次，高压液体的温度高于环境温度，因此要向周围环境散热，所以压力、温度均有所降低。

过程线 3′-4′：高压液体在节流机构中节流降压、降温后，通过供液管进入蒸发器，由于节流后温度降低，尽管管道、节流机构采取保温措施，制冷剂还会从外界吸收一些热量而使焓有所增加。

过程线 4′-1′：低温低压的制冷剂吸收热量而汽化，由于制冷剂在蒸发器中有流动阻力，所以，蒸发过程也不是定压过程，随着蒸发器形式的不同，压力有不同程度的降低。

综上所述，由于制冷剂存在着流动阻力以及与外界的热量交换等，实际循环中四个基本热力过程（即压缩、冷凝、节流、蒸发）都是不可逆过程，其结果必然导致冷量减少，耗功增加，因此实际循环的制冷系数小于理论循环的制冷系数。

单级蒸气压缩式制冷的实际循环过程从图 1-17 可以看出比较复杂，很难详细计算，所以，在实际计算中以理论循环作为计算基准，再将上诉因素考虑进去进行修正，以此保证实际制冷需要，提高制冷系统的经济性。

3. 实际制冷循环热力计算

实际制冷循环的热力计算是为制冷系统设计服务的。制冷系统设计一般包括设计性计算和校核性计算两类。设计性计算的目的是根据需要设计制冷系统，按工况要求计算出实际制冷循环的性能指标：制冷压缩机理论输气量、轴功率；冷凝器、蒸发器等热交换设备的热负荷，为设计或选择制冷压缩机、热交换设备提供理论依据。校核性计算的目的是根据已有的制冷压缩机、热交换器型号，校核它能否满足预定的制冷系统的要求。

单级蒸气压缩式实际制冷循环的热力计算步骤：

（一）根据设计的制冷系统使用性质或场合，确定其需要的制冷剂和制冷循环形式。

（二）确定工作参数。即确定制冷循环的工作压力和工作温度，其中主要为蒸发温度和冷凝温度。

1）蒸发温度 t_0：即制冷工质在蒸发器中汽化吸热时的温度。它主要取决于被冷却介质的温度、冷却方式和蒸发器的结构形式。

① 对于冷却空气的蒸发器（直冷式）：

$$t_0 = t_{d2} - (8 \sim 10)$$

式中　t_{d2}——蒸发器出口空气的干球温度（℃），即被冷环境温度。

② 对于冷却液体的蒸发器（间冷式）：

$$t_0 = t_{d2} - (4 \sim 6)$$

式中　t_{d2}——蒸发器出口被冷却液体的温度（℃），即所需冷冻水温。

2）冷凝温度 t_k：即制冷工质在冷凝器中凝结放热时的温度。它取决于当地气象、水文条件、选用冷却介质和冷凝器的结构形式。

① 用空气冷却的冷凝器（风冷式）：

$$t_k = t_{g1} + (10 \sim 15)$$

式中　t_{g1}——冷凝器进口空气干球温度（℃）。

② 用水冷却的冷凝器（水冷式）：

$$t_k = \frac{t_{g1} + t_{g2}}{2} + (5 \sim 7)$$

式中　t_{g1}、t_{g2}——冷凝器冷却水进、出口温度（℃）；

③　用空气和水联合冷却的冷凝器（蒸发式）：

$$t_k = t_s + （8 \sim 15）$$

式中　t_s——冷凝器进口空气湿球温度（℃）。

3）吸气温度 t_{gr}：即制冷剂进入压缩机前的温度。它是根据低压制冷剂蒸气离开蒸发器时的状态及过热情况来确定。

①　氨制冷压缩机允许吸气温度见表1-2。

表1-2　氨制冷压缩机允许吸气温度

蒸发温度/℃	5	±0	−5	−10	−15	−20	−25
吸气温度/℃	10	±1	−4	−7	−10	−13	−19

②　氟利昂制冷压缩机吸气温度通常定为不大于15℃。

4）过冷温度 t_{gl}：即制冷剂节流前的温度。它取决于冷却介质的温度和过冷装置的传热温差。通常取过冷度 3～5℃，则

$$t_{gl} = t_k - （3 \sim 5）$$

分析表明，制冷机的工作参数主要是蒸发温度和冷凝温度，而蒸发温度和冷凝温度又主要取决于被冷却介质的温度、环境冷却介质的温度及相应的传热温差。

（三）根据已确定的制冷剂、制冷循环方式和制冷工作条件，在对应的制冷剂压焓图上绘制制冷循环，确定各状态点，并查出它们的状态参数。

（四）热力计算。

1）计算单位性能指标。根据制冷循环类型按理论制冷循环的有关公式计算单位性能指标（如单位质量制冷量 q_0、单位容积制冷量 q_V、单位冷凝热负荷 q_k 和单位压缩功 w_0 等）。

2）计算质量流量。当制冷系统需要的制冷量 Q_0 已定时，可先求出制冷剂的质量流量 M_R。

3）计算压缩机功耗。由已计算的理论功率，通过压缩机效率再计算出压缩机轴功率和匹配电动机输入功率，为压缩机选型做准备。

4）计算各类热交换器负荷。热交换器目的是通过传热面积使两种介质进行热量传递，因此一般热交换器的选型参数是它的传热面积。在热工理论中已经学习传热面积计算的基础是传热量：

$$F = \frac{Q}{K\Delta t}$$

式中　F——热交换的传热面积（m^2）；

　　　Q——传热量（kW）；

　　　K——热交换的传热系数［W/（$m^2 \cdot$ ℃）］；

　　　Δt——传热温差（℃）。

由此可见，各种热交换器选型设计计算的理论依据均为传热量。蒸发器设计需要依据制冷系统的制冷量 Q_0，冷凝器选型需要计算冷凝负荷 Q_k，回热器等其他热交换器同理，这些传热量的计算前面已经介绍，不再赘述。值得一提是冷凝器热负荷与制冷机制冷量存在对应关系，制冷机产出的冷量越多，对外放出的冷凝负荷也越多。冷凝器的热负荷 Q_k 一般约为

制冷量 Q_0 的 1.2～1.3 倍左右，工程中常用这种方法由制冷量概算出冷凝热负荷。

5) 评价制冷循环经济性

① 实际制冷系数：压缩机单位轴功率产出的制冷量。

$$\varepsilon = \frac{q_0}{w_e}$$

② 热力完善度：工作于相同温度间的实际制冷循环制冷系数与逆卡诺循环制冷系数的比值，即接近同条件下理想制冷循环的程度。

$$\eta = \frac{\varepsilon}{\varepsilon_c}$$

从实际制冷循环热力计算不难看出，在实际循环中，由于蒸发器、冷凝器中存在传热温差，使得冷凝温度高于环境冷却介质的温度（相应的冷凝压力较理论循环高），蒸发温度低于被冷却介质的温度（相应的蒸发压力则较理论循环的低）。除此之外，压缩过程并不是等熵过程。因此，在实际循环的计算中，先可根据蒸发器中被冷却介质种类选取合适的传热温差，确定蒸发温度及相应的蒸发压力，根据冷凝器中冷却介质的种类选取合适的传热温差，确定冷凝温度及相应的冷凝压力，再按理论循环方法和有关公式计算，压缩过程先按等熵过程的有关公式予以计算，然后再考虑实际循环综合影响因素进行修正即可。

例 1-6 某空调制冷系统需要制冷量 120kW，选用氨作制冷剂。工作条件为：空调用冷冻水温度 10℃，冷却水温度 32℃，蒸发器端部传热温差取 5℃，冷凝器端部温差取 8℃，冷凝器实现过冷度 5℃，吸气管道过热度 5℃。压缩机部分损耗为：指示效率 0.8，摩擦效率 0.9，传动效率 0.95。试进行制冷循环的设计性热力计算。

解：1) 已知条件：

低温热源 $t_d = 10℃$

高温热源 $t_g = 32℃$

蒸发器传热温差 $\Delta t_0 = 5℃$

冷凝器传热温差 $\Delta t_k = 8℃$

过冷度 $\Delta t_{gl} = 5℃$

过热度 $\Delta t_{gr} = 5℃$

指示效率 $\eta_i = 0.8$

摩擦效率 $\eta_m = 0.9$

传动效率 $\eta_d = 0.95$

2) 确定工作参数：蒸发温度 $t_0 = t_d - \Delta t_0 = (10 - 5)℃ = 5℃$

冷凝温度 $t_k = t_g + \Delta t_k = (32 + 8)℃ = 40℃$

过冷温度 $t_{gl} = t_k - \Delta t_{gl} = (40 - 5)℃ = 35℃$

吸气温度 $t_{gr} = t_0 + \Delta t_{gr} = (5 + 5)℃ = 10℃$

3) 在制冷剂氨的压焓图上画出已知状态点（图 1-18）：点 1、1′、2′、2、3、3′、4′、4，注意此时未知点 2″。

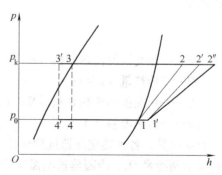

图 1-18 例题 1-6 附图
（实际制冷循环）

4）由此查取已知点相应的热力状态参数值：$h_1 = 1461.7$ kJ/kg

$$h_{1'} = 1475.5 \text{ kJ/kg}$$

$$h_{2'} = 1636.0 \text{ kJ/kg}$$

$$h_{3'} = h_{4'} = 366.5 \text{ kJ/kg}$$

$$v_{1'} = 0.25 \text{ m}^3/\text{kg}$$

5）单位性能指标：

① 单位质量制冷量：$q_0 = h_1 - h_{4'} = (1461.7 - 366.5) \text{ kJ/kg} = 1095.2 \text{kJ/kg}$

② 单位容积制冷量：$q_V = \dfrac{q_0}{v_{1'}} = \dfrac{1095.2}{0.25} \text{kJ/m}^3 = 4380.8 \text{kJ/m}^3$

③ 单位理论功：$w_0 = h_{2'} - h_{1'} = (1636.0 - 1475.5) \text{ kJ/kg} = 160.5 \text{kJ/kg}$

单位指示功：$w_i = \dfrac{w_0}{\eta_i} = \dfrac{160.5}{0.8} \text{kJ/kg} = 200.6 \text{kJ/kg}$

单位轴功：$w_e = \dfrac{w_0}{\eta_i \eta_m} = \dfrac{160.5}{0.8 \times 0.9} \text{kJ/kg} = 222.9 \text{kJ/kg}$

此时可以确定点 $2''$：$w_e = h_{2''} - h_{1'} = 222.9 \text{kJ/kg}$

$h_{2''} = w_e + h_{1'} = (222.9 + 1475.5) \text{ kJ/kg} = 1698.4 \text{kJ/kg}$

④ 单位冷凝热负荷：$q_k = h_{2''} - h_{3'} = (1698.4 - 366.5) \text{ kJ/kg} = 1331.9 \text{kJ/kg}$

6）质量流量：$M_R = \dfrac{Q_0}{q_0} = \dfrac{120}{1095.2} = 0.11 \text{kg/s}$

7）压缩机功率：

① 压缩机理论耗功率：$N_0 = M_R w_0 = 0.11 \times 160.5 \text{kW} = 17.7 \text{kW}$

② 压缩机指示耗功率：$N_i = M_R w_i = 0.11 \times 200.6 \text{kW} = 22.1 \text{kW}$

③ 压缩机轴功率：$N_e = M_R w_e = 0.11 \times 222.9 \text{kW} = 24.5 \text{kW}$

④ 电机功率：$N_{in} = (1.10 \sim 1.15) \dfrac{N_e}{\eta_d} = 1.10 \times \dfrac{24.5}{0.95} \text{kW} = 28.4 \text{kW}$

8）热交换器负荷：

① 蒸发器：已知制冷量 120 kW

② 冷凝器热负荷：$Q_k = M_R q_k = 0.11 \times 1331.9 \text{kW} = 146.5 \text{kW}$

9）评价制冷循环经济性

① 理想制冷系数：$\varepsilon_c = \dfrac{T_0'}{T_k' - T_0'} = \dfrac{273 + 10}{(273 + 32) - (273 + 10)} = 12.86$

② 理论制冷系数：$\varepsilon_0 = \dfrac{q_0}{w_0} = \dfrac{1095.2}{160.5} = 6.8$

③ 实际制冷系数：$\varepsilon = \dfrac{q_0}{w_e} = \dfrac{1095.2}{222.9} = 4.9$

④ 热力完善度：$\eta = \dfrac{\varepsilon}{\varepsilon_c} = \dfrac{4.9}{12.86} = 38\%$

实际制冷循环小结

1. 带液体过冷是为了提高制冷系数，在理论制冷循环基础上增加一个等压放热过程。

2. 带蒸气过热是为了安全运行，是在理论制冷循环基础上增加一个等压吸热过程。

3. 回热循环是液体过冷和蒸气过热在一个换热器中同时完成，但使用受限。

4. 实际压缩过程不是等熵过程，而是一个多变过程，能量损耗可通过压缩机效率表示。

5. 实际制冷循环热力计算要考虑压缩功率损耗、输气量损耗、工质流动阻力、液体过冷、蒸气过热、传热温差等众多实际因素影响。

1.6 影响制冷循环效率的因素

1.6.1 性能系数与能效比

制冷压缩机的工作特性指两个方面的内容，一方面是压缩机的制冷量，另一方面是压缩机所消耗的功率，而这两方面与压缩机的类型、结构形式、结构尺寸以及加工质量有关。因此，评价一台压缩机性能好坏，可以采用这两个参数的比值关系。

衡量制冷压缩机的经济性可以采用两个指标来表示，一个是压缩机性能系数，另一个是压缩机能效比。性能系数指压缩机消耗单位轴功率所能产出的制冷量，用符号 COP（Coefficient of Performance）表示，单位 kW/kW，表示为

$$COP = \frac{Q_0}{N_e}$$

能效比是考虑到压缩机的驱动电动机效率对制冷能耗的影响，以单位电动机输入功率对应的制冷量大小进行评价，用符号 EER（Energy Efficiency Ratio）表示，单位 kW/kW，表示为

$$EER = \frac{Q_0}{N_{in}}$$

对于大中型开启式制冷压缩机，国际惯例采用性能系数 COP 衡量其经济效率；对于小型全封闭、半封闭制冷压缩机，由于电机与压缩机同处一壳体内，没有外轴，常常采用能效比 EER 表示其经济性。

1.6.2 制冷循环效率的影响因素

评价制冷循环效率的指标是制冷系数，具体到不同类型的压缩机采用性能系数 COP 或能效比 EER 表示，但它们的计算基础是制冷量和功耗，因此，影响制冷循环制冷量和功耗的因素，才是制冷循环效率的主要影响因素。为此可以采用理论制冷循环来分析制冷量和功耗的影响因素。为了讨论方便，现以理论基本循环为例进行分析，其结论同样适用于实际循

环。

由理论制冷循环热力学分析可知：

$$Q_0 = V_R q_V = \lambda V_{th} \cdot \frac{q_0}{v_{吸}}$$

$$N_0 = M_R w_0 = \frac{V_R}{v_{吸}} w_0 = \lambda V_{th} \cdot \frac{w_0}{v_{吸}}$$

由于制冷循环是确定的，因此其制冷压缩机也是确定的，式中的压缩机理论输气量 V_{th} 是定值，制冷循环分析制冷量 Q_0 和功耗 N_0 仅与制冷循环的热力性质 q_0、w_0、$v_{吸}$ 有关。

由图 1-8 分析可知，造成理论制冷循环单位质量制冷量 q_0、理论比功 w_0、制冷压缩机吸气比容 $v_{吸}$ 变化的根本原因是冷凝温度 t_k（或冷凝压力 p_k）和蒸发温度 t_0（或蒸发压力 p_0）。

所以，冷凝温度和蒸发温度是直接影响制冷循环效率的因素。

1. 冷凝温度对制冷循环效率的影响

在分析冷凝温度对循环性能的影响时，则假定蒸发温度不变，这种情况属于用途既定的制冷机在不同地区和季节条件下运行。

分析如图 1-19 所示，当冷凝温度由 t_k 升高到 t_k' 时，理论制冷循环由 1-2-3-4-1 变为 1-2′-3′-4′-1。

从图 1-19 中可看出：

1）冷凝温度由 t_k 升高，制冷循环的单位质量制冷量 q_0 减少了（Δq_0）；

2）当冷凝温度由 t_k 升高，虽然进入压缩机的蒸气比容 $v_{吸}$ 没有变化，但由于单位质量制冷量 q_0 减小，故单位容积制冷量 q_V 也减少了；

3）冷凝温度由 t_k 升高，单位压缩理论功 w_0 增大了（Δw_0）。

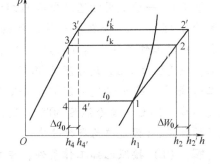

图 1-19　冷凝温度变化对制冷理论循环影响

从上分析可知，当蒸发温度 t_0 为定值，制冷循环随冷凝温度 t_k 升高时，制冷机的制冷量 Q_0 减少，功率消耗 N_0 增加，制冷系数下降。

2. 蒸发温度对制冷循环效率的影响

分析蒸发温度对循环性能的影响时，假定冷凝温度不变，这种情况属于制冷机在环境条件一定时用于不同目的或制冷机启动运行阶段。

分析如图 1-20 所示，当蒸发温度由 t_0 降至 t_0' 时，理论制冷循环由 1-2-3-4-1 变为 1′-2′-3-4-1′。

从图 1-20 中可看出：

1）蒸发温度降低，单位质量制冷量 q_0 虽然变化不大，但还是有所降低（Δq_0）；

2）蒸发温度降低，压缩机吸气比容增大了（$v_{1'} > v_1$），因而单位容积制冷量 q_V，及制冷量 Q_0 都在减小。所以说蒸发温度对制冷量的影响是双重的，在制冷循环应用中应高度重视蒸发温度的影响；

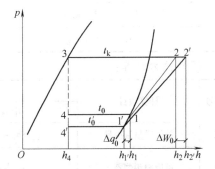

图 1-20　蒸发温度对制冷理论循环影响

3）单位压缩理论功 w_0 增大了（Δw_0），但由于吸气比容也增大，在这种情况下就无法直接看出制冷机功率的变化情况。

为了找出其变化规律，学者制作了蒸发温度变化时制冷循环压缩机消耗功率的变化图，如图 1-21。当蒸发温度 T_0 由 $T_0 = T_K$ 逐渐下降到 $T_0 = 0$ 的过程中，所消耗的功率开始逐渐增大，待达到某一最大值（即点 A）时后又逐渐降低。计算表明，对于常用制冷剂，当压缩比 $p_k/p_0 \approx 3$ 时，功率消耗出现最大值。

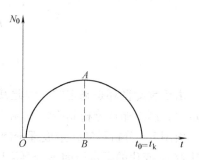

图 1-21　蒸气温度与压缩机功耗的变化关系

以上分析可知，当冷凝温度 t_k 为定值，随蒸发温度 t_0 下降，制冷机的制冷量 Q_0 减小，功率变化则与压缩比 p_k/p_0 有关，当压缩比大约等于 3 时，功率消耗最大，这一通性在压缩机电动机功率选择时具有重要意义，即制冷系统设计时，应避开压缩比 $p_k/p_0 \approx 3$，避开制冷压缩机消耗功率出现极值。

例 1-7　一台氨用活塞式制冷压缩机，理论输气量为 $0.157\,\mathrm{m^3/s}$。分别在两种工作条件下工作，一种是中温工作条件：蒸发温度 $-7\,℃$，冷凝温度 $35\,℃$，吸气温度 $1\,℃$，过冷温度 $30\,℃$；另一种是低温工作条件：蒸发温度 $-23\,℃$，冷凝温度 $35\,℃$，吸气温度 $-15\,℃$，过冷温度 $30\,℃$。试计算两种情况下的性能。（设过热为有效过热）

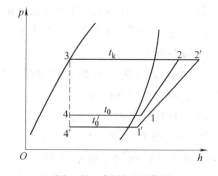

图 1-22　例题 1-7 附图

解：（1）按照已知工作条件，在制冷剂氨的压焓图上画出两种工况下的制冷循环（图 1-22）：
中温工作条件下的制冷循环 1-2-3-4-1，低温工作条件下的制冷循环 1′-2′-3-4′-1′。

（2）查取各状态点相应的热力状态参数值：

中温工作条件	低温工作条件
$h_1 = 1472$ kJ/kg	$h_{1'} = 1452$ kJ/kg
$h_2 = 1675$ kJ/kg	$h_{2'} = 1778$ kJ/kg
$h_3 = h_4 = 345$ kJ/kg	$h_3 = h_{4'} = 345$ kJ/kg
$v_1 = 0.39$ m³/kg	$v_{1'} = 0.76$ m³/kg

（3）热力计算：

序号	计算项目	结　果		单位
		中温条件	低温条件	
1	单位质量制冷量	$q_0 = h_1 - h_4 = 1127$	$q_0 = h_{1'} - h_{4'} = 1107$	kJ/kg
2	单位容积制冷量	$q_V = \dfrac{q_0}{v_1} = 2889.7$	$q_V = \dfrac{q_0}{v_{1'}} = 1456.6$	kJ/m³
3	单位理论功	$w_0 = h_2 - h_1 = 203$	$w_0 = h_{2'} - h_{1'} = 326$	kJ/kg

（续）

序号	计算项目	结　　果		单位
		中温条件	低温条件	
4	压缩机制冷量	$Q_0 = \lambda V_{th} q_V = 344.8$	$Q_0 = \lambda V_{th} q_V = 146.4$	kW
5	制冷剂质量流量	$M_R = \dfrac{Q_0}{q_0} = 0.31$	$M_R = \dfrac{Q_0}{q_0} = 0.13$	kg/s
6	压缩机理论功率	$N_0 = M_R w_0 = 62.9$	$N_0 = M_R w_0 = 42.4$	kW
7	压缩机轴效率	查图 1-14 ~ 图 1-16 得 0.65	查图 1-14 ~ 图 1-16 得 0.6	
8	压缩机轴功率	$N_e = N_0/\eta_e = 96.8$	$N_e = N_0/\eta_e = 70.7$	kW
9	理论制冷系数	$\varepsilon_0 = \dfrac{q_0}{w_0} = 5.6$	$\varepsilon_0 = \dfrac{q_0}{w_0} = 3.4$	
10	性能系数	$COP = \dfrac{Q_0}{N_e} = 3.6$	$COP = \dfrac{Q_0}{N_e} = 2.1$	

计算中输气系数 λ 值查图 3-18 分别得 0.76 和 0.64。

通过例题计算显示，当蒸发温度为 -7℃ 时，制冷压缩机的制冷量为 344.8kW，消耗功率为 96.8kW；当蒸发温度降低到 -23℃ 时，制冷压缩机的制冷量减少为 146.4kW，消耗功率为 70.7kW。这里还可以看到，两种工作条件下，这台制冷压缩机性能系数不同，蒸发温度高时经济性好。

1.6.3　制冷工况

1. 制冷工况

由制冷循环效率的影响因素可知，制冷机的制冷量、功率消耗及其他特性指标是随蒸发温度 t_0 及冷凝温度 t_k 变化而变化的，因此不讲制冷机的工作条件（即温度、压力）而单讲制冷量的大小是没有意义的。

那么，制冷压缩机厂家生产出来的制冷压缩机的铭牌上应该标注明哪一个制冷量、轴功率呢？用户将依据什么选择自己需要的制冷压缩机呢？在日常运行过程中，工作条件发生改变，用户又将依据什么来确定当时制冷压缩机的实际制冷量、轴功率为多少？

为了解决上面的问题，便于将制冷机的性能加以对比，人为地规定了一组工作条件（温度）作为制冷机运行状况比较的基础，这就是制冷压缩机的工况。

所谓工况，是指制冷压缩机工作的状况，即制冷压缩机工作的条件。它的工作参数包括蒸发温度、冷凝温度、吸气温度和过冷温度。

根据我国的实际情况，规定了"标准工况"、"空调工况"、"最大压差工况"、"最大轴功率工况"。

标准工况：标明低温用压缩机的名义制冷能力和轴功率。

空调工况：标明高温用压缩机的名义制冷能力和轴功率。

最大压差工况：考核制冷压缩机的零部件强度、排气温度、油温和电动机绕组温度。

最大轴功率工况：考核制冷压缩机的噪声、振动及机器能否正常启动。

表1-3 给出了中小型单级活塞式制冷压缩机的工况。

表1-3 中小型单级活塞式制冷压缩机的工况

工况	工质	蒸发温度/℃	吸气温度/℃	冷凝温度/℃	过冷温度/℃
标准工况	R717	−15	−10	+30	+25
	R22	−15	+15	+30	+25
空调工况	R717	+5	+10	+40	+35
	R22	+5	+15	+40	+35
最大压差工况	R717	−20	−15	+40	+40
	R22	−30	+15	+40	+40
最大功率工况	R717	+5	+10	+40	+35
	R22	+5	+15	+40	+35

制冷压缩机出厂时，机器铭牌上标出的制冷量，一般就是该制冷压缩机在标准工况下运行时测得的制冷量。如果是专门为空调配用的制冷压缩机，则铭牌上的制冷量为空调工况下的制冷量。实际设计选型中，制冷压缩机工作条件往往不在名义工况下。这时，我们有两种选择：①从制造厂提供的制冷压缩机的性能曲线查取工作条件下制冷压缩机的制冷量，选取压缩机，如图1-23所示。②根据机器铭牌上标出的名义制冷量，进行制冷工况换算。制冷压缩机的电动机一般应该按照最大功率工况的计算结果选配，以保证制冷压缩机起动过程中能满足负荷需要。如果起动时采取一定的措施（如卸载起动等），也可以按照运行工况选配电动机。

此外还需要说明的是，标准工况或空调工况都是为了比较制冷压缩机的特性而人为规定的，并不限定制冷压缩机只能在这样的工况下工作。实际上制冷压缩机的运行工况（即操作工况）是按使用单位的具体条件而定。但应注意：制冷机必须限定在一定的条件下工作，以保证制冷压缩机运行安全可靠。制冷压缩机设计和使用条件可参阅相关设计手册，这是设计和运行使用单位都必须遵守的条件。

2. 制冷工况换算

我们对制冷循环进行热力学计算目的是为了对制冷系统组成设备进行选型，但前面所进行的制冷循环热力学计算，都是在设计工况下计算的，得到的制冷量和功耗也是设计工况下的数值，而产品样本上给出的设备技术参数是在标准工况或空调工况下的参数，因为设计工况往往与产品样本上的标准工况（或空调工况）不同，因此不能直接选取，需要通过工况换算后再进行产品样本查找选配。如选用压缩机时，需先把设计工况下的制冷量 $Q_{0设}$ 换算

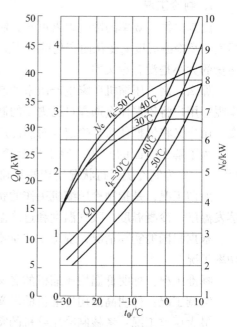

图1-23 4FV7型压缩机特性曲线

为制冷压缩机的标准工况（或空调工况）下的制冷量 $Q_{0标}$，用 $Q_{0标}$ 才能从产品样本中根据给出的标准制冷量选取需要的制冷压缩机。

设计工况制冷量换算：

$$Q_{0设} = Q_{0标} \frac{\lambda_{设}}{\lambda_{标}} \frac{q_{V设}}{q_{V标}} = k_i Q_{0标}$$

式中　k_i——压缩机制冷量换算系数。

表1-4 给出立式和 V 型氨用制冷压缩机的换算系数表，利用换算系数可以将设计工况下的制冷量与标准工况下的制冷量进行相互换算。

表 1-4　立式和 V 型氨用制冷压缩机的换算系数 k_i

蒸发温度/℃	冷凝温度/℃															
	25	26	27	28	29	30	31	32	33	34	35	36	37	38	39	40
−15	1.07	1.06	1.04	1.03	1.01	1.0	0.99	0.98	0.96	0.95	0.94	0.93	0.91	0.90	0.88	0.87
−14	1.13	1.12	1.10	1.09	1.07	1.06	1.05	1.04	1.02	1.01	1.0	0.98	0.97	0.95	0.94	0.92
−13	1.19	1.18	1.16	1.15	1.13	1.12	1.11	1.09	1.08	1.06	1.05	1.03	1.02	1.0	0.99	0.97
−12	1.26	1.24	1.23	1.21	1.20	1.18	1.17	1.15	1.14	1.12	1.11	1.09	1.08	1.06	1.05	1.03
11	1.32	1.30	1.29	1.27	1.26	1.24	1.22	1.21	1.19	1.18	1.16	1.14	1.13	1.11	1.10	1.08
−10	1.38	1.36	1.35	1.33	1.32	1.30	1.28	1.27	1.25	1.24	1.22	1.20	1.18	1.17	1.15	1.13
−9	1.46	1.44	1.42	1.41	1.39	1.37	1.35	1.34	1.32	1.31	1.29	1.27	1.25	1.24	1.22	1.20
−8	1.53	1.51	1.49	1.48	1.46	1.44	1.42	1.41	1.39	1.38	1.36	1.34	1.32	1.30	1.28	1.26
−7	1.61	1.59	1.57	1.56	1.54	1.52	1.50	1.48	1.46	1.44	1.42	1.40	1.38	1.37	1.35	1.33
−6	1.68	1.66	1.64	1.63	1.61	1.59	1.57	1.55	1.53	1.51	1.49	1.47	1.45	1.43	1.41	1.39
−5	1.76	1.74	1.72	1.70	1.68	1.66	1.64	1.62	1.60	1.58	1.56	1.54	1.52	1.50	1.48	1.46
−4	1.85	1.83	1.81	1.79	1.77	1.75	1.73	1.71	1.68	1.66	1.64	1.62	1.60	1.58	1.56	1.54
−3	1.94	1.92	1.90	1.88	1.86	1.84	1.82	1.80	1.77	1.75	1.73	1.71	1.68	1.66	1.63	1.61
−2	2.04	2.02	1.99	1.97	1.94	1.92	1.90	1.88	1.85	1.83	1.81	1.79	1.76	1.74	1.71	1.69
−1	2.13	2.11	2.08	2.06	2.03	2.01	1.99	1.97	1.94	1.92	1.90	1.87	1.84	1.82	1.79	1.76
0	2.22	2.20	2.17	2.15	2.12	2.10	2.08	2.05	2.03	2.0	1.98	1.95	1.92	1.90	1.87	1.84
1	2.33	2.31	2.28	2.26	2.23	2.21	2.18	2.16	2.13	2.11	2.08	2.05	2.02	2.0	1.97	1.94
2	2.44	2.41	2.39	2.36	2.34	2.31	2.28	2.26	2.23	2.21	2.18	2.15	2.12	2.10	2.07	2.04
3	2.56	2.53	2.50	2.48	2.45	2.42	2.39	2.36	2.34	2.31	2.28	2.25	2.22	2.19	2.16	2.13
4	2.67	2.64	2.61	2.58	2.55	2.52	2.49	2.46	2.44	2.41	2.38	2.35	2.32	2.29	2.26	2.23
5	2.78	2.75	2.72	2.69	2.66	2.63	2.60	2.57	2.54	2.51	2.48	2.45	2.42	2.39	2.36	2.33
10	3.45	3.41	3.37	3.34	3.30	3.26	3.22	3.19	3.15	3.12	3.08	3.04	3.01	2.97	2.94	2.90

影响制冷循环效率的因素小结

1. 压缩机的性能系数 COP 和能效比 EER 都是衡量制冷压缩机经济性的指标。

2. 冷凝温度和蒸发温度是直接影响制冷循环效率的因素。冷凝温度越低、蒸发温度越高，则制冷系数越大。

3. 制冷工况是指制冷压缩机的工作条件，在进行制冷循环计算之初首先应确定。其中蒸发温度是根据用户要求确定；冷凝温度是由环境条件确定的。

4. 制冷工况对制冷压缩机设计选型和运行调节十分重要，设计工况和标准工况不同，可进行换算。

思考与练习

1-1　简述蒸气压缩式制冷系统组成及其功能。

1-2　蒸气压缩式制冷采用逆卡诺循环有哪些困难？其制冷系数如何表达？

1-3　理论制冷循环与逆卡诺循环有哪些区别？各由哪些过程组成？

1-4　简述蒸气压缩式制冷理论循环中各个热力过程的特点，实际循环与之差别。

1-5　蒸气压缩式制冷循环为什么要采用干压缩？如何保证干压缩？

1-6　蒸气压缩式制冷循环为什么要采用液体过冷？如何实现液体过冷？

1-7　蒸气过热有哪几种形式？蒸气过热对制冷循环有什么作用？

1-8　为什么称压缩机吸气管内的过热为有害过热？是否对制冷循环不利？

1-9　在进行制冷理论循环热力计算时，首先确定什么参数？怎样确定？

1-10　制冷循环的制冷系数和热力完善度有什么区别？

1-11　制冷循环的制冷系数与制冷机的性能系数或能效比有什么关系？

1-12　冰箱储物需要低温，是否温度越低越好？为什么？

1-13　家用空调器和大厦集中空调系统，所用制冷循环一样，是什么原因造成它们的制冷量差别巨大？

1-14　某一氨理论制冷循环，在 7℃时吸收热量 2.8 kW，而放热温度为 40℃。计算所需理论功耗。

1-15　有一单级蒸气压缩式制冷循环用于空调，假定为理论制冷循环，工作条件如下：蒸发温度 $t_0 = 5℃$，冷凝温度 $t_k = 40℃$，制冷剂为 R22。空调房间需要的制冷量是 3kW，试对该理论制冷循环进行热力计算。

1-16　某氨压缩制冷装置制冷量 20 kW，蒸发器出口温度为 -20℃ 的干饱和蒸气，被压缩机绝热压缩后，进入冷凝器，冷凝温度为 30℃，冷凝器出口温度 25℃ 的氨液，试对该制冷装置进行热力学计算。

1-17　某制冷循环的蒸发温度 $t_0 = -5℃$，冷凝温度 $t_k = 40℃$，出冷凝器的状态为冷凝压力下的饱和液体状态，吸入蒸气由 -5℃ 过热到 10℃，工质为 R22，压缩机排气量为 $4.5 \times 10^{-3} \, m^3/s$。是对该制冷循环进行热力计算。

1-18　某空调系统需要制冷量为 35kW，采用 R22 制冷剂，采用回热循环，其工作条件是：蒸发温度 0℃，冷凝温度 40℃，吸气温度 15℃，使进行其理论循环热力学计算。

1-19　某一单级蒸气压缩式制冷循环用于高温冷库，冷库总热量 $Q = 50$ kW。用 R22 做制冷剂，要求库温为 0℃。当地冷却介质温度为 30℃，制冷剂与热源的传热温差为 10℃，试计算该制冷循环的制冷系数。（不考虑制冷循环的过冷和过热）

1-20 有一台单级蒸气压缩式制冷机，理论输气量为 $135 \text{m}^3/\text{h}$，使用工质为 R717 工作条件是：环境温度为 30℃，被冷却物温度为 -5℃，传热温差 $\Delta t_k = 6℃$，$\Delta t_0 = 5℃$，过冷度 $\Delta t_{gl} = 5℃$，过热度 $\Delta t_{gr} = 10℃$，（有效过热），指示效率 $\eta_i = 0.80$，摩擦效率 $\eta_m = 0.90$。试对该制冷循环进行热力计算。

第 2 章　制冷剂与载冷剂

本章目标：

1. 明确制冷剂和载冷剂的含义及功能。
2. 熟练掌握制冷剂和载冷剂的选择原则。
3. 掌握制冷剂的命名方法。
4. 了解常用制冷剂和载冷剂。
5. 了解制冷剂替代问题及未来研究方向。

在制冷系统中存在着各种流动介质，对制冷循环起着重要的作用。用户要求不同，设计的制冷循环就不同，那么对这些流动介质的选择也不同。对这些流动介质的选择也是制冷系统设计的一个部分，本章介绍制冷剂和载冷剂的相关知识。

2.1　制冷剂

制冷剂是在制冷装置中通过热力变化完成制冷循环的工作介质，又称为制冷工质。

由上一章学习可以知道，制冷剂在蒸发器中吸热汽化而制冷，在压缩机里消耗机械能被压缩成高温高压气体，在冷凝器中放热冷凝，通过节流机构再降压成为低温低压液体给蒸发器供液，循环实现制冷功能。因此，制冷剂对蒸气压缩式制冷循环及其制冷系数有重要影响，要获得一个性能良好，运转正常的制冷系统，应熟悉制冷剂的种类、性质，能够根据制冷循环的要求，对制冷剂进行合理选择。

2.1.1　制冷剂种类及命名

什么物质可以是制冷剂呢？水可以是制冷剂，在吸收式制冷机中使用；二氧化碳（CO_2）和氨（NH_3）作为"天然"制冷剂而为制冷系统所用；易燃物质（如丙烷和异丁烷）也可被作为制冷剂使用；对于卤代烃物质（如 CFC、HCFC 和 HFC 族物质）更是受到广泛欢迎的制冷。ASHRAE 标准 34《制冷剂命名和安全分类》列出了 100 多种制冷剂，尽管其中许多并不在常规商业暖通空调 HVAC 中使用，但在实际工程中常用的制冷剂也有二三十种，它们归纳起来可分四类，即无机化合物、烃类、卤代烃以及混合溶液。

对于众多的制冷剂，采用代号表示会比较方便。国际上是按照制冷剂的组成或化学成分进行分类并加以编号来表示的。代号规定用"R"后加数字表示各个具体的制冷剂，这些后缀数字或字母是根据制冷剂的分子组成而规则编排出来的。

值得注意，制冷剂是化学物质。而一些物质被认为是制冷剂（如 R-141b），实际上却广泛应用于诸如发泡剂场合，其实很少用于冷却场合。

1. 无机化合物类

属于无机化合物的制冷剂有氨、水和二氧化碳等。

对于无机化合物制冷剂的代号，采用"R"后第一位数字为 7，7 后面加该物质分子量的整数来表示，即："R7×ד（其中"××"为制冷剂分子量的整数）。例如氨的代号为 R717；水的代号为 R718；二氧化碳的代号为 R744。

2. 氟利昂类（卤代烃）

氟利昂是饱和烃类（饱和碳氢化合物）的卤族衍生物的总称，是 20 世纪 30 年代出现的一类制冷剂，它的出现对制冷业发展起着巨大的推动作用。

氟利昂的代号表示有两种方法：

（1）常规命名法　氟利昂的化学分子式为 $C_mH_nF_xCl_yBr_z$，是碳（C）链上链接氢（H）、氟（F）、氯（Cl）、溴（Br）离子，其中字母 m、n、x、y、z 表示氟利昂分子上 C、H、F、Cl、Br 离子数，它们之间应满足 $2m+2=n+x+y+z$ 关系。

这样，氟利昂的代号可用"R（$m-1$）（$n+1$）（x）B（z）"表示。第一位数字为 $m-1$，该值为零时则省略不写；第二位数字为 $n+1$；第三位数字为 x；第四位数字为 z，如为零时，与字母"B"一起省略不写。对于氟利昂中同分异构体，可根据其不对称程度依次后缀 a，b，c…等字母。

例如，一氯二氟甲烷分子为 CHF_2Cl，其中 $m=1$，$n=1$，$x=2$，$y=1$，$z=0$，按照代号规定可写为 R22，称为氟利昂 22；

一溴三氟甲烷分子 CF_3Br，其中 $m=1$，$n=0$，$x=3$，$y=0$，$z=1$，按照代号规定可写为 R13B1，称为氟利昂 13B1；

四氟乙烷分子为 $C_2H_2F_4$，其中 $m=2$，$n=2$，$x=4$，$y=0$，$z=0$，按照代号规定可写为 R134a，称为氟利昂 134a。

（2）区分氟利昂对大气臭氧层破坏程度的命名法　为了方便的判断氟利昂对大气臭氧层破坏程度，根据氟利昂分子中含氟、氯、氢的情况，将其分为下列三类：

一类：CFC

CFC 类物质是氯氟化碳，原碳链上的氢完全被氟、氯置换掉，分子中不含氢。这类氟利昂属于公害物，严重破坏大气臭氧层，被列为首批禁用制冷剂。如氟利昂 12（R12）、氟利昂 113（R113）。

代号采用 CFC 加后缀数字表示，后缀数字编写方法同常规命名法。

例如，二氯二氟甲烷，分子式 CF_2Cl_2，代号 CFC12；三氯三氟乙烷，分子式 $C_2F_3Cl_3$，代号 CFC113。

二类：HCFC

HCFC 类物质是氢氯氟化碳，原碳链上的氢部分被氟、氯置换，是不完全卤代烃。这类氟利昂分子中既含氢，又含氯，属于低公害物质，被列为过渡性制冷剂。如氟利昂 22（R22）、氟利昂 21（R21）。

代号采用 HCFC 加后缀数字表示，后缀数字编写同上。

例如，一氯二氟甲烷，分子式 CHF_2Cl，代号 HCFC22；二氯一氟甲烷，分子式 $CHFCl_2$，代号 HCFC21。

三类：HFC

HFC 类物质是氢氟化碳，原碳链上的氢部分被氟置换，分子中不含氯，是无氯卤代烃。

这类氟利昂无氯，不会对大气臭氧层造成破坏，属于无公害物资，可作为前两类制冷剂的替代物，有待于研究开发。如氟利昂134a（R134a）、氟利昂23（R23）。

代号采用 HFC 加后缀数字表示，后缀数字编写同上。

例如，四氟乙烷，分子式 $C_2H_2F_4$，代号 HFC134a；三氟甲烷，分子式 CHF_3，代号 HFC23。

3. 烃类

烃类制冷剂是碳氢化合物，完全由碳、氢元素组成的天然物质。烃类制冷剂分有烷烃类制冷剂（甲烷、乙烷）和烯烃类制冷剂（乙烯、丙烯）等。从经济观点看是出色的制冷剂，但易燃烧，安全性很差。

烷烃类制冷剂分子式为 C_mH_{2m+2}，命名类同氟利昂，采用"R（$m-1$）（$n+1$）0"方法表示（尾数 0 表示无氟）。

例如，甲烷分子式 CH_4，命名为 R50；乙烷分子式 C_2H_6，命名为 R170；丙烷分子式 C_3H_8，命名为 R290。

烯烃类制冷剂分子式为 C_mH_{2m}，命名方法是先在 R 后加"1"，后续数字写法类同氟利昂。

例如，乙烯分子式 C_2H_4，命名为 R1150；丙烯分子式 C_3H_6，命名为 R1270。

4. 混合制冷剂

前述三类制冷剂均为单一物质、纯质的制冷剂。为了改善制冷剂性质，扩大制冷剂选择范围，人们将几种纯质制冷剂按照一定比例混合在一起，使其优势互补，改善制冷循环性能，这就形成了混合制冷剂。

所谓混合制冷剂，是由两种或两种以上制冷剂按一定比例相互溶解而成的溶合物。它分为两种情况：

（1）共沸混合制冷剂　共沸混合制冷剂是由不同制冷剂按一定比例混合而成，在固定压力下蒸发或冷凝时，混合制冷剂蒸发温度或冷凝温度恒定不变，而且它的气相和液相具有相同的组分，即变相时具有固定的沸点。

共沸混合制冷剂代号采用"R5××"表示，R 后的第一个数字 5 专指共沸混合制冷剂，"××"按照发现的先后顺序编号。目前使用的共沸混合制冷剂有 R500、R501、R502…R509。

表 2-1 列出了几种共沸混合制冷剂的组成及特性参数。

表 2-1　几种共沸混合制冷剂

代号	组成成分	组成比例	各组分沸点/℃	混合物沸点/℃	主要应用
R500	R12/R152a	73.8/26.2	−29.8/−25	−33.5	制冷或空调设备
R502	R22/R115	48.8/51.2	−40.8/−38	−45.6	汽车、商业、工业用空调
R503	R23/R13	40.1/59.9	−82.2/−81.5	−87.9	复叠式制冷机
R507	R125/R134a	50.0/50.0	−48.8/−47.7	−46.7	替代 R502
R509	R22/R218	44.0/56.0	−40.8/−36.6	−47.5	替代 R502

已发现具有共沸特征的混合物不到 50 种。其中满足作为制冷剂性质要求的仅十种。在所列共沸制冷剂中，已有显著商业应用的只有三种：R500、R502 和 R503。

采用共沸混合制冷剂的好处是：它几乎具有纯制冷剂的所有特征，可以像纯质一样使用方便。共沸混合制冷剂中标准沸点比构成它的组分物质的标准沸点都低，因而蒸发压力比其组分的蒸发压力高，可以扩大应用温度范围和提高单位容积制冷量。而且，混合物其他性质也取决于其组分物质的性质。例如，稳定性好的组分对混合物性质的贡献是改善稳定性；不可燃组分对混合物性质的贡献是抑制可燃性；重分子组分对混合物性质的贡献是降低排气温度；溶油性好的组分对混合物的性质贡献是改善溶油性；诸此等等。

（2）非共沸混合制冷剂　非共沸混合制冷剂是继共沸混合制冷剂之后而发展起来的，它为寻求性质满意的工质开辟了更宽广的选择范围。

非共沸制冷剂是由不同制冷剂按一定比例混合而成，但其不存在共沸点，在固定压力下蒸发或冷凝时，气相与液相的组成成分不断变化，温度也随之不断变化。

非共沸混合制冷剂代号采用"R4××"表示，R 后的第一个数字 4 专指非共沸混合制冷剂，"××"按照发现的先后顺序编号，同组分、不同组成比例的非共沸混合制冷剂后缀 A、B、C 等。如 R401A、R401C、R407A、R407B。

非共沸混合制冷剂最初研究是出于节能目的。它具有以下特点：

1）在蒸发和冷凝过程中由于温度是变化的，减少了冷凝过程和蒸发过程中的传热温差，所以更适于在变温热源的场合下应用，提高循环的热力完善度。

2）降低制冷循环压缩比，使单级压缩制冷循环获得更低的蒸发温度。

3）采用非共沸制冷剂可以增加制冷量。非共沸制冷剂在相变过程中出现各组分的混合和分离现象。冷凝过程是高沸点组分冷凝和低沸点组分溶解的过程，其中各组分既要放出自己的液化潜热又要放出混合热，最终使单位制冷剂的冷凝热增大。而蒸发过程是低沸点组分吸收和高沸点组分蒸发的过程，此时各组分除吸收各自的汽化潜热外，还要吸收相应的分离热，最终使制冷剂的吸热量增加（即制冷量增加）。这是制冷系统在没有增加功耗的情况下增加了制冷量。

4）利用它定压下相变不等温的特性，当蒸发器和冷凝器进出口温差为一定时，采用非共沸混合制冷剂的制冷系统或热泵，其冷凝压力较低，蒸发压力较高，循环耗功量较小，由于此时冷凝器排放出的热量却较高，因此它在热泵中应用能取得更好的节能效果，适用于热泵系统。

5）使用非共沸制冷剂的制冷装置发生制冷剂泄漏时，剩余在系统中的混合物的浓度就会改变，需要通过计算来确定两种制冷剂的冲灌量。这是使用非共沸混合制冷剂比较麻烦的一个方面。

表2-2 列出了几种非共沸混合制冷剂的组成及特性参数。

表2-2　几种非共沸混合制冷剂

代号	组成成分	组成比例	沸点（℃）露点（℃）	主要应用
R401A	R22/R124/R152a	53/34/13	-33.8/-28.9	替代 R12
R401C	R22/R124/R152a	33/52/15	-28.3/-23.6	替代 R12
R404A	R125/R134a/R143a	44/4/52	-46.5/-46.0	替代 R502

（续）

代号	组成成分	组成比例	沸点（℃）露点（℃）	主要应用
R407A	R32/R125/R134a	20/40/40	-45.8/-39.2	替代 R502
R407B	R32/R125/R134a	10/70/20	-47.4/-43.0	替代 R502
R407C	R32/R125/R134a	23/25/52	-43.4/-36.1	替代 R22
R409A	R22/R124/R142b	60/25/15	-34.3/-25.8	替代 R12
R410A	R32/R125	50/50	-52.5/-52.3	替代 R22

2.1.2 制冷剂选用原则

有这么多种物质可以作为制冷剂，何谓好的制冷剂？一提到这个问题，首先就会想到是效率，希望选用的制冷剂为制冷循环带来较高的制冷效率。图 2-1 显示了几种制冷剂在单级压缩式制冷循环中的效率。选用制冷效率高的制冷剂可以提高制冷系统的的经济性，但制冷效率不是选择制冷剂的唯一指标，诸如毒性、可燃性、污染、价廉等性质，都是选择一种制冷剂用于制冷和空调要考虑的因素。

研究制冷剂的各个方面性质，将有助于领会制冷剂的本质和应用，帮助我们合理选择制冷剂。

1. 制冷剂对环境亲和友善

制冷系统在运行过程中，难免有制冷剂泄漏，这就希望所选用的制冷剂对环境无不良影响，或影响越小越好。制冷剂对环境影响的主要因素有两个，一个是臭氧衰减指数 ODP，另一个是全球变暖指数 GWP。

（1）臭氧衰减指数 ODP 臭氧衰减指数 ODP（Ozone Depletion Potential）表示一种物质气体逸散到大气中，对大气臭氧层造成破坏的潜在影响程度的指标。以 R11 的臭氧平衡影响做基准（为 1），其他物质的 ODP 值则是与之相比的值。

制冷剂的 ODP 不影响制冷剂效率，但却是一个关键的选择因素。所有具有臭氧破坏潜值的制冷剂都已经或将要按照蒙特利尔议定书的要求淘汰，任何新制冷系统选用的制冷剂或制冷剂产品的开发都要求对臭氧层无破坏作用。因此，制冷剂的选用要求是制冷剂的 ODP 值越小越好，ODP = 0 则该制冷剂对大气臭氧层无害。

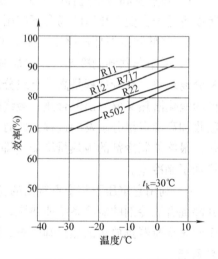

图 2-1 几种制冷剂在单级压缩式制冷循环中的效率

表 2-3 列出了几种常用制冷剂的 ODP 值。

（2）全球变暖指数 GWP 全球变暖指数 GWP（Global Warming Potential）表示物质产生温室效应的一个指标，也称温室效应指数。GWP 是在 100 年的时间框架内，制冷剂的温室效应对应于相同效应的二氧化碳的质量。二氧化碳被作为参照气体，是因为其对全球变暖的影响最大。制冷剂的 GWP 值仍以 R11 的影响为基准。

在制冷剂选择时，应考虑物质的 GWP 值越小越好，GWP = 0 则不会造成大气变暖。制冷剂的 GWP 值的高低并不排斥其使用，但在评价时应予以考虑。

表 2-3　几种常用制冷剂的 ODP 值和 GWP 值

制冷剂		ODP 值	GWP 值
CFC 类	CFC11	1.0	1.0
	CFC12	0.9 ~ 1.0	2.8 ~ 3.4
	CFC13	1.0	—
	CFC113	0.8 ~ 0.9	1.3 ~ 1.4
	CFC114	0.6 ~ 0.8	3.7 ~ 4.1
	CFC115	0.3 ~ 0.5	7.4 ~ 7.6
HCFC 类	HCFC22	0.04 ~ 0.06	0.32 ~ 0.37
	HCFC123	0.013 ~ 0.022	0.017 ~ 0.02
	HCFC124	0.016 ~ 0.024	0.092 ~ 0.10
	HCFC141b	0.07 ~ 0.11	0.084 ~ 0.097
	HCFC142b	0.05 ~ 0.06	0.34 ~ 0.39
HFC 类	HFC125	0	0.51 ~ 0.65
	HFC134a	0	0.24 ~ 0.29
	HFC143a	0	0.72 0.76
	HFC152a	0	0.026 ~ 0.033

表 2-3 列出了几种常用制冷剂的 GWP 值。

2. 制冷剂的热力学性质满足制冷循环要求

（1）制冷剂具有较大的制冷工作范围

1）制冷剂的临界点要高。临界点是压焓图（$P\text{-}h$）上不能区分制冷剂到底是液体还是气体的点。在此点时液体和气体的温度、密度和成分都相同。当在临界点以上运行时，不可能出现单独的液相，制冷剂在制冷循环中不会冷凝成液体。因此，制冷循环必须存在于临界点以下区域。

制冷剂的临界点高，则临界温度高，便于用一般冷却水或空气进行冷凝。此外，制冷循环的工作区域越远离临界点，制冷循环越接近逆卡诺循环，节流损失小，制冷系数高。而在低于但靠近临界点运行时，会比较难于压缩，导致效率很低，制冷量很小。

2）制冷剂的凝固温度要低。制冷剂的凝固温度低一些，这样便能得到较低的蒸发温度，适当增大制冷循环的工作范围。

（2）制冷剂具有适当的工作压力和压缩比　选用制冷剂时首先应考虑制冷剂的适用温度范围。当蒸发温度和冷凝温度给定时，在制冷系统中使用不同的制冷剂会得到不同的蒸发压力和冷凝压力。

1）蒸发压力 p_o。选用的制冷剂在制冷系统中的蒸发压力最好不低于大气压力。因为蒸发压力如果低于大气压力，空气易于渗入系统，这不仅影响蒸发器、冷凝器的传热效果，而且增加压缩机的耗功量，所以希望制冷剂是在大气压力下沸点较低的物质。

2）冷凝压力 p_k。选用制冷剂在常温下的冷凝压力不应过高。制冷系统一般均采用水或空气使制冷剂冷凝成液态，故希望常温下制冷剂的冷凝压力不要过高，一般不应超过 1.2 ~

1.5MPa。这样可以减少制冷装置承受的压力，也可以减少制冷剂向外渗漏的可能性。

3）压缩比 p_k/p_o。制冷循环的压缩比比较小，这点对于减少压缩机的耗功量是十分必要的，同时，对提高压缩机的容积效率也颇为有益。

一般说，在相同温度条件下，大气压力下沸点低的制冷剂，其饱和压力较高，因此制冷温度越低，希望选用大气压力下沸点低的制冷剂，而制冷温度越高，宜采用大气压力下沸点高一些的制冷剂。

（3）制冷剂具有较高的单位容积制冷能力　制冷剂的单位容积制冷能力直接影响到制冷机体积大小。单位容积制冷能力越大，要求产生一定制冷量时，制冷剂的体积循环量越小，这就可以减小压缩机的尺寸。

例如，蒸发温度为 -15℃，冷凝温度为 30℃，膨胀阀前制冷剂过冷度为 5℃，常用制冷剂单位容积制冷能力见表2-4。

表2-4　常用制冷剂单位容积制冷能力

制冷剂	R717	R12	R22	R502
单位容积制冷能力/（kJ/kg）	2214.9	1331.5	2160.5	2243.5
比率（以氨为1）	1	0.60	0.98	1.01

当然，应当辩证地看问题，对于大型制冷压缩机希望压缩机尺寸尽可能小些，故要求制冷剂的单位容积制冷能力尽可能大，这是合理的。但是对于小型活塞式制冷压缩机，或离心式制冷压缩机，有时压缩机尺寸过小反而引起制造上的困难，要求制冷剂单位容积制冷能力小些反而合理。

（4）制冷剂具有较低的绝热指数　制冷剂的绝热指数越小，压缩机排气温度越低，不但有利于提高压缩机的容积效率，而且对压缩机的润滑也是有好处的。从表2-5可以看出，在相同温度条件下，采用氨作制冷剂，其压缩比 p_k/p_o 大于采用氟利昂作制冷剂的制冷循环，同时，氨的绝热指数又比氟利昂大，因此，氨压缩机绝热压缩时排气温度比氟利昂压缩机要高得多。所以，对于氨压缩机，应在气缸顶部设水套，以防气缸过热；氨制冷系统吸气过热不能太大，这也是氨制冷系统不使用回热装置的原因。

表2-5　常用制冷剂绝热压缩温度（蒸发温度 -20℃，冷凝温度 30℃）

制冷剂	R717	R12	R22	R502
压缩比（p_k/p_o）	6.13	4.92	4.88	4.5
绝热指数	1.31	1.136	1.184	1.132
绝热压缩温度/℃	110	40	60	36

3. 制冷剂具有良好的物理化学性质

（1）流动性好　制冷剂流动性好，则要求它的密度、黏度小，这样制冷剂在管道中的流动阻力就小，可以降低压缩机的耗功率和缩小制冷管道的管径。

一般分子量大的制冷剂，其黏度也较大，氟利昂类是有机物质，其分子量往往较大，黏度较高。

（2）传热性好　制冷剂的导热系数、放热系数要高，这样可提高热交换效率，减少蒸发器、冷凝器等热交换设备的传热面积。

对于导热性差的制冷剂，对其作用的热交换设备应采取提高传热性能的处理，如加肋。

氟利昂制冷系统多采用此法。

（3）安全性好　国际上常用毒性和可燃性这两个关键因素表示制冷剂安全级别。如表2-6所示的矩阵可以表示这两个性质的相对级别。

表2-6　制冷剂安全分类

	低毒性	高毒性
高可燃性	A3	B3
低可燃性	A2	B2
不可燃性	A1	B1

对于常用制冷剂，基于毒性和可燃性综合考虑，其安全性表示如表2-7。

表2-7　常用制冷剂安全性分类

制冷剂	安全分类	制冷剂	安全分类	制冷剂	安全分类	制冷剂	安全分类
R11	A1	R123	B1	R143a	A2	R502	A1
R12	A1	R124	A1	R152a	A2	R600a	A3
R22	A1	R125	A1	R290	A3	R717	B2
R23	A1	R134a	A1	R500	A1	R718	A1
R32	A2	R142b	A2				

1）毒性。制冷剂对人的生命和健康应无危害，不具有毒性、窒息性和刺激性。制冷剂的毒性分为六级，一级毒性最大，六级毒性最小。毒性分级标准见表2-8。

表2-8　制冷剂毒性分级表

制冷剂	条件		产生结果	毒性级别
	制冷剂蒸气在空气中的体积百分比（%）	作用时间/min		
R746、R744a 等	0.5~1	5	致死	一级
R717 等	0.5~1	60	致死	二级
R20 等	2~2.5	60	致死或重创	三级
R21、R40 等	2~2.5	120	产生危害作用	四级
R22、R290 等	20	120	不产生危害作用	五级
R12、R503 等	20	120 以上	不产生危害作用	六级

物质的毒性是相对而言的。几乎任何东西在一定剂量时都是有毒的。与其说某东西有毒，不如说是在某种浓度下对身体有害。一些制冷剂虽然无毒或毒性较低，但其浓度达到一定数值时，仍会对人体造成危害。因此，制冷机房应做好通风等防范措施，尤其是制冷机房设置在地下室的情况。

2）可燃性和爆炸性。可燃性是评价制冷剂安全水平的另一个关键参数。易燃制冷剂在浓度达到一定值时，遇明火会发生爆炸现象。为了保证制冷系统的安全运行，应选用不燃烧、不爆炸的制冷剂。如果不得不选用易燃制冷剂，则必须做好防火防爆安全防范措施。表2-9列出几种可燃制冷剂的燃烧性和爆炸性。

表 2-9　可燃制冷剂的燃点和爆炸极限

制冷剂	燃点/℃	爆炸极限（制冷剂蒸气在空气中的体积百分比,%）
R290	510	2.37 ~ 9.5
R600	490	1.86 ~ 8.41
R717	1171	15.5 ~ 27

（4）热稳定性好　选用制冷剂应考虑它在高温下不分解。制冷剂在普通制冷温度范围内是稳定的，但温度过高，会与润滑油发生反应，而压缩机排气部位温度较高，因此选用制冷剂时，需要考虑它的热稳定性。

（5）化学稳定性好　制冷剂选用应考虑它对金属、非金属的腐蚀作用。

1）金属材料：由于制冷系统中设备和管道都是由金属材料制造的，因此选用的制冷剂与金属不能发生化学反应。而且，当制冷剂含水时，也不能发生水解等反应。

2）非金属材料：制冷系统中的密封材料常常采用非金属物质（如橡胶等），为了保证密封性，制冷剂与非金属材料也应不发生化学反应。尤其应注意氟利昂类制冷剂，它属于有机物质，容易与橡胶发生反应，因此选用密封材料时，不能用普通天然橡胶，应选用特殊的耐氟物质。

总之，对金属和制冷系统其他材料无腐蚀和侵蚀作用，是制冷剂选择必须考虑的因素。而制冷剂一旦确定，在选择制冷管道材料和密封材料时，也应考虑腐蚀作用。

（6）溶油性　制冷剂在润滑油中的可溶性是一个重要的特性。在蒸气压缩式制冷装置中，除采用离心式制冷压缩机外，制冷剂一般均与润滑油接触。结果两者相互混合或吸收形成制冷剂润滑油溶液。根据制冷剂在润滑油中的可溶性，可分为有限溶于润滑油的制冷剂和无限溶于润滑油的制冷剂。不同的溶油性使制冷剂对制冷系统运行产生不同的影响，因此，选用制冷剂与制冷系统设计和运行调节密切相关。

1）有限溶于润滑油的制冷剂。氨是典型的有限溶于润滑油的制冷剂，它在润滑油中的溶解度（质量百分比）一般不超过1%。如果在这类制冷剂中加入较多的润滑油，则两者将分为两层，一层为润滑油，另一层为制冷剂。

有限溶于润滑油的制冷剂优势：润滑油易与制冷剂分离，可补充回制冷系统，减少耗油量。另外，制冷剂以纯质状态在蒸发器内工作，工作状态稳定，且不会影响制冷工况。

有限溶于润滑油的制冷剂劣势：润滑油不能完全分离掉，会随制冷剂一起进入热交换设备，在换热表面易形成油垢，影响换热效果。

2）无限溶于润滑油的制冷剂。无限溶于润滑油的制冷剂，处于再冷状态时，可与任意比例的润滑油组成溶液。在饱和状态下，该溶液的浓度则与压力、温度有一定的关系。因此，无限溶于润滑油的制冷剂溶油浓度会影响其制冷循环的蒸发压力和蒸发温度。

无限溶于润滑油的制冷剂优势：润滑油随制冷剂一起渗透到压缩机的各个部件，为压缩机的润滑创造良好条件，并且不会在冷凝器、蒸发器等的换热表面上形成油膜，使之具有良好的传热效果。

无限溶于润滑油的制冷剂劣势：制冷剂中溶有较多润滑油时，会引起蒸发温度升高使制冷量减少；另外，由于气态制冷剂和油滴一起从蒸发器进入压缩机，遇到热的气缸后，溶于油中的制冷剂从油中蒸发出来，因此，这部分制冷剂不但没有产生有效的制冷量，还将引起压缩机有效进气量减少，这是制冷量减少的另一个原因。为了减少这部分损失，可采用回热式循环，使蒸发器出来的气态制冷剂和油的混合物先进入回热器，被来自冷凝器的液态制冷剂加热，使油中溶解的液态制冷剂汽化，同时使高压液态制冷剂再冷，减少节流损失。这也是氟利昂制冷装置常常采用回热式循环的原因之一；此外，制冷剂溶于润滑油还会使润滑油黏度降低，且润滑油不易分离排除，造成系统运行缺油、耗油量增大，以及蒸发沸腾时泡沫多，蒸发器的液面不稳定。

但是，有限溶解和无限溶解是有条件的，随着润滑油品种的不同和温度的降低，无限溶解可以转变为有限溶解。图 2-2 为几种氟利昂和环烃族润滑油混合的临界温度曲线，临界曲线以上，制冷剂可以无限溶于润滑油，曲线下面所包括的区域为有限溶解区。从图中可以看到，图中 *A* 点含油浓度为 20%，R22 和 R12 都能与润滑油完全溶解；若含油浓度不变，温度降低，如图中 *B* 点，对 R12，仍处于完全溶解状态，而对于 R22，则处于有限溶解状态，制冷剂与润滑油分为两层，少油层为状态 *B*′，多油层为状态 *B*″，若温度继续下降到 *C* 点，R12 也将转变为有限溶解。由此可见，一种制冷剂的溶油性是随温度变化而变化

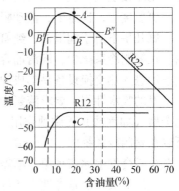

图 2-2　氟利昂和润滑油
混合的临界温度曲线

的。制冷剂在制冷系统不同位置工作，由于工作条件不同，也许其溶油性是不一样的。如 R22，当蒸发温度较低时，它在高压部分溶油，但在低压部分则不溶油，所以，R22 制冷系统低压部分应考虑油分离问题。

（7）溶水性　不同制冷剂与水的相溶能力也是不同的，而制冷系统中含水对其运行有一定影响，在制冷系统设计时应予以考虑。

1）难溶于水的制冷剂。对于难溶于水的制冷剂，若系统中含水，则水以游离形式存在，当制冷温度达到 0℃ 以下，游离态的水会结冰，堵塞制冷系统狭窄的管道，尤其是在节流机构部分形成"冰堵"，使制冷系统不能正常运行。因此，制冷系统选用难溶于水的制冷剂时，在节流前一定要做好除水工作（常采用干燥器），防止"冰堵"发生。

2）易溶于水的制冷剂。对于易溶于水的制冷剂，虽然制冷系统不会发生"冰堵"现象，但制冷剂遇水会发生水解作用，生成的物质可能会对制冷系统管道、设备造成腐蚀。

所以，制冷系统必须严格控制含水量，不能使其超过规定范围。同时因水的影响，制冷系统设计要作出对应处理方案。

4. 制冷剂来源广，易制取

制冷剂的选择还应考虑价廉、易得、生成和储运费用低等方面，这些因素影响着制冷系统成本和运行费用，影响制冷装置的经济性指标。

综合以上制冷剂选择原则，无论是天然的，还是人工的，各种实用的制冷剂总是难免存在某些不足。要选择十全十美的制冷剂实际上不可能，目前工程中所采用的制冷剂或多或少都存在一些缺点。实际使用中只能根据用途和工作条件，保证主要要求，而不足之处则采取一定措施弥补。

2.1.3 常用制冷剂

1. 氨（NH_3，R717）

氨是中温制冷剂，其蒸发温度为 $-33.4℃$，使用范围是 $+5℃$ 到 $-70℃$，当冷却水温度高达 30℃ 时，冷凝器中的工作压力一般不超过 1.5MPa。

氨的临界温度较高（$t_{kr} = 132℃$）。氨的汽化潜热大，在大气压力下为 1164kJ/kg，单位容积制冷量也大，氨压缩机的尺寸可以较小，这是制冷剂氨最大的优点。

氨黏度小，比重低，流动阻力小，传热性良好，可有效降低热交换面积。

氨几乎不溶于润滑油，纯氨对润滑油无不良影响，但有水分时，会降低冷冻油的润滑作用。在氨制冷系统中，润滑油容易分离，且氨比油轻，所以油沉于容器底部，方便排出，但润滑油进入热交换设备易形成油膜，影响传热。

氨的吸水性强，要求液氨中含水量不得超过 0.12%，以保证系统的制冷能力。氨对黑色金属（如钢铁）无腐蚀作用，若含有水分，对铜和铜合金（磷青铜除外）有腐蚀作用。所以在氨制冷系统中，对管道及阀件材料选择均不采用铜和铜合金。另外氨的溶水性使氨制冷系统不会发生冰堵现象，不需要干燥设备。

氨的最大缺点是毒性大和可燃爆性。氨有强烈刺激性气味，对人体有危害；当氨液飞溅到皮肤上时，会引起冻伤；当空气中氨蒸气的容积达到 0.5%~0.6% 时，可引起爆炸。故机房内空气中氨的浓度不得超过 0.02mg/L，而且要注意通风换气。

氨除了毒性大些以外，是一种很好的制冷剂，价格低廉，来源广泛。从十九世纪七十年代至今一直被广泛应用，主要用于冷藏、冷库等大型制冷设备中。

2. 水（H_2O，R718）

水是高温制冷剂，水的标准沸点为 100℃，冰点为 0℃。水的蒸发压力低，流动性好，比热容大，单位容积制冷量大。然而，由于水的标准沸点高，需要降低制冷系统的运行压力，系统处于高真空状态，因此空气易渗入系统，应注意及时排除空气。

水作为自然界存在物质，无毒、无味、不燃、不爆，对人体和生态环境无任何危害，安全性高。

水价廉、易得，是理想的制冷工质，适用于吸收式和蒸气喷射式空调制冷系统和热泵装置。但是水只适用于 0℃ 以上的制冷温度，制冷应用范围狭窄，所以，有待于开发相适应的制冷压缩机及系统设备。目前，在高温热泵领域，水作为良好的制冷剂而被重视，国内外许多学者正在从事该方向研究。

3. 氟利昂 22（CHF_2Cl，R22）

氟利昂 22 是中温制冷剂，标准汽化温度为 $-40.8℃$，凝固温度为 $-160℃$，通常冷凝压力不超过 1.6MPa。

R22 是一种 HCFC，ODP 为 0.055，GWP 为 0.32~0.37，在发达国家已被限量生产，如美国要求在 2010 年停止在新设备中的使用。

R22 的热力学性能与氨十分相似，单位容积制冷量大，饱和压力高，且 R22 无毒、无色、无味、不燃、不爆，比氨安全可靠，故是一种良好的制冷剂。

R22 不溶于水，因此低压系统中会发生冰堵现象，因此系统中需要设干燥器。R22 在制冷系统的高温侧溶油，低温侧不溶油，所以在设计时也要注意油分离问题。R22 不腐蚀金属，但是，对非金属密封材料的腐蚀性较大，且目前价格还较高，影响大规模推广使用。

R22 的生产工艺简单，技术成熟、价格适中，是氟利昂制冷剂中应用较多的一种，主要以家用空调和低温冰箱中采用。在我国，空调用制冷装置中应用广泛，特别在立柜式空气调节机组和窗式空气调节器中使用更为普遍。

目前，还没有找到各方面性质都比较理想的工质来替代 R22，研究较多的主要有二元或三元非共沸或近共沸混合工质作为替代物。对于新型的替代工质，不仅要研究其热力学性质、环保及安全性等，还要对传热性能及应用中出现的一系列特殊问题进行深入细致的研究，R22 替代工质的研究也正是从这几个方面展开的，目前国际上广为关注。近年来，研究较多的近期替代物为非共沸混合工质氟利昂 407C，而现在大型空调冷水机组的制冷剂往往采用氟利昂 134a 来代替。

4. 氟利昂 134a（$C_2H_2F_4$，R134a）

氟利昂 134a 是中温制冷剂，蒸发温度为 -26.5℃，凝固温度为 -101℃。

氟利昂 12 是较早应用于空调、冷藏的制冷剂，但由于其 ODP 为 1，对大气臭氧层破坏严重，因此，已成为禁用产品，制冷业一直在寻找其替代物。

氟利昂 134a 是一种较新型的制冷剂，它的主要热力学性质与 R12 相似，由于不含氯原子，对大气臭氧层不起破坏作用，是近年来推出的环保制冷剂，但有一定的温室效应，是比较理想的 R12 替代制冷剂。而且，R134a 的传热性能比较接近 R12，所以制冷系统的改型比较容易。如我国于 1992 年发文规定：各汽车厂从 1996 年起在汽车空调中逐步用新制冷剂 R134a 替代 R12，在 2000 年生产的新车上不准再用 R12。

R134a 主要热力学性质与 R12 相似，临界压力比 R12 稍低，运行时也具有相似的压力。R134a 常温常压下为无色无味气体，沸点为 -26.5℃，凝固点为 -101℃，液体密度为 $1.202g/cm^3$，临界温度为 100.6℃，临界压力为 $40.03 \times 10^5 Pa$。在一般情况下，R134a 的压力比 R12 略高，排气温度比 R12 低，这对压缩机工作十分有利。但 R134a 的单位质量制冷量和单位体积制冷量较低，这是它的不足之处。

R134a 不易燃、不爆炸、无毒、无刺激性、无腐性，而且化学反应能力低，稳定性高，具有良好的安全性能。但要注意，R134a 的渗透性强，更易泄露。

R134a 的传热性能比 R12 好，因此制冷剂的用量可大大减少。

R134a 制冷系统与 R12 制冷系统相比具有较高的压力和温度，因此，需要较大的冷却风扇。

R134a 过去由于制造原料贵，工艺复杂，还要消耗大量催化剂，所以价格较高。目前随着生产技术的日臻完善，成本逐步下降。

总之，R134a 是目前综合性能最好、配套技术最完善、应用最成熟的制冷剂替代物，作为制冷剂目前已广泛应用于汽车空调、冰箱、中央空调、商业制冷等行业，是全球公认的新型氟利昂替代物。

5. 氟利昂 152a（$C_2H_4F_2$，R152a）

氟利昂 152a 是中温制冷剂，标准沸点为 -25℃，凝固温度为 -117℃，臭氧衰减指数 ODP 为 0，温室效应指数 GWP 为 0.023。

R152a 热力学性质十分适应于制冷循环，具有较高的单位容积制冷量，可缩小制冷机体积，液体、气体的比热容、汽化潜热和热导率均较高，可提高热交换效率，使制冷系统具有较高的能效比。

R152a 具有可燃性，在空气中的体积分数达到 4% ~17% 就会燃烧。

R152a 制造工艺简单，价格低廉，但由于其可燃性，对其作业场所的安全性要求较高；用于合成混合制冷剂时操作较为复杂，还要专门配置相应的设备。

R152a 一般与其他制冷剂合成混合制冷剂，广泛应用于制冷系统。由于家用冰箱的制冷剂充注量很少，使用低可燃性制冷剂一般不会造成安全问题，所以，R152a 可替代过去冰箱常用的限制类制冷剂 R12，但对冰箱的毛细管、冷凝器等部件需要做一些结构尺寸上的调整。

6. 氟利昂 407C（R32/R125/R134a，R407C）

氟利昂 407C 是由 R32、R125、R134a 组成的非共沸混合工质，组成比例为 23∶25∶52。

R407C 作为 R22 的替代品而被研究推出。R407C 低毒不可燃，属安全性制冷剂。制冷剂的两个重要的环境指标臭氧衰减指数 ODP = 0 和温室效应指数 GWP = 0.05，均优于 R22，即 R407C 的环保性能优于 R22。

热力学性质是制冷剂筛选的主要依据，替代工质的热力学性质不能与原制冷剂有太大的差异。R407C 的蒸发温度、冷凝温度与 R22 很相似，单位容积制冷量、能效比以及冷凝压力都与 R22 非常接近，压力也比较适中：一方面蒸发压力稍高于大气压，避免了空气向系统中的渗入；另一方面冷凝压力不是很高，减小了制冷设备的承受压力及制冷剂外泄的可能性。

作为非共沸混合制冷剂，在相变过程中温度是会发生变化的，R407C 在蒸发过程中温度逐渐升高，而在冷凝过程中温度逐渐降低，即在定压相变过程中存在着温度滑移（约为 7℃），这一变温特性为通过对换热器改型增强换热，进一步改善制冷性能提供了可能。

从热力性能来看，R407C 对现有制冷空调系统有着较好的适应性，除更换润滑油、调整系统的制冷剂充注量及节流元件外，对压缩机及其余设备可以不做改动。如果要运用其变温特性实现节能的目的，则需要设计新的蒸发盘管、选择不同的使用场合，来有效发挥温度滑移而达到的节能效果。如果单从对现用设备的适应性方面来看，R407C 可作为 R22 的一种近期替代。

R407C 是一种非共沸混合制冷剂，相变过程中气相和液相浓度会发生变化，使制冷空调系统在运行、维护等过程中出现一些新的问题，这就要求在设计系统时要认真处理相变过程中产生的组分变化，消除由此引起的系统性能不稳定。另外，R407C 泄漏时冷媒成分发生变化，会引起制冷能力的下降。研究表明：R407C 工质发生泄漏时，追加冷媒液体后制冷能力最多下降 5%，这一点完全可以接受。

7. 氟利昂 502（R22/R115，R502）

R502 是由 R22 和 R115 组成的共沸混合工质，组成质量百分比为 48.8∶51.2，混合物沸点为 -45.6℃。

R502 与 R22 相比，具有更好的热力学性能，更适用于低温。R502 压力稍高，在较低温度下制冷能力增加较大。在相同的蒸发温度和冷凝温度条件下压缩比较小，压缩后的排气温度较低。采用单级蒸气压缩式制冷时，蒸发温度可低达 -55℃，制冷量可增加 5% ~30%；采用双级压缩，制冷量可增加 4% ~20%。

R502 与 R22 一样，具有毒性小、不燃不爆的特点，对金属材料无腐蚀作用，对橡胶和塑料的腐蚀性也小的优点。

R502 具有较好的热力学、化学、物理特性，是一种较为理想的制冷剂。它适合于蒸发温度在 40～45℃的单级、风冷式全封闭、半封闭制冷装置中使用，尤其在冷藏柜中使用较多。但其缺点主要是价格较贵。

8. 氟利昂 290（C_3H_8，R290）

氟利昂 290 是丙烷，碳氢化合物，其臭氧衰减指数 ODP 为 0，温室效应指数 GWP 很小，几乎可以忽略不计，一般认为对环境是无害的。

R290 具有良好的热力学特性，凝固点低，汽化潜热大，密度小，与水不起化学反应，对金属无腐蚀作用，溶油性好。

R290 具备替代 R22 的基本条件，热力学性质与其十分接近，且具有明显的节能效果。如 R290 蒸发和单相热交换过程的传热系数比 R22 大一些，且压力降较低，易于进行换热器结构优化，提高换热效果。R290 可作为单一的替代物在家用空调器中直接充灌。

R290 最大的问题是它的易燃性，因此，在制冷系统中应采取预防措施来避免危险的发生。如管路采用锁环连接、压缩机的启动保护装置需要防爆、商用制冷系统需要建设为间接式系统等等。R290 充灌、维修场所应注意良好的通风。

R290 易于制取，价格便宜，由于安全问题会增加设备制造和维修费用。

表 2-10 和表 2-11 给出了常用制冷剂和混合制冷剂的特性。

表 2-10　常用制冷剂特性

类型	常用制冷剂	应 用	性 质								
			沸点/℃	凝固点/℃	q_v	ODP	GWP	安全性	溶水性	溶油性	物性
高温制冷剂（适用于空调、热泵）$t_0 > 0℃$	R718	吸收制冷机	100	0	大	0	0	A1			流动性大 比热容大
	R11	离心制冷机大型空调、热泵	23.7	−111	小	高	高	A1	小	大	分子量大 阻力大
	R123	替代 R11	同 R11	同 R11	同 R11	低	低	B1	同 R11	同 R11	粘性大 导热系数小 比热容大
中温制冷剂（适用于冷藏、制冰、一般冷冻、工业制冷）$-60℃ < t_0 < 0℃$	R717	中、大型制冷系统	−33.4	−77.7	大	0	0	B2	大	难溶	比重低 流动阻力小 传热性能好
	R12	中型空调 汽车空调 小型冷藏	−29.8	−158	较小	高	高	A1	小	大	分子量大 流动阻力大 传热性能差
	R22	家用空调 中型冷水机组 工业制冷	−40.8	−160	大	低	低	A1	小	高温侧溶油 低温侧不溶	流动阻力大 传热性能差

（续）

类型	常用制冷剂	应用	性 质							
			沸点/℃	凝固点/℃	q_v	ODP	GWP	安全性	溶水性	溶油性	物性

类型	常用制冷剂	应用	沸点/℃	凝固点/℃	q_v	ODP	GWP	安全性	溶水性	溶油性	物性
中温制冷剂（适用于冷藏、制冰、一般冷冻、工业制冷）−60℃<t_o<0℃	R134a	替代 R12 电冰箱 汽车空调 离心制冷机	−26.5	−101	较低	0	不小	A2	溶水	不同温度溶不同类油	粘性同 R12 导热性高于 R12 比热容大于 R12
	R152a	制混合制冷剂 制冷系统	−25	−117	高	0	很小	A2	同 R12	同 R12	粘性同 R12 导热性高于 R12 比热容大于 R12
低温制冷剂（适用于低温实验、研究）t_o<−60℃	R13	低温制冷系统（复叠式低温级）	−81.5	−180	大	高	高	A1	微溶水	不溶油	
	R23	替代 R13	−82.1	−180	大	低	低	A1	同 R13	同 R13	

表 2-11　几种混合制冷剂特性

类型	制冷剂	组成成分	质量比例	沸点/℃	主要应用	ODP	GWP	安全性	溶水性	溶油性	物性
共沸制冷剂	R500	R12/R152a	73.8/26.2	−33.5	替代 R12 制冷空调	高	高	A2	难溶	互溶	优于 R12
	R502	R22/R115	48.8/51.2	−45.6	替代 R22 汽车空调 商业用 工业用	高	高	A1	微溶	与温度有关	优于 R22
	R503	R23/R13	40.1/59.9	−87.9	复叠低温级	高	高	A1	微溶水	不溶油	适用温度范围扩大制冷量提高
	R507	R125/R143a	50.0/50.0	−46.7	替代 R502	0	高	A2	难溶	不溶矿物性油溶聚酯类油	优于 R502
	R509	R22/R218	44.0/56.0	−47.5	替代 R502	低	低	A1	微溶	与温度有关	优于 R502
非共沸制冷剂	R407C	R32/R125/R134a	23/25/52	−43.4～−36.1	替代 R22	0	高	A2	难溶	不溶矿物性油溶聚酯类油	传热性较差
	R410A	R32/R125	50/50	−52.5～−52.3	替代 R22	0	高	A2	难溶	不溶矿物性油溶聚酯类油	制冷量大导热性流动性好

2.1.4　制冷剂替代问题

氟利昂类制冷剂：

1）大多是无毒的，没有气味。

2）不燃烧，没有爆炸危险，热稳定性好。

3）氟利昂分子量大，绝热指数小，凝固点低。

4）含水时会腐蚀镁及镁合金、铁等金属。

5）单位容积制冷量小，密度大，节流损失大。

6）导热系数小，遇火焰时会分解出有毒气体。

7）易漏泄而不易察觉。

但是，氟利昂类制冷剂涉及对环境的影响，尤其是对大气臭氧层的破坏，所以近年来对氟利昂类制冷剂的研究，更加重视它与环境的亲和程度。

臭氧层位于地球表面上空 10~50km 的区域内，为平流层，占 80%（和位于 10km 以下，为对流层，占 15%）。位于大气平流层中的臭氧，能吸收太阳辐射的高能紫外线，臭氧层是保护地球免受太阳紫外线等宇宙辐射的防御体系。而制冷剂扩散到平流层中，在紫外线照射下，分解出氯原子，其促成臭氧（O_3）分解成氧原子（O_2），造成臭氧层衰减，使太阳光紫外线失去臭氧层的屏蔽作用而加强，对人类健康和农作物、海洋浮游生物的生长不利，并引起气候异常。

也就是说，破坏臭氧层的实际上是氯原子。由此可见，破坏臭氧层的只是含氯的氟利昂类制冷剂。

由于氟利昂类制冷剂涉及臭氧层的损耗情况，为了能显示制冷剂元素的组成，知道是否含有氯（Cl）等消耗臭氧的元素，因此制冷剂命名符号中，用组成元素符号代替字母 R。

CFC——含氯、氟、碳的完全卤代烃；

HCFC——含氯、氟、碳的不完全卤代烃；

HFC——含氟、碳的天然卤代烃。

这些物质对臭氧层的破坏能力有大有小，如 CFC 对臭氧有明显破坏作用，是当前淘汰的重点；HCFC 的破坏作用比 CFC 类小得多，作为过渡物质目前还可以使用；HFC 不含氯，对臭氧层没有破坏作用。

为了保护臭氧层，保护人类的健康，联合国环保组织 1987 年在加拿大蒙特利尔市召开会议，36 个国家和 10 个国际组织共同签署了《关于消耗大气臭氧层物质的蒙特利尔议定书》，我国 1992 年正式宣布加入修订后的《蒙特利尔议定书》。《蒙特利尔议定书》及不同的修正案中规定了相关的受控物质和淘汰时间表；五种氟利昂（R11、R12、R113、R114、R115）成为被限制生产和使用的制冷剂；80 多个国家签署了在 2000 年前禁止使用和生产 CFC，2030 年停止使用 HCFC。多年来，在《蒙特利尔议定书》缔约方国家的不断努力下，全球保护臭氧层工作取得显著成绩。

中国政府始终是保护臭氧层活动的主力军，从 1989 年签订《关于保护臭氧层的维也纳公约》、1992 年加入《关于消耗臭氧层物质的蒙特利尔议定书》开始，中国已经从臭氧耗损物质（ODS）的生产和使用大国，逐步逼近 ODS 的生产和消费量为零的目标。中国 ODS 替代品产业也飞速发展，已经完全具备淘汰主要 ODS 的条件。按照《蒙特利尔议定书》要求，中国应从 2010 年 1 月 1 日开始完全停止氯氟烃（即 CFC）的生产和使用。为了表示中国保护臭氧层的决心，中国政府毅然决定加速 CFC 的淘汰，将这一日期提前到 2007 年 7 月 1 日。

地球周围的 CO_2 和水蒸气可使太阳短波辐射穿过，而加热地球，但拦截地球发射的长波热辐射，会使地表气温达到平衡温差（入射能量与反射能量处于平衡时），大气的这种保温作用称之为温室效应。能够产生温室效应的气体称为温室气体，除了上述 CO_2 和水蒸气外，还包括氟利昂类制冷剂。因此，氟利昂类制冷剂还会对环境造成另一个影响——温室效应。温室气体过度排放后，增强地球温室效应，导致全球变暖。

为了减少温室气体的排放，以保护人类生存环境的另一份国际性公约《京都议定书》于 1997 年签署。《京都议定书》的生效，是人类历史上首次以法规的形式限制温室气体排放。根据《京都议定书》的规定，工业化国家将在 2008 年到 2012 年间，使他们的全部温室气体排放量比 1990 年减少 5%，限排的温室气体包括氟利昂类制冷剂。为达到限排目标，各参与公约的工业化国家都被分配到了一定数量的减少排放温室气体的配额。如欧盟削减8%、美国削减 7%、日本削减 6%、加拿大削减 6%、东欧各国削减 5% 至 8% 等。另外，《京都议定书》本着公平性原则，考虑到发达国家在其发展历史上对地球大气造成严重的破坏及发展中国家经济发展的需要，对发达国家和发展中国家给予有差别的减排目标，发展中国家在 2012 年前的第一承诺期中将不承担减排义务。

随着国际社会对气候变化问题的日益关注，人们逐渐发现臭氧层破坏和全球变暖密切相关。这不仅表现在大气中的臭氧变化将影响气候，气候变化则影响平流层中的臭氧，而且表现在广泛用作 CFC/HCFC 替代品的氯氟烃（HFC）是一种温室效应气体，并且已经被《京都议定书》列为受控物质的一种。尽管目前 HFC 的排放量与其他温室效应气体排放量相比仍然很小，但预计其排放量将会快速增长而不容忽视。但如果对 HFC 的使用实施严格控制，那么就有可能延缓全球淘汰 HCFC 的进程，并为工业界带来新的不确定性。与此同时，人们也意识到使用 HFC 作为制冷剂有可能提高能效，减少设备的能源消耗，从而抵消其对气候变化的负面影响。

以 CFC 作为制冷剂，由于其化学性质稳定、无毒以及不燃性等方面的优点，曾为制冷行业作出巨大的贡献。显然，停止 CFC 的使用会给制冷工业带来不少问题。为此，制冷专家们努力寻求合适的替代制冷剂。合适的替代制冷剂应满足的基本要求是：

1）对环境安全。所选用的替代制冷剂的臭氧耗减潜能值 ODP 必须小于 0.1，全球变暖潜能值 GWP 相对于 R11 来说必须很小。

2）具有良好的热力性能。要求替代制冷剂的压力适中，制冷效率高，并且与润滑油有良好的亲和性。

3）具有可行性。除易于大规模工业化生产、价格可被接受外，制冷剂的毒性必须符合职业卫生要求，对人体无不良影响。

制冷剂涉及许多主要环境问题，因而使用何种制冷剂将是制造和采购空调和冷冻设备时决策的重大影响因素。至少，在比较系统和权衡其他技术问题时，或多或少会涉及制冷剂选择问题。在很多应用中，制冷剂将对决策产生更大的影响。

尽管制冷剂对气候改变的直接影响才 3% 到 4%，但制冷系统的能耗问题将使人们更加追求高效制冷系统的设计。制冷剂满足其他所有标准但如果性能很差将对环境没有改善助益。现在研究较为成熟的常用制冷剂的替代方案如表 2-12 所示。

目前，各国正在大力开发研究绿色环保制冷剂，以适应环保，特别是保护臭氧层的需要。开发、研究绿色环保型制冷剂是 21 世纪制冷空调行业的发展趋势和目标。

表 2-12　几种常用制冷剂的替代方案

制冷用途	原制冷剂	制冷剂替代物
家用和楼宇空调系统	R22	HFC 混合制冷剂
大型离心式冷水机组	R11	HCFC　123
	R12，R500	HFC　134a
	R22	HFC 混合制冷剂
低温冷冻冷藏机组和冷库	R12	HFC134a
	R502，R22	HFC 混合制冷剂
冰箱冷柜、汽车空调	R12	HFC 134a
		HFC 及其混合物制冷剂
		HCFC 混合制冷剂

制冷剂小结

1. 制冷剂是在制冷装置中通过热力变化完成制冷循环的工作介质。

2. 制冷剂种类及命名：
   - 无机物　R7××
   - 氟利昂　$R(m-1)(n+1)(x)B(z)$
     - CFC
     - HCFC
     - HFC
   - 烃类
     - 烷烃 $R(m-1)(n+1)0$
     - 烯烃 $R1(m-1)(n+1)0$
   - 混合制冷剂
     - 共沸混合制冷剂 R5××
     - 非共沸混合制冷剂 R4××

3. 制冷剂要求：
   - 环境要求：
     - ODP 要小
     - GWP 要小
   - 热力学要求：
     - 临界点要高
     - 凝固温度要低
     - 蒸发压力最好不低于大气压力
     - 常温下的冷凝压力不应过高
     - 单位容积制冷能力较高
     - 绝热指数较低
   - 物理化学性质要求：
     - 流动性好
     - 传热性好
     - 安全性好
     - 热稳定性好
     - 化学稳定性好
     - 溶油性和溶水性适应制冷系统
   - 其他要求：来源广、易制取

2.2　载冷剂

2.2.1　载冷剂概述

载冷剂又称冷媒，是指间接冷却系统中传递热量的物质。载冷剂在蒸发器中被制冷剂冷却后，送到被冷却物体或冷却设备中，吸收被冷却物体的热量，再返回蒸发器将吸收的热量传递给制冷剂，载冷剂重新被冷却，如此循环不止，以达到连续制冷的目的。

由此可见，载冷剂在间接制冷系统中将制冷系统与用冷系统连接起来，起着传递冷量的作用。载冷剂通常为液体，在传送热量过程中一般不发生相变。

采用载冷剂的优点在于：

1) 使制冷装置的各种设备集中布置在一起，便于运行管理。

2) 可将冷量送到离制冷系统较远的地方，便于对冷量分配和控制。

3) 减小制冷剂管路系统的总容积，从而减少制冷系统中制冷剂的充注量和运行中的泄漏量。

4) 载冷剂的热容量一般都比较大，因此被冷对象的温度易于保持稳定。

其缺点是：

1) 整个系统比较复杂，在制冷系统基础上增加载冷剂系统。

2) 在被冷却物和制冷剂之间增加了一级传热温差，以及增加了冷量损失。

在什么场合会考虑使用载冷剂呢？首先，当用冷范围大、距离制冷系统远时，采用载冷剂可大大提高系统的经济性。否则，会增加蒸发器管道或制冷系统管道，使制冷系统庞大，制冷剂充注量变大，而制冷剂价格较载冷剂价格贵得多，一次投资将大大增加；在运行中，由于管道长，致使流动阻力大，工质易泄漏，增加运行费用。其次，当采用有毒或有刺激性气味的安全性差的制冷剂时，也应选用载冷剂系统输送冷量，以此保证被冷环境和被冷物体的不受污染；还有就是特殊生产，如工业制冰等。

所以，在大型集中式空调制冷系统，以及制冷工程中的盐水制冰系统和冰蓄冷系统均采用载冷剂。

2.2.2　载冷剂选用原则

载冷剂是在间接制冷系统中用以传递冷量的中间介质。载冷剂应根据制冷装置的用途、容量、工作温度等来选择。选择载冷剂时，应考虑下列一些因素：

1) 载冷剂的热容量要大。即载冷剂的比热要大。比热大，载冷量就大，从而可减小载冷剂的循环量。

2) 载冷剂在工作温度范围内始终保持液体状态。即沸点要高，凝固点要低，而且都应远离工作温度。

3) 载冷剂循环运行中能耗要低。也就是说要求载冷剂的密度要小，黏度要低，导热系数要高。

4) 载冷剂的工作要安全可靠。即载冷剂无臭、无毒、不燃不爆，稳定性好，使用安全，对管道及设备不腐蚀。

5）价格低廉，便于获得。

2.2.3　常用载冷剂

1. 水

水是最廉价、最易获得的载冷剂。具有比热大、密度小、对设备和管道腐蚀性小、不燃烧、不爆炸、无毒、化学稳定性好、价廉易得等优点。但水的冰点高，所以水仅能于 0℃ 以上的载冷系统。0℃ 以下应采用盐水作载冷剂。

在大型空调制冷系统中，广泛采用水作载冷剂。

2. 盐水

盐水是常用的载冷剂，可用作工作温度低于 0℃ 的载冷剂。由盐溶于水制成，它可以降低凝固点温度，使载冷范围变大。常用作载冷剂的盐水有氯化钠（NaCl）水溶液和氯化钙（$CaCl_2$）水溶液，它们适用于中、低温制冷系统。

盐水具有原料充沛、成本低、适用范围广等优点，在选择盐水作为载冷剂时，应注意以下几方面问题。

（1）盐水的浓度　由于载冷剂在工作温度范围内始终保持液体状态，盐水中不能有固体物质出现，因此在选择载冷剂盐水时，在确定盐的种类同时，还应确定其水溶液的浓度。

如何选择盐水溶液浓度呢？我们知道，盐水浓度增大，其凝固温度降低，盐水作为载冷剂的工作范围就扩大了，但并不是盐水溶液的浓度越大越好。盐水溶液的浓度越大，其密度也越大，流动阻力也增大；同时，浓度增大，其比热减小，输送一定冷量所需盐水溶液的流量将增加，造成泵消耗的功率增大。因此要合理选择盐水溶液的浓度。在选择盐水溶液浓度时，我们要借助盐水溶液的特性曲线这个工具，如图 2-3 和图 2-4，图中曲线分别表示了氯化钠盐水溶液和氯化钙盐水溶液的温度与浓度的关系。

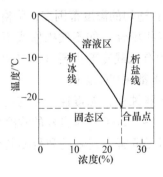

图 2-3　氯化钠水溶液

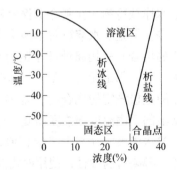

图 2-4　氯化钙水溶液

图中曲线为不同浓度盐水溶液的凝固温度线，溶液中盐的浓度低时，凝固温度随浓度增加而降低，当浓度高于一定值以后，凝固温度随浓度增加反而升高，此转折点为冰盐合晶点，合晶点是盐水的最低凝固点。曲线将图分为四区，各区盐水溶液的状态不同。曲线的上部为溶液区；曲线的左半区（虚线以上）为冰-盐水溶液区，就是说当盐水溶液浓度低于合晶点浓度，且温度低于该浓度的凝固温度而高于合晶点的温度时，有冰析出，溶液的浓度增加，故左侧曲线也称析冰线；曲线的右半区（虚线以上）为盐-盐水溶液区，就是说当盐水浓度高于合晶点浓度，而温度低于该浓度的凝固温度并高于合晶点温度时，有盐析出，溶液的浓度降低，故右侧曲线也称析盐线；低于合晶点温度（虚线以下）部分为固态区。

盐水溶液的特性曲线给出了盐水溶液析冰和析晶情况，作为载冷剂的盐水溶液应在溶液区中选。盐水的凝固温度随浓度而变，确定盐水浓度时，只需保证蒸发器中盐水溶液不冻结，其凝固温度不要选择过低，一般比制冷机的蒸发温度低5℃左右即可，且浓度不应大于合晶点浓度。对于氯化钠盐水溶液，最低凝固温度为 −21.2℃，此时对应溶液浓度为23.1%；氯化钙盐水的最低凝固温度为 −55℃，对应溶液浓度为29.9%。因此，对氯化钠水溶液而言，只有当制冷剂的蒸发温度高于 −16℃时才能用它作载冷剂，对于氯化钙溶液则制冷剂的蒸发温度高于 −50℃，就可以作为载冷剂。

（2）盐水的防腐　盐水对金属有腐蚀作用，盐水溶液系统的防腐蚀是突出问题。

实践证明，金属的被腐蚀与盐水溶液中含氧量有关，含氧量越大，腐蚀性越强，为此，最好采用闭式盐水系统，使之与空气减少接触；此外，盐水的含氧量随盐水浓度的降低而增高，因而，从含氧量与腐蚀性来要求，盐水浓度不可太低；另外，为了减轻腐蚀作用，可在盐水溶液中加入一定量的缓蚀剂，缓蚀剂可用氢氧化钠（NaOH）和重铬酸钠（$Na_2Cr_2O_7$）。$1m^3$ 氯化钠盐水溶液中应加3.2kg重铬酸钠，0.89kg氢氧化钠；$1m^3$ 氯化钙盐水溶液中应加1.6kg重铬酸钠，0.45kg氢氧化钠。

注意，加入防腐剂后，必须使盐水呈弱碱性（pH≈8.5），这可通过氢氧化钠的加入量进行调整。添加防腐剂时应特别小心并注意毒性，重铬酸钠对人体皮肤有腐蚀作用，调配溶液时需加注意。

（3）盐水的检查　盐水载冷剂在使用过程中，会因吸收空气中的水分而使其浓度降低。为了防止盐水的浓度降低，引起凝固点温度升高，必须定期检测盐水的比重。若浓度降低，应适当补充盐量，以保持在适当的浓度。

3. 有机溶剂

用盐水作载冷剂，在制冷工程中相当普遍。其优点：适用的温度范围广，价格便宜，热容量较大等。但是盐水溶液对金属有强烈腐蚀，目前有些场合（如不便维修或不便更换设备及管道的场合）采用腐蚀性小的有机化合物。常用的有机载冷剂主要有乙二醇、丙二醇的水溶液。它们都是无色、无味、非电解性溶液，且冰点都在0℃以下。

丙二醇是极稳定的化合物，全溶于水，其水溶液无腐蚀性，无毒性，可与食品直接接触，其溶液的凝固温度随浓度而变，适用的温度范围为0～−50℃，是良好的载冷剂。

乙二醇水溶液特性与丙二醇相似，虽略带毒性，但无危害，其黏度和价格均低于丙二醇。但乙二醇略有腐蚀性，使用时需要加缓蚀剂。

另外，甲醇、乙醇、丙三醇等水溶液也可作为载冷剂。

表2-13给出了几种载冷剂物理性质的比较。

表2-13　几种载冷剂物理性质的比较

使用温度/℃	载冷剂名称	制冷浓度（%）	密度/(kg/m³)	比热/(kJ/kg·℃)	导热系数/(W/m·K)	黏度/(Pa·s)	凝固点/℃
0	氯化钙水溶液	12	1111	3.462	0.528	2.5	−7.2
	甲醇水溶液	15	979	4.187	0.493	6.9	−10.5
	乙二醇水溶液	25	1030	3.831	0.511	3.8	−10.6

（续）

使用温度 /℃	载冷剂名称	制冷浓度 （%）	密度 /（kg/m³）	比热 /（kJ/kg·℃）	导热系数 /（W/m·K）	黏度 /（Pa·s）	凝固点 /℃
-10	氯化钙水溶液	20	1188	3.035	0.500	4.9	-15.0
	甲醇水溶液	22	970	4.061	0.461	7.7	-17.8
	乙二醇水溶液	35	1063	3.569	0.472	7.3	-17.8
-20	氯化钙水溶液	25	1253	2.809	0.475	10.6	-29.4
	甲醇水溶液	30	949	3.809	0.387	—	-23.0
	乙二醇水溶液	45	1080	3.308	0.441	21.0	-26.6
-35	氯化钙水溶液	30	1312	2.638	0.441	27.2	-50.0
	甲醇水溶液	40	963	3.496	0.326	12.2	-42.0
	乙二醇水溶液	55	1097	2.973	0.372	90.0	-41.6
	二氯甲烷	100	1423	1.147	0.204	0.80	-96.7
	三氯乙烯	100	1549	0.996	0.150	1.13	-88.0
	三氯一氟甲烷	100	1608	0.816	0.131	0.88	-111
-50	二氯甲烷	100	1450	1.147	0.190	1.04	-96.7
	三氯乙烯	100	1578	0.729	0.171	1.90	-88.0
	三氯一氟甲烷	100	1641	0.812	0.136	1.25	-111
-70	二氯甲烷	100	1478	1.147	0.221	1.37	-96.7
	三氯乙烯	100	1590	0.456	0.195	3.40	-88.0
	三氯一氟甲烷	100	1660	0.833	0.150	2.15	-111

载冷剂小结

1. 载冷剂是间冷制冷装置中在被冷物与制冷剂之间传递热量的介质。

2. 载冷剂选择原则：
- 热容量大
- 液体工作状态
- 运行能耗低
- 安全
- 价廉

3. 常用载冷剂：
- 水：0℃以上
- 盐水：氯化钙和或氯化钠水溶液，0℃以下
- 有机溶剂：丙二醇或乙二醇，0℃以下

思考与练习

2-1　制冷剂的作用是什么?

2-2　制冷剂有哪些类型?

2-3　什么是共沸制冷剂?

2-4　无机化合物制冷剂的命名是怎样的?

2-5　选择制冷剂时有哪些要求?

2-6　家用的冰箱、空调用什么制冷剂?

2-7　常用制冷剂有哪些? 它们的工作温度、工作压力怎样?

2-8　什么叫 CFC? 对臭氧层有何作用?

2-9　《蒙特利尔仪定书》中规定哪些制冷剂要被禁用?

2-10　为什么国际上提出对 R11、R12、R113 等制冷剂限制使用?

2-11　试述 R12、R22、R717、R123、R134a 的主要性质。

2-12　使用 R134a 时,应注意什么问题?

2-13　试写出制冷剂 R11、R115、R32 和 R11、R12、R12B1 的化学式。

2-14　试写出 CF_3Cl、CH_4、CHF_3、$C_2H_3F_2Cl$、H_2O、CO_2 的编号。

2-15　什么叫载冷剂? 对载冷剂的要求有哪些?

2-16　常用载冷剂的种类有哪些? 它们的适用范围怎样?

2-17　水作为载冷剂有什么优点?

2-18　"盐水的浓度愈高,使用温度愈低"。这种说法对吗? 为什么?

2-19　人们常讲的无氟制冷剂指的是什么意思?

2-20　共沸混合物类制冷剂有什么特点?

2-21　简述 R12、R22、R717 与润滑油的溶解性。

2-22　为什么要严格控制氟利昂制冷剂中的含水量?

第 3 章 蒸气压缩式制冷装置

本章目标：

1. 了解制冷压缩机的类型、结构及工作原理。
2. 掌握活塞式制冷压缩机的类型、结构特点及其适用。
3. 了解蒸发器、冷凝器的类型、结构，及强化换热的途径。
4. 了解节流机构的类型及工作原理。
5. 掌握热力膨胀阀的类型、工作原理及其在制冷系统中安装要求。
6. 了解主要辅助设备在制冷系统中的位置、作用及工作原理。

蒸气压缩式制冷系统中，制冷压缩机、冷凝器、蒸发器和节流机构四个设备依次用管道连接成封闭的系统，充注适当的制冷剂，就可以完成制冷循环过程。因此，可以将制冷压缩机、冷凝器、蒸发器和节流机构称为制冷系统中的基本设备。制冷剂在蒸发器内吸收被冷却对象的热量并汽化成蒸气，压缩机不断地将蒸发器中产生的蒸气抽出并进行压缩，经压缩后的高温、高压制冷剂蒸气排到冷凝器，被冷却介质如水或空气冷凝成高压的制冷剂液体，再经节流机构降压后进入蒸发器汽化吸热，如此周而复始的循环，达到制冷的目的。

在实际制冷装置中，除以上四个基本设备外，还要增加一些辅助设备，如油分离器、空气分离器、气液分离器、集油器、贮液器、安全阀、压力控制器等。这些辅助设备虽不是完成制冷循环所必需的设备，在小型制冷装置中有的可能被省略，但对于提高制冷装置运行的经济性，保障设备的安全是很重要的。

3.1 制冷压缩机

制冷压缩机是蒸气压缩式制冷系统中最主要的设备，相当于制冷系统的"心脏"。其作用是：抽吸来自蒸发器的制冷剂蒸气，提高其温度和压力后，将它排至冷凝器。

制冷压缩机的形式很多，根据其工作原理，可分为容积型和速度型两大类。

在容积型压缩机中，气体压力靠可变容积被强制缩小来提高，常用的容积型压缩机有往复活塞式压缩机、螺杆式压缩机、回转式压缩机及滚动转子式压缩机等。

在速度型压缩机中，气体压力的提高主要是由气体的动能转化而来，即先使气体获得一定的高速，然后再将气体的动能转化为压力能。制冷装置中应用的速度型压缩机主要是离心式压缩机。

制冷系统中的制冷剂是不容许泄漏的，常采用密封结构。根据密封结构的形式，可分为开启式压缩机、半封闭式压缩机和全封闭式压缩机。

图 3-1 为各类型压缩机的结构示意图，压缩机分类及应用范围见表 3-1。

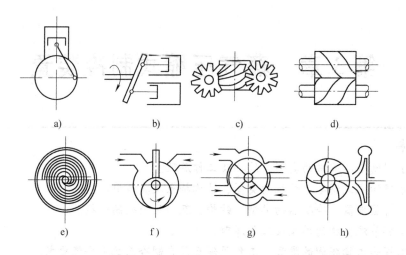

图 3-1　压缩机结构示意图

a）活塞连杆式　b）活塞斜盘式　c）单螺杆式　d）双螺杆式
e）涡旋式　f）滚动转子式　g）滑片式　h）离心式

表 3-1　制冷压缩机分类及应用范围

分类			气密特征	容量范围 /kW	主要用途	特点
容积型	往复式（活塞式）	连杆式	开启	0.4~120	冷冻，空调，热泵	机型多，易生产，价廉，容量中等
			半封闭	0.75~45	冷冻，空调	
			全封闭	0.1~15	冷藏库，车辆空调	
		斜盘式	开启	0.75~2.2	桥车空调专用	高速，小容量
	回转式	单螺杆式	开启	100~1100	热泵	压力比大，可替代大容量往复式压缩机
			半封闭	22~90	热泵，车辆空调	
		双螺杆式	开启	30~1600	车辆空调	
			半封闭	55~300	热泵	
		涡旋式	开启	0.75~2.2	车辆空调，热泵	
			全封闭	2.2~7.5	空调	高速，小容量
		滚动转子式	开启	0.75~2.2	车辆空调	
			全封闭	0.1~5.5	冷藏库，冰箱，车辆空调	高速，小容量
		滑片式	开启	0.75~2.2	车辆空调	
			全封闭	0.6~5.5	冷藏库，冰箱，车辆空调	高速，小容量
速度型	离心式		开启	90~1000	冷冻，空调	使用于大容量
			半封闭			

3.1.1　活塞式制冷压缩机

　　活塞式制冷压缩机是利用气缸中活塞的往复运动来压缩气缸中的气体，通常是利用曲柄连杆机构将原动机的旋转运动转变为活塞的往复直线运动，故也称为往复式制冷压缩机。活塞式压缩机广泛应用于中小型制冷装置中。

活塞式压缩机主要由机体、气缸、活塞、连杆、曲轴和气阀等组成，图 3-2 为立式两缸活塞式制冷压缩机。

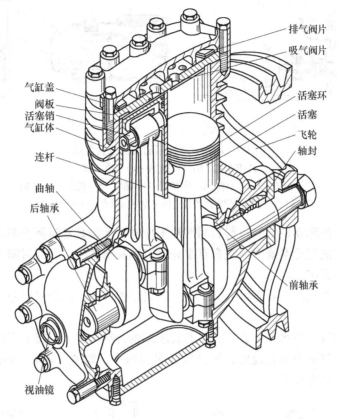

图 3-2　立式两缸活塞式制冷压缩机

1. 活塞式制冷压缩机的分类

活塞式制冷压缩机的形式和种类较多，而且有多种不同的分类方法，目前常用的分类方法有以下几种：

（1）按制冷量的大小分类　曲柄连杆运动的惯性力及阀片的寿命，限制了活塞运动速度和气缸容积，故排气量不能太大，目前国产的活塞式制冷压缩机主要是标准制冷量小于 58kW 的小型机和标准制冷量为 58～580kW 的中型机，小型制冷压缩机多用于商业零售、公共饮食和小型制冷、空调装置。中型制冷压缩机则广泛应用于冷库、冷藏运输、一般工业和民用事业的制冷和空调装置。制冷量大于 580kW 的大型制冷压缩机多用于石油化工流程、大型空调。

（2）按压缩机的密封方式分类　为了防止制冷系统内的制冷工质从运动着的制冷压缩机中泄漏，常采取密封结构，并可分为开启式和封闭式。

开启式压缩机的曲轴功率输入端伸出机体之外，通过传动装置（联轴器或皮带轮）与原动机相连接。曲轴伸出端设有轴封装置，以防制冷工质的泄漏。

封闭式压缩机采用密封式结构，压缩机的机体与电动机外壳铸成一体，构成密闭的机身，压缩机和电动机共同装在一个封闭壳体内，气缸盖可拆卸的为半封闭式压缩机，上下机壳接合处焊封的为全封闭式压缩机。封闭式压缩机与所配用的电动机共用一根主轴装在机壳内，因而可不用轴封装置，减少了泄漏的可能性。这三种压缩机的结构见图 3-3 所示。

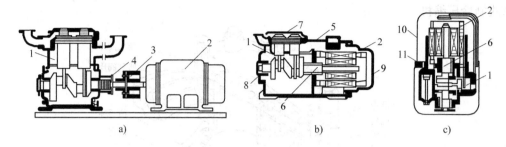

图 3-3　活塞式制冷压缩机的密封方式
a) 开启式　b) 半封闭式　c) 全封闭式
1—压缩机　2—电动机　3—联轴器　4—轴封　5—机体　6—主轴
7、8、9—可拆卸的密封盖板　10—焊封的罩壳　11—弹性支撑

开启式压缩机的原动机与制冷剂和润滑油不接触，无需具备耐制冷剂和耐油的要求，可以用于以氨为工质的制冷系统中。氨含有水分时对铜有腐蚀性，因此封闭式压缩机不能用于以氨为工质的制冷系统中。

（3）按压缩机的气缸布置方式分类　根据气缸布置形式，压缩机可分为卧式、立式和角度式。

卧式压缩机的气缸呈水平布置，属于老式压缩机，空气调节工程中不采用。

立式压缩机的气缸为垂直设置，气缸数目多为两个，转速一般在 750r/min 以下，如图 3-4a 所示，工程上已很少采用。

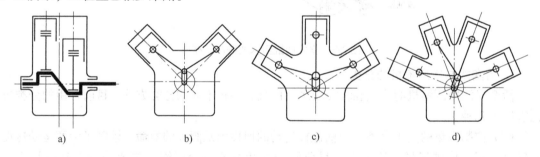

图 3-4　气缸不同布置型式的压缩机
a) 直立型　b) V 形　c) W 形　d) S 形

角度式压缩机的气缸轴线在垂直于曲轴轴线的平面内呈一定的夹角（图 3-4），其排列形式有 V 形、W 形、S 形等。这种压缩机具有结构紧凑、质量轻、运转平稳等特点，因而在现代中小型高速多缸压缩机系列中得到广泛应用。

此外，按压缩机所使用的制冷剂不同可分为氨压缩机、氟利昂压缩机和使用其他制冷剂的压缩机；按气缸数分为单缸、双缸和多缸压缩机；按压缩机转速分为高速（转速高于 1000r/min）、中速（转速 300~1000r/min）和低速（转速低于 300r/min）压缩机；按压缩级数分为单级压缩机和单机双级压缩机。其他分类方式本书暂不作介绍，读者可参阅相关书籍。

2. 活塞式制冷压缩机的型号表示

国产中小型活塞式制冷压缩机系列产品的基本参数都有具体规定,气缸直径分别为 40mm、50mm、70mm、100mm、125mm、170mm 等,再布置不同的气缸轴线夹角和配上不同的气缸数,组成多种规格,以满足对不同制冷量的要求。

(1)活塞式单级制冷压缩机型号表示方法

压缩机型号表示方法:

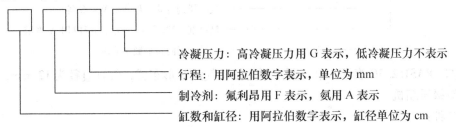

冷凝压力:高冷凝压力用 G 表示,低冷凝压力不表示

行程:用阿拉伯数字表示,单位为 mm

制冷剂:氟利昂用 F 表示,氨用 A 表示

缸数和缸径:用阿拉伯数字表示,缸径单位为 cm

例如,812.5A110G 表示 8 缸,气缸直径为 125mm,制冷剂为氨,行程为 110mm 的高冷凝压力制冷压缩机。

压缩机组型号表示方法:

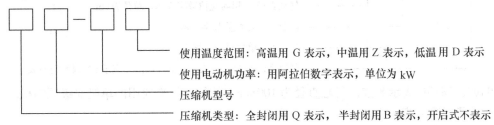

使用温度范围:高温用 G 表示,中温用 Z 表示,低温用 D 表示

使用电动机功率:用阿拉伯数字表示,单位为 kW

压缩机型号

压缩机类型:全封闭用 Q 表示,半封闭用 B 表示,开启式不表示

例如,Q24.8F50-2.2D 表示 2 缸,气缸直径为 48mm,制冷剂为氟利昂,行程为 50mm,配用电动机功率为 2.2kW,低温用全封闭式压缩机。

例如,610F80G-75G 表示 6 缸,气缸直径为 100mm,制冷剂为氟利昂,行程为 80mm,配用电动机功率为 75kW,高温用高冷凝压力开启式压缩机。

目前,国内有些生产厂家仍习惯使用旧的型号表示方法,其表示方法如下:

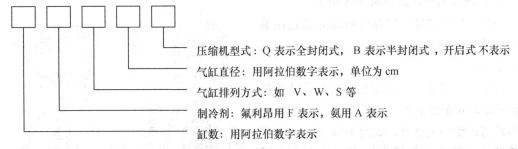

压缩机型式:Q 表示全封闭式,B 表示半封闭式,开启式不表示

气缸直径:用阿拉伯数字表示,单位为 cm

气缸排列方式:如 V、W、S 等

制冷剂:氟利昂用 F 表示,氨用 A 表示

缸数:用阿拉伯数字表示

例如,8AS12.5 表示 8 缸,制冷剂为氨,气缸排列成扇形,气缸直径为 125mm,开启式制冷压缩机。

例如,4FV7B 表示 4 缸,制冷剂为氟利昂,气缸布置为 V 形,气缸直径为 70mm,半封闭式制冷压缩机。

(2)活塞式单机双级制冷压缩机型号表示方法

活塞式单机双级制冷压缩机型号表示方法有两种。

第一种：

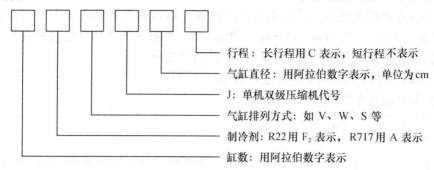

　行程：长行程用 C 表示，短行程不表示

　气缸直径：用阿拉伯数字表示，单位为 cm

　J：单机双级压缩机代号

　气缸排列方式：如 V、W、S 等

　制冷剂：R22 用 F_2 表示，R717 用 A 表示

　缸数：用阿拉伯数字表示

例如，8ASJ12.5C 表示 8 缸，制冷剂为氨，气缸 S 形布置，气缸直径为 125mm，长行程的单机双级压缩机。

第二种：

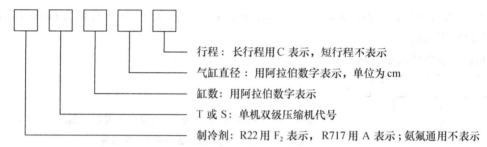

　行程：长行程用 C 表示，短行程不表示

　气缸直径：用阿拉伯数字表示，单位为 cm

　缸数：用阿拉伯数字表示

　T 或 S：单机双级压缩机代号

　制冷剂：R22 用 F_2 表示，R717 用 A 表示；氨氟通用不表示

例如，T810C 表示 8 缸，气缸直径为 100mm，长行程氨氟通用的单机双级压缩机。

压缩机组型号表示方法：

　压缩机型号

　JZ：压缩机组代号

例如，JZS812.5 表示 8 缸，气缸直径为 125mm，短行程的单机双级压缩机组。

3. 活塞式制冷压缩机常用术语

（1）压缩机转速　压缩机转速 n 是指压缩机曲轴单位时间内的旋转圈数，单位为 r/min（转/分）。

（2）上、下止点　活塞在气缸中沿轴线移动到运动轨迹的最高点（离曲轴中心最远点），就是活塞运动的上止点，如图 3-5a 所示。活塞移动到运动轨迹的最低点（离曲轴中心最近点），就是活塞运动的下止点，如图 3-5b 所示。

（3）活塞行程　活塞在气缸中由上止点至下止点之间移动的距离成为活塞行程 S，它等于曲轴回转半径 R 的 2 倍，即 $S = 2R$。

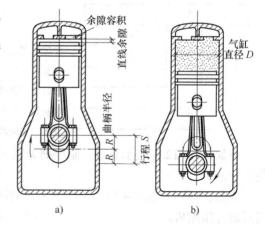

图 3-5　上（下）止点的位置
a）上止点　b）下止点

（4）工作容积　活塞移动一个行程在气缸内所扫过的容积称为气缸的工作容积 V_g。

$$V_g = \frac{\pi}{4}D^2S$$

式中 D 为气缸内径。

对于一台有 Z 个气缸，转速为 n 的压缩机，其理论容积为

$$V_h = V_g Zn = \frac{\pi}{4}D^2SZn$$

理论容积也称为理论输气量，即理论情况下，单位时间制冷压缩机能够吸入和压缩制冷剂蒸气的量，单位为 m^3/s 或 m^3/h。

（5）余隙容积　为了防止活塞处于上止点时活塞顶部与阀板、阀片等零件撞击，并考虑热胀冷缩和装配允许误差等因素，活塞顶部与阀板之间必须留有一定的间隙，其直线距离称为线性余隙。线性余隙与气缸壁之间所含的空间称为余隙容积 V_c。

4. 活塞式制冷压缩机的结构

活塞式制冷压缩机是目前应用最广的一种制冷压缩机，它是靠由气缸、气阀和在气缸中作往复运动的活塞所构成的可变工作容积，来完成制冷剂气体的吸入、压缩和排出过程的。活塞式制冷压缩机虽然种类繁多，结构复杂，但其基本结构和组成的主要零部件都大体相同，包括机体、曲轴、连杆组件、活塞组件、气缸和吸排气阀等，如图 3-2 所示。

（1）开启式制冷压缩机　开启式制冷压缩机的曲轴一端伸出机体外，通过联轴器或皮带轮与原动机相连。曲轴伸出部位装有轴封装置，防止泄漏。国产氨制冷压缩机和容量较大的氟利昂压缩机多采用这种结构形式，压缩机与原动机分装，容易拆修。

1）机体。机体是支承压缩机全部质量并保持各部件之间有相对准确位置的部件。机体包括气缸体和曲轴箱两个部分。机体的外形主要取决于压缩机的气缸数和气缸的布置形式。机体可分为无气缸套机体和有气缸套机体两种。无气缸套机体的气缸工作镜面直接在机体上加工而成，结构简单，如图 3-6 所示，在小型立式制冷压缩机及大多数全封闭式压缩机中被广泛应用。

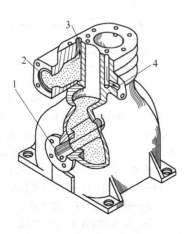

图 3-6　无气缸套的机体结构
1—油孔　2—吸气腔　3—吸气通道
4—排气通道

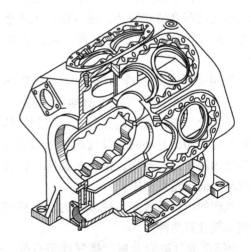

图 3-7　810F70 型压缩机机体结构
（有气缸套）

在气缸尺寸较大（$D \geqslant 70$mm）的高速多缸压缩机系列中，常采用气缸体和气缸套分开的结构形式，这样可以简化机体的结构，便于铸造，气缸镜面磨损时，只需要更换气缸套。

图 3-7 为 810F70 型压缩机的机体图。机体上部为气缸体，下部为曲轴箱。气缸体上有 8 个安装气缸套的座孔，分成两列，呈扇形布置，用以对气缸套定位。吸气腔设在气缸套座孔的外侧，流过的制冷剂可对气缸壁进行冷却。吸气腔与曲轴箱之间由隔板隔开，以防曲轴旋转时将润滑油溅入吸气腔。隔板最低处钻有均压回油孔，以便由制冷剂从系统中带来的润滑油流回曲轴箱，并可使吸气腔与曲轴箱的压力保持均衡。

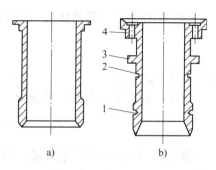

图 3-8　气缸套
a）普通缸套　b）带气阀结构的缸套
1—密封圈环槽　2—挡环槽
3—凸缘　4—吸气通道

排气腔在气缸体上部，吸、排气腔之间由隔板隔开。吸气腔通过吸气管与吸气截止阀连通，构成吸气通道。排气腔通过排气管和排气截止阀连通，构成排气通道。曲轴箱兼作润滑油的贮油箱，两侧开有工作孔，以便拆修。曲轴箱的前、后各开有较大的圆形座孔，以装配前、后轴承座支承曲轴。机体结构复杂，加工面多，强度和刚度要求较高，机体的材料应具有良好的铸造性和切削性，一般常用 HT200 和 HT250 铸铁。

2）气阀缸套组件。国产系列活塞式压缩机 50～170 各系列均采用气缸套结构。气缸套的作用是与活塞及气阀一起在压缩机工作时组成可变的工作容积。另外，它还对活塞的往复运动起导向作用。气缸套呈圆筒形，如图 3-8 所示。气缸套采用优质耐磨铸铁铸造，还可以对工作表面进行多孔性镀铬和离子氮化处理，以提高使用寿命。

气阀是活塞式制冷压缩机中的重要部件之一，它的作用是控制气体及时地吸入排出气缸。活塞式制冷压缩机的气阀是受阀片两侧气体压力差而自行启闭的自动阀，吸气阀靠压缩机吸气腔与气缸内的压差而动作，排气阀靠压缩机排气腔与气缸内的压差而动作。

气阀的结构形式是多种多样的，常见的有环片阀和簧片阀两种。

图 3-9 为气缸套及吸、排气阀组合件。气缸套、筒形活塞和吸、排气阀组共同组成活塞式压缩机的可变气缸容积。

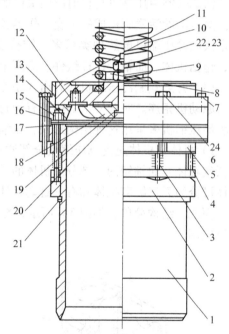

图 3-9　气缸套及吸、排气阀组合件
1—气缸套　2—转动环　3—顶杆　4、22—开口销
5—顶杆弹簧　6—组装螺栓　7—内六角螺钉
8—套圈　9—六角螺母　10—假盖弹簧
11—假盖　12—排气阀片　13—导向环
14—阀片弹簧　15—排气阀外阀座
16—吸气阀片　17—缸套垫片
18—排气阀内阀座　19—垫圈
20—螺钉　21—止推环
23—六角槽形扁螺母
24—弹簧垫圈

图 3-9 中吸气阀片 16 与排气阀片 12 均为环状阀片，阀片上面均用 6 个圆柱形小弹簧压着。吸气阀阀座在气缸套顶部，排气阀座分为内阀座 18 与外阀座 15 两个零件，外阀座也是吸气阀片的升程限制器，内阀座与假盖（也是排气阀片的升程限制器）用螺栓紧固，并用开口销锁住。假盖上面设有假盖弹簧 10 将其压紧在排气阀座上，当吸入大量液态制冷工质或大量润滑油进入缸内，造成缸内压力剧增超过假盖弹簧的弹力，假盖与内阀座一起被顶起，以防气缸等零件损坏。

3）曲柄连杆机构。曲柄连杆机构由曲轴、连杆组件和活塞组件等组成。

曲轴是活塞式制冷压缩机中重要的运动部件之一，其作用主要是把电动机的旋转运动通过传动机构变为活塞的往复直线运动。活塞式制冷压缩机曲轴的基本结构形式主要有曲柄轴、偏心轴和曲拐轴，如图 3-10 所示。

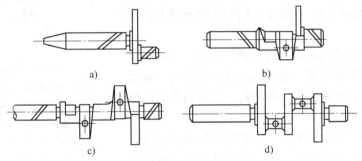

图 3-10 曲轴的几种结构形式

a）曲柄轴 b）、c）偏心轴 d）曲拐轴

曲轴体内钻有油孔，润滑油自两端进入油孔，输往主轴承及各个连杆的大头轴承等润滑部位。曲轴一端装有油泵，另一端伸出机体外与原动机相连。为了防止泄漏，曲轴伸出端装有轴封装置。图 3-11 为摩擦环式轴封结构，它有三个密封面：A 是径向动密封面，它由转动摩擦环（动环）5 和压盖（定环）1 之间两个相互压紧的磨合面组成，压紧力由弹簧座 10 上的弹簧 9 和气体压力产生；B 是径向静密封面，由动环和橡皮圈 6 端面形成压紧密封面，并随曲轴一起旋转；C 是轴向密封面，由橡皮圈的外圆上套一个紧圈 7，使橡皮圈箍在轴颈的外圆表面上，使橡皮圈和轴颈表面间既可相对轴向滑动，又能起到密封的作用，压缩机运行时，轴封处需不断地供给润滑油，以冷却轴封，润滑密封面在摩擦面间形成油膜层以增强密封能力。压缩机轴封处有微量渗油是允许的，但不能滴油。

连杆组件包括小头衬套、连杆体、连杆大

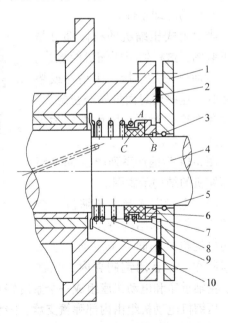

图 3-11 摩擦环式轴封结构

1—压盖 2—垫片 3—密封圈 4—曲轴
5—转动摩擦环 6—橡皮圈 7—紧圈
8—钢圈 9—弹簧 10—弹簧座

头轴瓦及连杆螺栓等，如图 3-12 所示。连杆的作用是将活塞和曲轴连接起来，传递活塞和曲轴之间的作用力，将曲轴的旋转运动转变为活塞的往复运动。

活塞组由活塞体、活塞环及活塞销组成，如图 3-13 所示。压缩机的活塞为铝合金筒形结构，顶部呈凹形和气阀的内阀座形状相适应，以减少余隙容积。活塞上部有活塞环（两道气环和一道刮油环）。活塞销与活塞销座、连杆小头衬套之间采用浮动连接（即活塞销相对于销座和连杆小头衬套都能自由转动），以减少摩擦面间相对滑动速度，使活塞销磨损均匀。为了防止活塞销产生轴向窜动而擦伤气缸，在销座两端的环槽内装上弹簧挡圈。

此外，制冷压缩机还设有能量调节装置，以适应运行条件变化、调节制冷量。制冷压缩机在运转时，运动部件必须用润滑油来进行润滑和冷却，润滑系统是压缩机正常运转必不可少的部分。

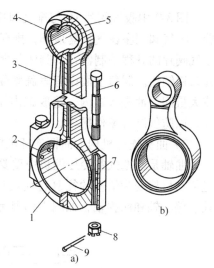

图 3-12　连杆组件
a）剖分式连杆　b）整体式连杆
1—连杆大头盖 2—连杆大头轴瓦
3—连杆体 4—连杆小头衬套
5—连杆小头 6—连杆螺栓
7—连杆螺栓 8—螺母
9—开口销

（2）半封闭式制冷压缩机　半封闭式压缩机和开启式压缩机在结构上最明显的区别在于电动机和压缩机装在同一机体内并共用同一根主轴，从而取消轴封装置，避免了轴封处的制冷剂泄漏。并且可以利用吸入低温制冷工质蒸气来冷却电动机绕组，改善了电动机的冷却条件。

半封闭式压缩机的机体部分是可拆装的，这样便于压缩机的检修。其密封面以法兰连接，用垫片或垫圈密封，这些密封面虽属经密封面，但难免会产生泄漏，因而被称为半封闭式压缩机。

图 3-14 为国产系列产品 B47F55型压缩机的结构示意图。

（3）全封闭式制冷压缩机　全封闭式压缩机的结构特点在于压缩机与电动机共用同一个主轴，且二者组装在一个密闭钢制壳内，气缸

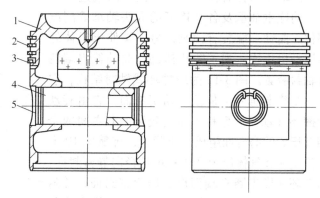

图 3-13　筒形活塞组
1—活塞 2—气环 3—油环 4—活塞销 5—弹簧挡圈

体、主轴承座和电动机座组成一个紧凑轻巧的开式刚性机体，大大减轻了其质量，缩小了尺寸。压缩机电动机组由内部弹簧支承，振动小、噪声低，多用于冰箱和小型空气调节机组。

制冷剂和润滑油被密封在密闭的薄壁机壳中，不会泄漏。外壳简洁，只有吸、排气管、工艺管和电源接线柱。全封闭活塞式制冷压缩机密封性好，但维修时需剖开机壳，维修后又要重新焊接，因此要求使用寿命至少为 10～15 年，在此期限内不必拆修。

小型全封闭活塞式制冷压缩机，大多配电容式单相感应电动机，起动电流较大（约为

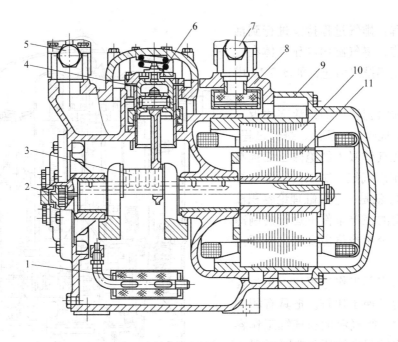

图 3-14　B47F55 型半封闭压缩机结构示意图

1—油过滤器　2—油泵　3—曲轴　4—活塞　5—排气管　6—气阀组　7—吸气管
8—压缩机壳体　9—电动机壳体　10—电动机定子　11—电动机转子

正常电流的 5~7 倍），但起动转矩小，使用时注意在停机后不宜立即起动，因刚停机高低压差较大，压缩机起动较困难。

立柜式空调机、模块化冷水机组大多采用全封闭式制冷压缩机。

图 3-15 为 Q25F30 型全封闭活塞式制冷压缩机。与半封闭式压缩机相比，它的结构更紧凑，体积更小，密封性能更好。电动机布置在上部，压缩机布置在下部。这种压缩机具有效率高、运转平稳、振动小、噪声低、运行可靠等特点，主要适用于以 R22 为制冷剂的压缩冷凝机组或电冰箱、空调器等整体制冷装置。

5. 活塞式制冷压缩机的工作原理

活塞式制冷压缩机实际工作过程相当复杂，为了便于分析讨论，我们先假定压缩机在没有任何损失（容积和能量损失）的状况下运行，以此作为压缩机的理想工作过程。

压缩机在理想工作过程中，气缸中制冷工质压力 p 随容积 V 的变化（即示功图）如图 3-16 所示。

活塞式压缩机的理想工作过程包括吸气、压缩、排气三个过程。

吸气过程：活塞由上止点下行时，排气阀片关闭，气缸内压力瞬间下降，当低于吸气管内压力 p_1 时，吸气阀开启，吸气过程开始，低压气体在定压（p_1）下被吸入气缸内，直至活塞行至下止点为止，如图 3-16 中 4→1 过程线。

压缩过程：活塞由下止点上行，当气缸内制冷工质压力等于吸气管内压力 p_1 时，吸气阀关闭，气缸内形成封闭容积，缸内气体被绝热压缩，随着活塞上行到某一位置，缸内气体被压缩至压力与排气管内压力 p_2 相等时，压缩过程结束，排气过程开始，如图 3-16 中 1→2 过程线。

排气过程：排气过程持续进行到活塞行至上止点，将气缸内高压气体在定压（p_2）下全部排出为止，如图 3-16 中 2→3 过程线。

这样，曲轴旋转一圈，活塞往返一次，压缩机完成吸气、压缩、排气过程，将一定量低压气体吸入经绝热压缩提高压力后全部排出气缸。所以，一个气缸的工作容积 V_g 就是一个气缸理论容积输气量。在一定的工况条件下运行的制冷压缩机，其理论制冷量主要取决于理论输气量 V_h。

压缩机的实际工作过程比理想过程复杂得多。为了便于比较，把具有相同吸、排气压力，吸气温度和气缸工作容积压缩机的实际工作循环示功图（即 p-V 图）1′-2′-3′-4′-1′ 和理论工作循环示功图 1-2-3-4-1 对照，如图 3-17 所示，发现主要有以下区别：

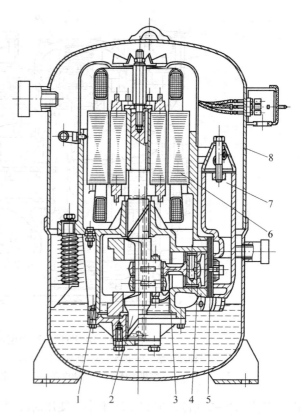

图 3-15　Q25F30 型全封闭压缩机结构示意图
1—机体　2—曲轴　3—连杆　4—活塞　5—气阀
6—电动机　7—排气消声部件　8—机壳

1）由于有余隙容积 V_c 存在，排气结束，活塞开始反向移动时，残留在气缸中的高压蒸气首先膨胀，不能立即吸气，形成膨胀过程 3′-4′。

2）吸、排气阀片必须在两侧压差足以克服气阀弹簧力和运动零件的惯性力时才能开启。这就造成了吸、排气的阻力损失，导致气缸内实际吸气压力低于吸气腔压力，实际排气压力高于排气腔压力。

3）吸气过程中制冷剂蒸气与吸入管道、腔、气阀、气缸等零件发生热量交换。

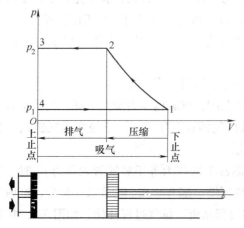

图 3-16　活塞式制冷压缩机理想工作过程示功图

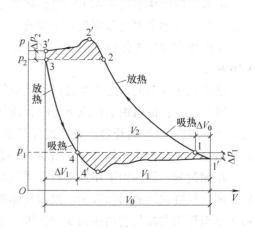

图 3-17　压缩机的实际示功图

4）气缸内部的不严密处和气阀可能发生延迟关闭引起气体的泄漏损失。

5）运动机构的摩擦，消耗一定的摩擦功。

由于以上因素影响，压缩机实际工作过程较为复杂，其实际输气量低于理论输气量，实际功耗要大于理论功耗。

压缩机的输气量有理论容积输气量 V_h 和质量输气量 M_R，其关系式为

$$M_R = \frac{V_h \cdot \lambda}{v_{s0}}$$

式中 v_{s0}——进口处吸气状态下制冷工质蒸气的比容，单位为 m^3/kg。

实际上，由于各种因素影响，压缩机的实际输气量 V_s 总是小于理论输气量 V_h，两者的比值称为压缩机的输气系数，即

$$\lambda = \frac{V_s}{V_h}$$

输气系数实际上表示压缩机气缸工作容积的有效利用率，所以又称为容积效率，它是评价压缩机性能的一个重要指标。输气系数越小，表示压缩机的实际输气量与理论输气量相差越大。显然，压缩机的输气系数 λ 值总是小于 1。

输气系数综合了四个主要因素，即余隙容积、吸排气阻力、吸气过热及气体泄漏对压缩机输气量的影响。输气系数 λ 可以写成容积系数 λ_V、压力系数 λ_p、温度系数 λ_t 和泄漏系数 λ_l 乘积的形式。

$$\lambda = \lambda_V \cdot \lambda_p \cdot \lambda_t \cdot \lambda_l$$

（1）余隙容积的影响——容积系数 λ_V　容积系数 λ_V 反映了压缩机余隙容积的存在对压缩机输气量的影响，是表征气缸工作容积有效利用程度的系数。由于余隙容积的存在，当活塞上行至上止点排气终了时，残留在余隙容积中的少量高压剩气无法排出去，而当活塞下行之初，少量高压剩气首先膨胀而占据一部分气缸的工作容积，如图 3-17 中 ΔV_1，从而减少了气缸的有效工作容积。计算表明，相对余隙（即余隙容积与工作容积之比）、压缩比越大（即排气压力与吸气压力之比），则容积系数 λ_V 值越小。因此在装配时，应使直线余隙控制在适当的范围内，以减小余隙容积对压缩机输气量的影响。

（2）吸、排气阻力的影响——压力系数 λ_p　压缩机吸、排气过程中，蒸气流经吸、排气腔、通道及阀门等处，都会有流动阻力。阻力的存在势必导致气体产生压力降，其结果使得实际吸气压力低于吸气管内压力，排气压力高于排气管内压力，增大了吸、排气压力差，并使得压缩机的实际吸气量减小。吸、排气压力损失（Δp_1、Δp_2）主要取决于压缩机吸、排气通道、阀片结构和弹簧力的大小。

（3）吸入蒸气过热的影响——温度系数 λ_t　压缩机在实际工作时，从蒸发器出来的低温蒸气在流经吸气管、吸气腔、吸气阀进入气缸前均要吸热而温度升高，比容增大，而气缸的容积是一定的，蒸气比容增大，必然导致实际吸入蒸气的质量减少。为了减小吸入蒸气过热的影响，除吸气管道应隔热外，还应尽量降低压缩比，使得气缸壁的温度下降，同时应改善压缩机的冷却状况。全封闭压缩机吸入蒸气过热的影响最严重，半封闭压缩机次之，开启式压缩机吸入蒸气过热的影响较小。

（4）气体泄漏的影响——泄漏系数 λ_l　气体的泄漏主要是压缩后的高压气体通过气缸壁与活塞之间的不严密处向曲轴箱内泄漏。此外，由于吸、排气阀关闭不严和关闭滞后也会

造成泄漏。这些都会使压缩机的排气量减少。为了减少泄漏,应提高零件的加工精度和装配精度,控制适当的压缩比。

综上所述,影响压缩机输气系数 λ 的因素很多,当压缩机结构形式和制冷工质确定以后,运行工况的压缩比(p_k/p_0)是最主要的因素。因此,压缩机制造厂一般将生产的各类型压缩机的输气系数 λ 整理成压缩比 p_k/p_0 的变化曲线,以供用户使用。有些厂家整理成蒸发温度、冷凝温度的曲线。图 3-18 表示开启式压缩机的输气系数与工况温度的变化关系,图 3-19 表示氟利昂制冷压缩机典型产品输气系数与压缩比的关系,在选型或近似计算时,可直接根据运行工况查用。

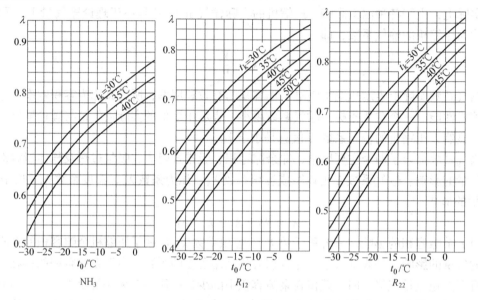

图 3-18　开启式压缩机的输气系数与工况温度的变化关系

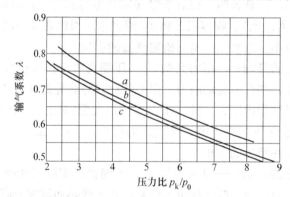

图 3-19　氟利昂压缩机的输气系数与压缩比的关系

a—SES10 型(R12)　b—SFS12.5 型(R12)　c—SFS12.5 型(R22)

3.1.2　螺杆式制冷压缩机

螺杆式制冷压缩机是一种容积型回转式压缩机,按照螺杆转子数量的不同,螺杆式压缩机有双螺杆和单螺杆两种。双螺杆式压缩机简称为螺杆式压缩机。

1. 螺杆式制冷压缩机的基本结构

螺杆式制冷压缩机的基本结构如图 3-20 所示，主要由阴、阳转子、机体（包括气缸体和吸、排气端座、轴承、轴封、平衡活塞及能量调节装置组成。螺杆式压缩机机壳部件如图 3-21 所示。

压缩机的工作气缸容积由转子齿槽与气缸体、吸排气端座构成。吸气端座和气缸体内壁上开有吸气孔口（分为轴向吸气口和径向吸气口），排气端座和气缸体内壁上开有排气口，不像活塞式压缩机那样设吸、排气阀。吸、排气口大小和位置是经过精心设计计算确定的。

螺杆式制冷压缩机靠一对相互啮合的转子（螺杆）来工作。转子具有特殊的螺旋齿形，凸齿形的称为阳转子（或称为阳螺杆），凹齿形的称为阴转子（或称为阴螺杆），如图 3-22 所示。一般阳转子为主动转子，与原动机直联，阴转子为从动转子。阳转子一般做成 4 齿，阴转子做成 6 齿，两转子在气缸内作反向回转运动，转子齿槽与气缸体之间形成 V 形密封空间。随着转子的旋转，空间容积不断变化，吸、排气口可按需要准确地使转子的齿槽和吸、排气腔连通或隔断，周期性地完成吸气、压缩和排气过程。

螺杆式压缩机结构简单、紧凑、易损件少，在高压缩比工况下容积效率高，但由于目前大都

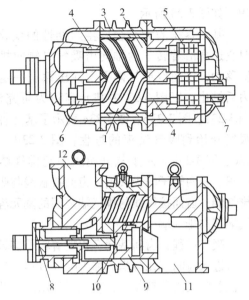

图 3-20　螺杆式制冷压缩机
1—阳转子　2—阴转子　3—机体　4—滑动轴承
5—止推轴承　6—平衡活塞　7—轴封　8—能量
调节用卸载活塞　9—卸载滑阀　10—喷油孔
11—排气口　12—进气口

采用喷油式螺杆压缩机，润滑系统比较复杂，辅助设备较大。我国对螺杆式制冷压缩机系列规定，标准工况下制冷量的范围在 100～2300kW，介于活塞式压缩机与离心式压缩机之间。

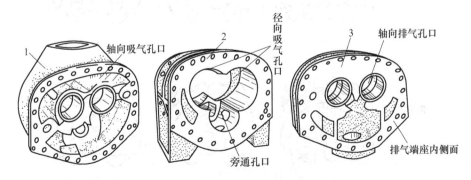

图 3-21　螺杆式压缩机机壳部件图
1—吸气端座　2—气缸体　3—排气端座

2. 螺杆式制冷压缩机的工作过程

螺杆式制冷压缩机两啮合转子的外圆柱面，与机体的横 8 字形内腔吻合。阳、阴转子未

啮合的螺旋槽与机体内壁及吸、排气端座内壁形成独立的封闭齿间容积，而阳、阴转子相啮合的螺旋槽，由螺旋面的接触线分隔成两部分空间，形成一个"V"形工作容积，称为基元容积，如图 3-23 所示。

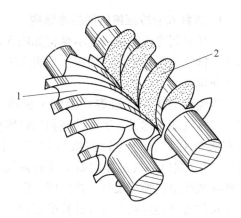

图 3-22　阴、阳螺杆
1—阴螺杆　2—阳螺杆

基元容积的大小会发生周期性的变化，同时它还会沿着转子的轴向由吸气口侧向排气口侧移动，将制冷剂气体吸入并压缩至一定的压力后排出。以图 3-23 中基元容积为研究对象，图 3-23a、图 3-23b、图 3-23c 表示了基元容积从吸气开始到吸气结束的过程；图 3-23d、图 3-23e、图 3-23f 表示了从开始压缩到排气结束的过程。在两转子的吸气侧，齿面接触线与吸气端之间的每个基元容积都在扩大。而在转子的排气侧，齿面接触线与排气端之间的基元容积却在逐渐缩小。这样，使每个基元容积都从吸气端移向排气端。

吸气过程：齿间基元容积随着转子旋转而逐渐扩大，并和吸入孔口连通，气体通过吸入孔口进入齿间基元容积，称为吸气过程。当转子旋转一定角度后，齿间基元容积越过吸入孔口位置与吸入孔口断开，吸气过程结束。此时阴、阳转子的齿间基元容积彼此并不连通。

压缩过程：压缩开始阶段主动转子的齿间基元容积与从动转子的齿间基元容积彼此孤立地向前推进，称为传递过程。转子继续转过某一角度，主动转子的凸齿和从动转子的齿槽又构成一对新的 V 形基元容积，随着两转子的啮合运动，基元容积逐渐缩小，实现气体的压缩过程。压缩过程直到基元容积与排出孔口相连通的瞬间为止，此刻排气过程开始。

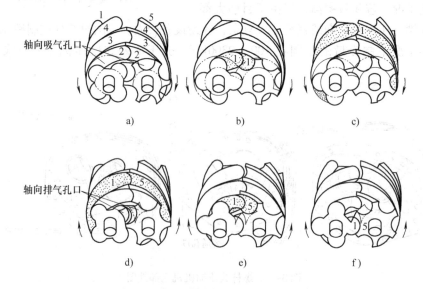

图 3-23　螺杆式制冷压缩机的工作过程

排气过程：由于转子旋转时基元容积不断缩小，将压缩后具有一定压力的气体送到排气腔，此过程一直延续到该容积最小时为止。

　　随着转子的连续旋转，上述吸气、压缩、排气过程循环进行，各基元容积依次陆续工作，构成了螺杆式制冷压缩机的工作循环。

　　可以看出，两啮合转子某 V 形基元容积完成吸气、压缩、排气一个工作周期，阳转子要转两转。而整个压缩机的其他 V 形基元容积的工作过程与之相同，只是吸气、压缩、排气过程的先后不同而已。

　　螺杆式制冷压缩机的能量调节多采用滑阀调节，其基本原理是通过滑阀的移动使压缩机阳、阴转子齿间的工作容积，在齿间接触线从吸气端向排气端移动的前一段时间内，仍与吸气口相通，使部分气体回流至吸气口，即减少了螺杆有效工作长度达到能量调节的目的。图3-24 为滑阀能量调节原理。

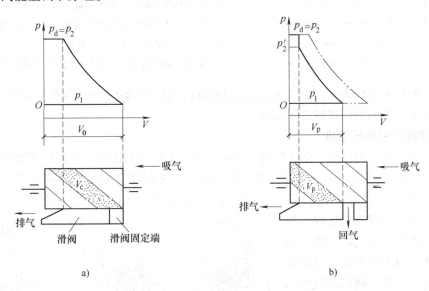

a)　　　　　　　　　　　　　　　　b)

图 3-24　滑阀能量调节原理

a) 全负荷位置　b) 部分负荷位置

　　一般螺杆制冷压缩机的能量调节范围为 10% ~ 100%，且为无级调节。当制冷量为 50%以上时，功率消耗与制冷量近似成正比关系，而在低负荷下运行则功率消耗较大。因此，从节能考虑，螺杆式制冷压缩机的负荷（即制冷量）应在 50% 以上的情况下运行为宜。

3. 螺杆式制冷压缩机的型号表示

　　螺杆式制冷压缩机分为开启式、半封闭式和全封闭式三种，其型号表示方法如下：

　　螺杆式制冷压缩机型号表示方法：

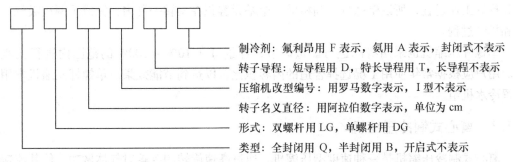

制冷剂：氟利昂用 F 表示，氨用 A 表示，封闭式不表示

转子导程：短导程用 D，特长导程用 T，长导程不表示

压缩机改型编号：用罗马数字表示，I 型不表示

转子名义直径：用阿拉伯数字表示，单位为 cm

形式：双螺杆用 LG，单螺杆用 DG

类型：全封闭用 Q，半封闭用 B，开启式不表示

例如，LG16IITA 表示转子名义直径为 160mm，以氨为制冷剂，特长导程，第二次改型的开启螺杆式制冷压缩机。

螺杆式制冷压缩机组型号表示方法：

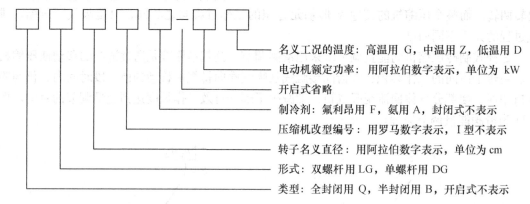

名义工况的温度：高温用 G，中温用 Z，低温用 D
电动机额定功率：用阿拉伯数字表示，单位为 kW
开启式省略
制冷剂：氟利昂用 F，氨用 A，封闭式不表示
压缩机改型编号：用罗马数字表示，I 型不表示
转子名义直径：用阿拉伯数字表示，单位为 cm
形式：双螺杆用 LG，单螺杆用 DG
类型：全封闭用 Q，半封闭用 B，开启式不表示

例如，BLG14-45G 表示转子名义直径为 140mm，配用电动机额定功率为 45kW，用于高温名义工况的半封闭螺杆式制冷压缩机。

4. 单螺杆式制冷压缩机

单螺杆式制冷压缩机由一个螺杆与两个或两个以上的星轮组成。单螺杆式制冷压缩机的工作原理如图 3-25 所示，由一个螺杆转子带动两个与之相啮合的星轮，随着螺杆与星轮的相对运动，气体吸入螺杆齿槽，当星轮的齿片切入螺杆齿槽，并旋转至齿槽容积与吸气腔隔开，吸气结束，此即吸气过程（图 3-25a）；当螺杆继续旋转，螺杆齿槽内的气体容积不断减少，气体压力不断升高，直至齿槽内的气体与排气口刚要接通为止，气体压缩结束，此即压缩过程（图 3-25b）；当齿槽与排气口连通时，即开始排气，直至星轮全部扫过螺杆齿槽，槽内气体全部排出，此即排气过程（图 3-25c）。

图 3-25　单螺杆制冷压缩机的工作原理图
a) 吸气过程　b) 压缩过程　c) 排气过程

单螺杆压缩机与双螺杆压缩机不同，在单螺杆压缩机的转子两侧对称配置的星轮，分别构成双工作腔，各自完成吸气、压缩和排气工作过程，所以单螺杆压缩机的一个基元容积在旋转一周内，完成了两次吸气、压缩和排气过程。

单螺杆压缩机也采用滑阀进行能量调节，容量可在 10% ～ 100% 的范围内进行无级调节。用户应根据常年使用工况选择合适的内容积比，以达到节能效果。单螺杆压缩机常用来配置冷水机组。

3.1.3　离心式制冷压缩机

离心式制冷压缩机是一种速度型压缩机，通过高速旋转的叶轮对气体做功，使其流速增高，而后通过扩压器使气体减速，将气体的动能转换为压力能，气体的压力就得到相应的提高。

离心式制冷压缩机中气体的流动是连续的，其流量比容积型制冷压缩机要大得多。离心式制冷压缩机具有制冷量大、型小体轻、运转平稳等特点，多应用于大型空气调节系统和石油化学工业。

1. 离心式制冷压缩机的基本结构

离心式制冷压缩机有单级和多级等多种结构形式。单级压缩机主要由吸气室、叶轮、扩压器、蜗壳等组成，如图 3-26 所示。多级压缩机还设有弯道和回流器等部件，如图 3-27 所示。多级离心式制冷压缩机的主轴上设置着几个叶轮串联工作，以达到较高的压力比。

2. 离心式制冷压缩机的工作原理

离心式压缩机的工作原理与活塞式压缩机不同，它不是利用容积减小来提高气体的压力，而是利用旋转的叶轮对气体做功，使气体获得动能，尔后将动能转变为压力能来提高气体的压力。单级离心式制冷压缩机的工作原理如下：压缩机叶轮旋转时，制冷剂气体由吸气室通过进口可调导流叶片进入叶轮流道，在叶轮叶片的推动下气体随着叶轮一起旋转。由于离心力的作用，气体沿着叶轮流道径向流动并离开叶轮，同时，叶轮进口处形成低压，气体由吸气管不断吸入。在此过程中，叶轮对气体做功，使其动能和压力能增加，气体的压力和流速得到提高。接着，气体以高速进入截面逐渐扩大的扩压器和蜗壳，此时流速逐渐下降，大部分

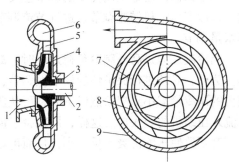

图 3-26　单级离心式制冷压缩机简图
1—吸气室　2—主轴　3—轴封　4—叶轮
5—扩压器　6—蜗壳　7—扩压器叶片
8—叶轮叶片　9—机体

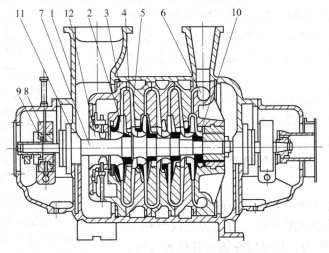

图 3-27　多级离心式制冷压缩机简图
1—机体　2—叶轮　3—扩压器　4—弯道　5—回流器　6—蜗壳
7—主轴　8—轴承　9—推力轴承　10—梳齿密封　11—轴封
12—进口导流装置

气体动能转变为压力能，压力进一步提高，然后再引出压缩机外。

单级离心式制冷压缩机不可能获得很大的压力比。对于多级离心式制冷压缩机，为了使制冷剂气体压力继续提高，则利用弯道和回流器再将气体引入下一级叶轮进行压缩，最后由末级引出机外。

离心式制冷压缩机按用途可分为冷水机组（蒸发温度在 -5℃以上）和低温机组（蒸发温度为 -40 ~ -5℃）。按压缩机的密封结构形式可分为开启式、半封闭式和全封闭式三种，制冷量在 350 ~ 7000kW 范围内采用封闭离心式制冷压缩机，制冷量在 7000 ~ 35000kW 范围内多采用开启离心式制冷压缩机。

离心式制冷压缩机制冷量的调节主要是根据用户对冷负荷的需要来调节，通常用四种方法，即改变压缩机转速调节、进气节流调节、采用可调节进口导流叶片调节和改变冷凝器冷却水量调节。

当冷凝压力过高或制冷负荷过小时，离心式制冷压缩机会产生喘振现象，而不能正常工作。为此，必须进行保护性的反喘振调节，旁通调节法是反喘振调节的一种措施。当要求压缩机的制冷量减小到喘振点以下时，可从压缩机排出口引出一部分气态制冷剂不经过冷凝器而流入压缩机的吸入口。这样，即减少了流入蒸发器的制冷剂流量，相应减少制冷机的制冷量，又不致使压缩机吸入量过小，从而可以防止喘振发生。

3.1.4　其他类型的制冷压缩机

除了活塞式、螺杆式、离心式制冷压缩机，还有许多其他类型的制冷压缩机。

1. 滚动转子式制冷压缩机

滚动转子式制冷压缩机也称为滚动活塞式制冷压缩机，是一种容积型回转式压缩机，主要由气缸、滚动转子、滑板、排气阀等组成，如图 3-28 所示。

滚动转子式制冷压缩机的工作过程如图 3-29 所示。当滚动转子处于如图 3-29a 所示的位置时，气缸内形成一个完整的月牙形工作腔容积，充满了低压吸入气体，这时处于吸气过程结束、不压缩也不排气的状态。

当滚动转子逆时针滚动 1/4 周，到达如图 3-29b 所示的位置时，滑板把月牙形容积分割为吸气腔和排气腔两部分。随着吸气腔容积的增大，吸气腔开始吸入气体；而排气腔中的气体受压缩而压力开始升高。

滚动转子继续转动，吸气腔不断扩大，排气腔不断缩小而气体压力逐渐升高，当压力升高到稍大于排气阀后的冷凝压力，并足以克服阀片弹簧力时，顶开阀片开始排气，这时吸气与排气同时进行，如图 3-29c 所示。

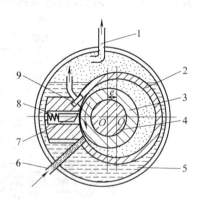

图 3-28　滚动转子式制冷压缩机
主要结构示意图

1—排气管　2—气缸　3—滚动转子
4—曲轴　5—润滑油　6—吸气管
7—滑板　8—弹簧　9—排气阀

当滚动转子转动至如图 3-29d 所示的位置时，吸气腔接近最大，排气腔接近最小，吸气、排气过程均接近结束。滚动转子转回到如图 3-29a 所示的位置时，吸气、排气过程结束，进入下一周的运行。

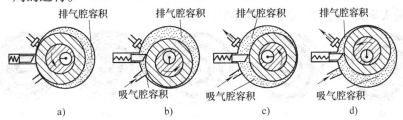

图 3-29　滚动转子式制冷压缩机工作过程示意图

滚动转子式制冷压缩机可分为中等容量的开启式压缩机和小容量的全封闭式压缩机，目前广泛使用的主要是小型全封闭式，一般标准制冷量在 3kW 以下，空调器中常用立式，冰箱中多用卧式。

2. 涡旋式制冷压缩机

涡旋式制冷压缩机是 20 世纪 80 年代才发展起来的一种新型容积式压缩机，其效率高、体积小、质量轻、噪声低、结构简单且运转平稳，被广泛应用于空调和制冷机组中。

涡旋式制冷压缩机的基本结构如图 3-30 所示，主要由静涡旋盘、动涡旋盘、机座、防自转机构十字滑环及曲轴等组成。动、静涡旋盘的型线均是螺旋形，动涡旋盘相对静涡旋盘偏心并相错 180°对置安装。动、静涡旋盘在几条直线（在横截面上则是几个点）上接触并形成一系列月牙形空间，即基元容积。动涡旋盘由一个偏心距很小的曲轴带动，以静涡旋盘的中心为旋转中心并以一定的旋转半径做无自转的回转平动，两者的接触线在运转中沿涡旋曲面不断向中心移动，它们之间的相对位置由安装在动、静涡旋盘之间的十字滑环来保证。该环的上部和下部十字交叉的突肋分别与动涡旋盘下端面键槽及机座上的键槽配合并在其间滑动。吸气口设在静涡旋盘的外侧面，并在顶部端面中心部位开有排气口，压缩机工作时，制冷剂气体从吸气口进入动、静涡旋盘间最外圈的月牙形空间，随着动涡旋盘的运动，气体被逐渐推向中心空间，其容积不断缩小而压力不断升高，直至与中心排气口相通，高压气体被排出压缩机。

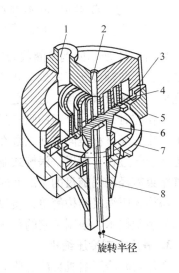

图 3-30　涡旋式制冷压缩机
结构简图
1—吸气口　2—排气口　3—静涡
旋盘　4—动涡旋盘　5—机座
6—背压腔　7—十字滑环
8—曲轴

涡旋式压缩机工作时，利用动涡旋盘和静涡旋盘的啮合，形成多个压缩腔，随着动涡旋盘的回转平动，使各压缩腔的容积不断变化来压缩气体。其工作过程如图 3-31 所示。在图 3-31a 所示的位置，动涡旋盘中心 O_2 位于静涡旋盘中心 O_1 的右侧，涡旋密封接触线在左右两侧，涡旋外圈部分刚好封闭，此时最外圈两个月牙形空间充满气体，完成了吸气过程（阴影部分）。随着动涡旋盘的运动，外圈两个月牙形空间中的气体不断向中心推移，容积不断缩小，压力逐渐升高，进行压缩过程，如图 3-31b ~ 图 3-31f 所示为曲轴转角 θ 每间隔 120°的压缩过程。当两个月牙形空间汇合成一个中心腔室并与排气口相通时，如

图 3-31g 所示，压缩过程结束，并开始进入如图 3-31h ~ 图 3-31i 所示的排气过程，直至中心腔室的空间消失则排气过程结束，如图 3-31j 所示。

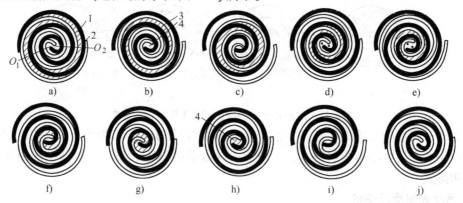

图 3-31　涡旋式制冷压缩机工作过程示意图

1—动涡旋盘　2—静涡旋盘　3—压缩腔　4—排气口

a) $\theta=0°$　b) $\theta=120°$　c) $\theta=240°$　d) $\theta=360°$　e) $\theta=480°$　f) $\theta=600°$

g) $\theta=720°$　h) $\theta=840°$　i) $\theta=960°$　j) $\theta=1080°$

如图 3-31 所示的涡旋圈数为三圈，最外圈两个封闭的月牙形工作腔完成一次压缩及排气的过程，曲轴旋转了三周（即曲轴转角 θ 为 1080°），涡旋盘外圈分别开启和闭合三次，即完成了三次吸气过程，也就是每当最外圈形成两个封闭的月牙形空间并开始向中心推移成为内工作腔时，另一个新的吸气过程同时开始形成。因此，在涡旋式制冷压缩机中，吸气、压缩、排气等过程是同时和相继在不同的月牙形空间中进行的，外侧空间与吸气口相通，始终进行吸气过程。所以，涡旋式制冷压缩机基本上是连续地吸气和排气，并且从吸气开始至排气结束需经动涡旋盘的多次回转平动才能完成。

涡旋式压缩机结构简单，质量轻，体积小，运行可靠性高，但需要高精度的加工设备和精确的装配技术，限制了它的普遍制造和应用。

3. 滑片式制冷压缩机

滑片式制冷压缩机目前主要应用于小型空调制冷装置及汽车空调器中。滑片式压缩机主要由机体、转子及滑片三部分组成，如图 3-32 所示。

滑片式压缩机机体上设有吸气孔口和排气孔口，在气缸内开有若干纵向凹槽的转子偏心配置，凹槽中装有沿径向滑动的滑片。转子旋转时，滑片在离心力的作用下从槽中甩出，端部紧贴在气缸内壁面上，气缸内壁在转子外表面构成的月牙形空间被滑片分隔成若干小室，这就是基元容积。转子旋转一周，其基元容积遵循上述规律周而复始地变化。基元容积在增大的过程中与吸气孔口相通，此时开始吸气，直至组成该基元容积的后一片滑片越过吸气孔口的上边缘时吸气终止，此时基元容积应达到最大值；此后该基元容积开始缩小，气体在封闭的容积内被压缩其压力不断

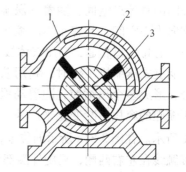

图 3-32　滑片式制冷压缩机结构简图

1—机体　2—转子　3—滑片

升高；当组成该基元容积的前滑片达到排气孔口上边缘时，基元容积与排气孔口相通，压缩过程结束，开始排气，后滑片越过排气孔口下边缘时排气结束。之后，基元容积达最小值，余留在其内的高压高温气体随转子的旋转和基元容积的增大而膨胀，直至前滑片达到进气孔口下边缘与吸气孔口相通时重新开始吸气。当有 n 个滑片时，转子每旋转一周，依次有 n 个基元容积分别进行吸气、压缩、排气、膨胀过程。滑片式压缩机不设置吸、排气阀，是靠吸、排气孔口的位置和大小决定的强制性吸排气。

滑片式压缩机结构简单，制造容易，操作和维修保养方便，但滑片的机械磨损较大，影响滑片式压缩机的运转周期。

> **制冷压缩机小结**
>
> 1. 制冷压缩机是蒸气压缩式制冷系统的"心脏"。其作用为：抽气，升压。
> 2. 制冷压缩机可分为容积型和速度型两大类。容积型压缩机有往复活塞式、螺杆式（单螺杆、双螺杆）、涡旋式、滑片式及滚动转子式压缩机等。速度型压缩机主要是离心式压缩机。
> 3. 根据密封结构的形式，压缩机可分为开启式压缩机、半封闭式压缩机和全封闭式压缩机。
> 4. 活塞式压缩机广泛应用于中小型制冷装置中，主要由机体、气缸、活塞、连杆、曲轴和气阀等组成，根据气缸布置形式可分为卧式、立式和角度式。氨制冷压缩机和容量较大的氟利昂压缩机多采用开启式，全封闭式压缩机多用于冰箱和小型空气调节机组，立柜式空调机、模块化冷水机组也大多采用全封闭式制冷压缩机。
> 5. 活塞式压缩机的理想工作过程包括吸气、压缩、排气三个过程。实际工作过程中由于有余隙容积的存在，排气过程结束后，形成一个膨胀过程。
> 6. 螺杆式制冷压缩机靠一对相互啮合的阳转子和阴转子来工作，一般阳转子为主动转子，阴转子为从动转子。随着转子的旋转，周期性地完成吸气、压缩和排气过程。单螺杆式制冷压缩机由一个螺杆与两个或两个以上的星轮组成。
> 7. 离心式制冷压缩机制冷量大，多应用于大型空气调节系统和石油化学工业。

3.2　冷凝器

在制冷系统中，冷凝器的作用是将经制冷压缩机压缩升压后的制冷剂过热蒸气向周围常温介质（水或空气）传热，从而冷凝还原为液态制冷剂，使制冷剂能循环使用。

3.2.1　冷凝器的类型及结构

按冷却介质和冷却方式的不同，冷凝器可分为水冷却式冷凝器、空气冷却式冷凝器、水-空气冷却式冷凝器三种类型。

1. 水冷却式冷凝器

水冷却式冷凝器（或称为水冷式冷凝器）是一种用水作为冷却介质的热交换设备，制冷剂放出的热量被冷却水带走。冷却水可以循环使用，也可以一次性使用（如使用江、河、湖、海等地表水）。当采用循环冷却水时，需要配有冷却水塔或冷却水池。常用的水冷式冷凝器有立式壳管式、卧式壳管式、套管式等形式。

（1）立式壳管式（简称立壳式）冷凝器 立式壳管式冷凝器是指换热管和壳体垂直放置，冷却水沿管子内壁呈膜状流下，与大气相通的冷凝器。立式壳管式冷凝器主要用于大中型氨制冷系统中，其结构庞大，耗材多。通常冷却水在管内流动，制冷剂在管间被冷凝。

立式壳管式冷凝器结构如图 3-33 所示，其壳体是由钢板卷制焊接成的圆柱形筒体，垂直安装，筒体的上下两端各焊一块管板，两块管板之间贯穿相对应的管孔焊接或胀接固定着许多根换热管，换热管一般用 $\phi51 \times 3.5$ 或 $\phi38 \times 3$ 的无缝钢管，形成一个垂直的管簇。冷却水自上而下在管内流过，冷凝器筒体顶部装有配水箱，使冷却水能均匀地分配到各管口，在每根管口上装有一个带斜槽的导流管头，如图 3-34 所示。导流管头的作用是使冷却水经斜槽沿换热管内壁呈薄膜螺旋状向下流动，从而增强热量交换，提高冷却效果，节约冷却水量。吸热后的冷却水汇集于冷凝器下面的水池中。

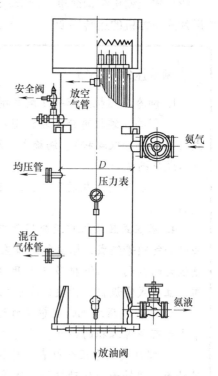

图 3-33 立式壳管式冷凝器

氨气从冷凝器壳体高度的大约 2/3 处进入壳体内管簇之间，冷凝后积聚在冷凝器的底部，经出液管流至高压贮液器。

在冷凝器的外壳上设有进气、出液、放空气、均压、压力表、放油和安全阀等管路接头，进气管与油分离器连接，出液管和均压管（或称为平衡管）与高压贮液器连接，放油管与集油器连接，放空气管和混合气体管与空气分离器连接。

立式壳管式冷凝器可以垂直安装在室外，占地面积小，冷却水靠重力自上而下一次流过冷凝器，流动阻力小，且可清除铁锈和污垢，清洗时不必停止制冷系统的运行，对水质要求不高，适用于水源充足，水质较差的地区。缺点是冷却水用量大，水泵消耗功率高，制冷剂泄漏不易被发现。

（2）卧式壳管式（简称卧壳式）冷凝器 卧式壳管式冷凝器较普遍地应用于大、中、小型的氨制冷系统和氟利昂制冷系统中。卧壳式冷凝器分为氨用和氟利昂用两种，它们在结构上大体相同，只是在局部细节和金属材料的选用上有所差异。

图 3-35 为氨用卧式壳管式冷凝器。它的结构与立式壳管式冷凝器类似，也是由筒体、管板、换热管等组成；筒体两端设有带分水槽的铸铁端盖，在一端的端盖上有冷却水的进出水管接头，冷却水下进上出，以保证运行时冷凝器中所有管子始终充满冷却水，并不至于积存空气。由于两端的端

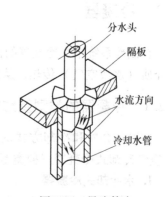

图 3-34 导流管头

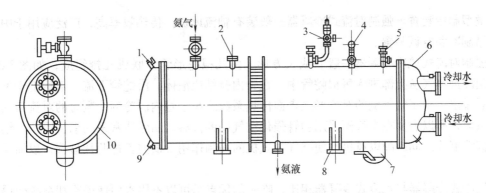

图 3-35　氨用卧式壳管式冷凝器

1—放空气旋塞　2—平衡管接头　3—安全阀　4—压力表　5—放空气阀

6—端盖　7—集油包　8—支座　9—放水旋塞　10—筒体

盖内有相互配合的分水槽，冷却水能在管簇中多次往返流动，每向一端流动一次称为一个"水程"，一般有 4~10 个水程。在冷凝器筒体上部依次安装有进气管、平衡管、安全阀管、压力表管、放空气管等管接头，筒体下部安装有出液管接头。平衡管用于和冷凝液贮液器连接，起均压作用。若直接利用筒体下部贮液，不另设贮液器时，则不设平衡管。

氟利昂用卧式壳管式冷凝器结构基本与氨用卧式壳管式冷凝器相同，但由于制冷剂性质不同，筒内换热管则多采用铜管，为强化传热，可将铜管的外表面滚压出径向的低肋片，称为低肋管，因肋片的外形像螺纹，所以也称为螺纹管。

卧壳式冷凝器传热系数较高，冷却用水比立壳式冷凝器少；占空间高度小，有利于有限空间的利用；结构紧凑，便于机组化；运行可靠，操作方便等。但对冷却水水质要求比立式冷凝器高，水温要低，清洗时要停止工作、卸下端盖才能进行，材料消耗量大、造价较高。其多用于水源丰富和水质较好的地区，以及船舶、室内、操作地方狭窄的场所。

（3）套管式冷凝器　套管式冷凝器多用于小型氟利昂制冷机组，如柜式空调机、恒温恒湿机组等，其构造如图 3-36 所示。它的外管通常为 $\phi52 \times 2$ 的无缝钢管，内管为一根或数根紫铜管或低肋铜管，它们套在一起并用弯管机弯制成圆形、U 形或螺旋形。冷却水在内管中自下而上流动，制冷剂蒸气则由上部进入外套管内，冷凝后的制冷剂液体从下部流出。制冷剂和冷却水逆向流动，可以取得较大的平均传热温差，传热效果好。套管式冷凝器结构简单，制造方便，节省制冷机组的占地面积。但其单位传热面积的金属消耗量大，清洗水垢比较困难。

2. 空气冷却式冷凝器

空气冷却式冷凝器也称为风冷式冷凝器，是以空气作为冷却介质来冷却冷凝制冷剂蒸气的。按空气在冷凝器盘管外侧流动的驱动动力来源，可分为自然对流和强制对流两种形式。自然对流式冷凝器靠空气自然流动，传热效率低，仅适用于制冷量很小的家用冰

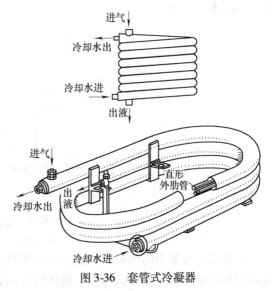

图 3-36　套管式冷凝器

箱等微型制冷装置。强制对流式冷凝器一般装有轴流风机，传热效率高，广泛应用于中小型氟利昂制冷和空调装置。

　　强制对流式风冷冷凝器一般制成长方形，由几根蛇形管并联成几排组成，如图3-37所示。制冷剂蒸气从上部进入每根蛇管中，在管内凝结成液体，沿蛇管下流，最后汇于下部从冷凝器排出。由于空气侧的对流换热表面传热系数远小于管内制冷剂冷凝时的对流换热表面传热系数，所以需要在空气侧采用肋管强化空气侧的传热。肋管通常采用铜管铝片、钢管钢片或铜管铜片。同时配以风机，使空气在风机的强制作用下横向掠过肋片盘管，以加强换热效果。

　　风冷式冷凝器与水冷式冷凝器相比，唯一的优点是可以不用水而使得冷却系统变得十分简单，但其初投资和运行费用均高于水冷式。风冷式冷凝器只能应用于氟利昂制冷系统。

3. 水-空气冷却式冷凝器

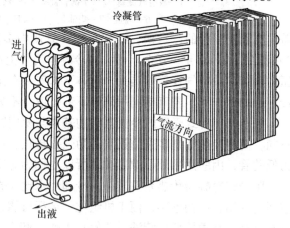

　　水-空气冷却式冷凝器包括蒸发式冷凝器和淋激式冷凝器两大类。在这两类冷凝器中，制冷剂在管内冷凝，冷却水喷洒在换热管外。在蒸发式冷凝器中，制冷剂放出的热量主要由水蒸发吸热带走，蒸发时产生的蒸气由强制流动的空气带走，少部分热量通过管壁传给管外壁上的水膜，由水膜传给空气。而淋激式冷凝器中，制冷剂放出的热量大部分依靠空气自然对流带走，少部分热量是由水的蒸发吸热带走。

图 3-37　强制对流式风冷冷凝器

　　（1）蒸发式冷凝器　蒸发式冷凝器是利用空气强制循环和水分的蒸发将制冷剂凝结热带走的冷凝器。为了强化蒸发式冷凝器内空气的流动，及时带走蒸发的水蒸气，要安装通风机吹风或吸风，根据通风机安装位置的不同，蒸发式冷凝器可分为吸风式和吹风式，如图3-38所示，它由换热盘管、供水喷淋系统和风机三部分组成。

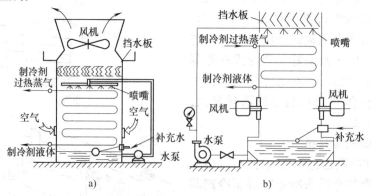

图 3-38　蒸发式冷凝器
a）吸风式　b）吹风式

　　蒸发式冷凝器中的传热部分是一个由光管或肋片管组成的蛇形冷凝管组，管组装在一个由型钢和钢板焊制的立式箱体内，箱体的底部为水盘。制冷剂蒸气由蒸气分配管进入每根蛇形盘管，冷凝的液体经集液管流入贮液器中。水盘内的水用浮球控制，保持一定的水位。冷却水用水泵压送到冷凝管的上方，经喷嘴喷淋到蛇形盘管组的上方，沿冷凝管组的外表面流下。水受热后一部分变成蒸气，其余的沿蛇形盘管外表面流入下部的水盘内，经水泵再送到喷嘴循环使用。

蒸发式冷凝器主要是利用冷却水汽化的潜热来吸收制冷剂的热量，所以消耗水量很小，其耗水量仅是水冷式冷凝器的 5%～10%。冷却水不断循环使用，水垢层增长较快。蒸发式冷凝器适用于气候干燥和缺水地区，要求水质好或使用经过软化处理的水。

（2）淋激式冷凝器　淋激式冷凝器又称为淋水式冷凝器，是用冷却水淋洒在大气中的水平管排上，使管内制冷剂凝结。淋激式冷凝器用于氨制冷系统，一般适用于气温与湿度都较低、水源一般、水质较差的地区。

3.2.2　冷凝器的选择计算

冷凝器的选择计算是选择合适的冷凝器形式，确定其传热面积，计算冷却介质（水或空气）的流量和流过冷凝器的流动阻力。

1. 冷凝器形式的选择

冷凝器形式的选择，取决于当地的水源、水温、水质、水量、气象条件、制冷剂的种类以及制冷机房布置要求等因素。

对于冷却水水质较差、水温较高、水量充足的地区宜采用立式壳管式冷凝器；水质较好、水温较低的地区宜采用卧式壳管式冷凝器；小型制冷装置可选用套管式冷凝器；在水源不足的地区或夏季室外空气湿度小、温度较低的地区可采用蒸发式冷凝器。

氟利昂制冷装置在供水不便或无法供水的场所，可选用风冷式冷凝器，但必须通风良好。氨制冷装置则切不可采用风冷式冷凝器。

在实际工程中要根据工艺要求和各种类型冷凝器的特点及适用范围，综合比较衡量后来确定较合理的选用方案。

2. 冷凝器传热面积的计算

根据传热基本方程式

$$Q = KF\Delta t$$

可得冷凝器的传热面积计算式为

$$F = \frac{Q_k}{K\Delta t_m} = \frac{Q_k}{q_F}$$

式中　F——冷凝器的传热面积，单位为 m^2；

Q_k——冷凝器的热负荷，单位为 W。$Q_k = Q_0 + N_i$，Q_0 和 N_i 分别为压缩机在计算工况下的制冷量和消耗指示功率；

K——冷凝器的传热系数，单位为 W/（$m^2 \cdot \text{℃}$）。其值可按传热学中有关公式计算，或根据生产厂家提供的产品样本来确定，也可参考有关设计手册与设备手册提供的数据确定。表 3-2 列举了常用冷凝器的 K 值，以供参考；

Δt_m——冷凝器的传热平均温差，单位为℃；可按下式计算：

$$\Delta t_m = \frac{t_2 - t_1}{\ln \dfrac{t_k - t_1}{t_k - t_2}}$$

式中 t_k——冷凝温度，单位为℃；

t_1、t_2——冷却介质进口和出口温度，单位为℃。

q_F——冷凝器的单位面积热负荷，即热流密度，单位为 W/m²，其经验数据可按表3-2
推荐值选取。

表3-2 常用冷凝器的传热系数 K 和热流密度 q_F 推荐值

冷凝器形式	传热系数 K /[W/(m²·℃)]	热流密度 q_F /(W/m²)	使用条件
氨用冷凝器			
立式壳管式	700～900	3500～4000	平均传热温差 $\Delta t_m = 5～7$℃ 单位面积冷却水量 1～1.7m³/(m²·h)
卧式壳管式	800～1100	4000～5000	平均传热温差 $\Delta t_m = 5～7$℃ 单位面积冷却水量 0.5～0.9m³/(m²·h)
淋激式	600～750	3000～3500	单位面积冷却水量 0.8～1.0m³/(m²·h) 补充水量为循环水量的10%～12%
蒸发式	600～800	1800～2500	单位面积冷却水量 0.12～0.16m³/(m²·h) 补充水量为循环水量的5%～10% 平均传热温差 $\Delta t_m = 2～3$℃（指制冷剂和钢管外侧水膜间）
氟利昂用冷凝器			
卧式壳管式	800～1200 （R22、R134a、R404A） （以换热管外表面积计算）	5000～8000	平均传热温差 $\Delta t_m = 7～9$℃ 冷却水速 1.5～2.5m/s 低肋铜管,肋化系数≥3.5
套管式	800～1200 （R22、R134a、R404A） （以换热管外表面积计算）	7500～10000	冷却水速 1～2m/s 平均传热温差 $\Delta t_m = 8～11$℃ 低肋铜管,肋化系数≥3.5
自然对流风冷式	6～10 （以换热管内表面积计算）	45～85	
强制对流风冷式	30～40 （以翅片管外表面积计算）	250～300	平均传热温差 $\Delta t_m = 8～12$℃ 冷凝温度与进风温差≥15℃
蒸发式	500～700	1600～2200	单位面积冷却水量 0.12～0.16m³/(m²·h) 补充水量为循环水量的5%～10% 平均传热温差 $\Delta t_m = 2～3$℃（指制冷剂和钢管外侧水膜间）

计算出传热面积 F 后，再按照 F 去选择定型的冷凝器。考虑到冷凝器使用一段时间后，由于污垢的影响，会降低其传热性能，所以选择冷凝器面积应有10%～15%的裕量。此外，如果要求液体制冷剂在冷凝器内有一定的过冷，选择卧式壳管式冷凝器时，应比计算出的传热面积加大5%～10%。

3. 冷却介质流量的计算

冷却介质（水或空气）流量的计算是基于热量平衡原理，即冷凝器中制冷剂放出的热量等于冷却介质所带走的热量，即

$$Q_k = q_m c(t_2 - t_1)$$

$$q_m = \frac{Q_k}{c(t_2 - t_1)}$$

式中　Q_k——冷凝器的热负荷，单位为 W；

q_m——冷却介质的质量流量，单位为 kg/s；

t_1、t_2——冷却介质进口和出口温度，单位为℃；

c——冷却介质的比热容，单位为 kJ/（kg·℃）。淡水为 4.186，海水为 4.312，空气为 1.005。

如何确定冷却介质的进出口温差（$t_2 - t_1$），应作技术经济分析。

1）提高冷却介质进出口温差，可以提高传热平均温差，对于一定的冷凝负荷，可减少传热面积，节省设备的初投资；同时，又可以减少冷却介质的流量，减少运行费用（即泵或风机的动力消耗）。从这两方面看均是有利的。

2）由于冷却介质的进口温度基本上由自然条件决定，提高进出口温差只能提高出口温度，其结果必然会使得冷凝温度相应升高（一般来说冷凝温度要比冷却介质的出口温度高 3～5℃）。而冷凝温度的提高会使压缩机的耗功率增多（冷凝温度升高 1℃，单位制冷量的耗功率约增加 3%～4%）；同时还会使压缩机的容积效率下降、排气温度升高。这些又都是不利的。

所以冷却介质的进出口温差的选择必须综合考虑，合理选择。立壳式冷凝器的进出水温差一般为 2～3℃；卧壳式冷凝器，若水源水温较低，进出水温差取 6～8℃（全水程流通），若进水温度较高可采用半水程流通，进出水温差为 3～4℃。对于风冷式冷凝器，进出口温差不宜超过 8℃。

4. 冷凝器冷却水的阻力计算

卧式壳管式冷凝器的冷却水泵需要在工程设计中进行选配，为此，需计算冷却水的流动阻力，以提供选配水泵的必要数据。首先根据选定的型号，从产品样本上查出冷凝器在给定流量（或水速）和水流程数时的水阻力损失。在缺少此数据时，可查出冷凝器的换热管数目、管道直径、每根管长度及水流程数，然后进行计算。冷却水流速可按下式计算

$$w = \frac{Gz}{\frac{\pi}{4} d_i^2 n \rho}$$

式中　w——冷却水在冷凝器中的平均流速，单位为 m/s；

z——冷却水流程数；

d_i——换热管内径，单位为 m；

n——换热管总根数；

ρ——冷却水密度，单位为 kg/m³，取 $\rho = 1000$ kg/m³。

冷却水的总流动阻力可用以下经验公式求得：

$$\Delta p = \frac{1}{2} \rho w \left[f z \frac{L}{d_i} + 1.5(z + 1) \right]$$

式中　Δp——冷凝器冷却的流动阻力，单位为 Pa；

z——冷却水流程数；

f——与冷凝器换热管的污垢和绝对粗糙度有关的摩擦阻力系数，$f = 0.178 b d_i^{-0.25}$，

式中 b 是系数，钢管 $b=0.098$，铜管（用于氟利昂）$b=0.075$；

　　L——换热管长度，单位为 m。

立式冷凝器和淋激式冷凝器的冷却水，都是从顶部靠重力沿管壁流下的，故不需进行流动阻力计算。

强制对流风冷冷凝器和蒸发式冷凝器所需的风机及水泵，均已由生产厂配置好，故在工程中不需要另行选取。

3.2.3 强化冷凝器中传热的途径

强化冷凝器中的传热以提高它的换热效率，一方面是设备制造的优化设计，使得设备在结构上具备有利于提高换热效率的条件；另一方面是设备的使用者在运行管理中应当排除各种不利因素，使得设备总是处于高效的换热状态。这两方面的目标是一致的，又必须密切配合才能使得共同的目标得以实现。

主要有以下措施：

1）改变传热表面的几何特征。例如在垂直管的外表面上开槽构成纵向肋片管，这不仅增大传热面积，更重要的是凝液由于表面张力的作用向槽底积聚，顺槽向下流动脱离，使肋片的脊背和侧面只有极薄的液膜，从而大大降低了热阻，提高了传热效率。

2）减小凝液液膜的厚度。利用高速气流冲散凝液液膜，这种措施已在立壳式冷凝器中采用，从而克服了垂直管外液膜厚度越到底越厚的弱点，同时也加快了凝液从传热面脱离。

3）及时排除制冷系统中的不凝性气体。在系统中总会有一些空气和制冷剂及润滑油在高温下分解出来的氮气、氢气等，这些气体的存在会影响制冷剂蒸气的凝结，从而影响其传热效率。

4）及时分离出制冷系统中的润滑油。制冷系统压缩机中的润滑油雾化后随排气进入高压系统，为避免进入冷凝器，排气通过油分离器将大部分油分离出去，防止在冷凝器中形成较厚油膜，影响冷凝器的换热效率。

5）注意冷却水的情况。水垢是构成冷凝器中导热热阻的一大成分，在运行管理中要注意水质的变化，水垢层达到一定程度时应及时清洗冷凝器。水的流速对传热的影响很大，从增强传热的角度来说，希望水在管内的流速应尽量高，在卧壳式冷凝器中要注意端盖内侧的分水肋处是否有短路情况。水流速采用 $0.5\sim2.0\text{m/s}$ 为宜，实验证明，高流速超过一定的极限流速后，冷却水对管壁具有侵蚀作用。

冷凝器小结

1. 冷凝器的作用是使制冷剂过热蒸气放热冷凝为液态制冷剂。

2. 冷凝器可分为水冷却式冷凝器、空气冷却式冷凝器、水-空气冷却式冷凝器三种类型。常用的水冷式冷凝器有立式壳管式、卧式壳管式、套管式等型式。空气冷却式冷凝器可分为自然对流和强制对流两种型式。水-空气冷却式冷凝器包括蒸发式冷凝器和淋激式冷凝器两大类。

3. 冷凝器的选择计算是选择合适的冷凝器形式，确定其传热面积，计算冷却介质（水或空气）的流量和流过冷凝器的流动阻力。

4. 提高冷凝器换热效率的途径有两个：一是优化设计，二是加强运行管理。

3.3　蒸发器

在制冷系统中，蒸发器的作用是依靠节流后的低温低压制冷剂液体在蒸发器管路内的沸腾（习惯上称为蒸发），吸收被冷却介质的热量，达到制冷降温的目的。

3.3.1　蒸发器的类型及结构

被蒸发器冷却的介质通常是水或空气，按照被冷却介质的不同，蒸发器可分为冷却液体的蒸发器和冷却空气的蒸发器。

1. 冷却液体的蒸发器

冷却液体的蒸发器有壳管式蒸发器、沉浸式蒸发器等。壳管式蒸发器均为卧式，卧壳式蒸发器的结构形式与卧式壳管式冷凝器基本相似，根据制冷剂在壳体内或换热管内的流动，分为满液式壳管蒸发器和干式壳管蒸发器。沉浸式蒸发器又称为水箱式蒸发器，蒸发器的管组沉浸在盛满水或盐水的箱体（或池、槽）内，根据水箱中管组的形式不同，沉浸式蒸发器又分为直立管式蒸发器、螺旋管式蒸发器及蛇管式蒸发器等几种。

（1）满液式壳管蒸发器　满液式壳管蒸发器的构造如图3-39所示。其外壳是用钢板焊成的圆筒，在圆筒的两端焊有管板，换热管用焊接法或胀管法固定在管板上。氨用蒸发器的换热管一般为无缝钢管，氟利昂蒸发器一般多用铜管（采用低肋管）。制冷剂在管外空间汽化，载冷剂在管内流动。为了保证载冷剂在管内具有一定的流速，在两端盖内铸有隔板，使载冷剂多流程通过蒸发器。

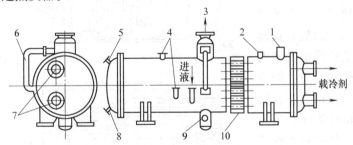

图 3-39　满液式壳管蒸发器

1—安全阀接头　2—压力表接头　3—制冷剂蒸气出口　4—浮球阀接头　5—放空气旋塞
接头　6—液位管　7—载冷剂接口　8—泄水旋塞接头　9—放油管接头　10—换热管

为了能观察到蒸发器内的液位，在液体分离器和壳体之间装设一根旁通管，旁通管上的结霜处即表示了蒸发器内的液位。由于制冷剂汽化时会产生大量气泡，为了避免液体被带出蒸发器，充注制冷剂时应在筒内上部留有空间，对于氨制冷剂，充液高度约为筒径的70%～80%；氟利昂起泡现象严重，充液量应在 55%～65% 左右。如果液面较低，则换热管不能充分发挥其传热作用；反之如果液面过高，则有将液体带入压缩机的危险。液面上裸露的换热管，也能被制冷剂泡沫润湿，起到传热作用。

当用来冷却淡水时，蒸发温度不宜低于0℃，以免发生冻结危险致使换热管被胀裂。

满液式壳管蒸发器大多用于陆用氨制冷装置中。在船用制冷装置中，由于船体摇晃可能使液体被压缩机吸回。在氟利昂制冷系统中，由于充液量大，制冷剂价格昂贵，并且蒸发器内的润滑油返回压缩机困难，宜采用干式壳管蒸发器。

（2）干式壳管蒸发器　干式壳管蒸发器的外形和结构，与满液式壳管蒸发器基本相同，主要不同点在于：干式壳管蒸发器中制冷剂在换热管内汽化吸热，制冷剂液体的充灌量很少，大约为管组内容积的35%～40%。液体载冷剂在管外流动，为了提高载冷剂的流速，在筒体内横跨管束装有多块折流扳。

（3）直立管式蒸发器　直立管式蒸发器主要用于氨制冷装置，其结构如图3-40所示。

直立管式蒸发器用无缝钢管焊制而成，蒸发器以管组为单位，根据不同容量的要求，可由若干管组组成。蒸发器的管组安装在矩形金属箱中。在管组的上端，上集管接气液分离器，下集管接集油器。氨液从中间的进液管进入蒸发器。供液管由上集管一直伸到下集管，这样使氨液进入下集管后，均匀的进入各立管中去。制冷剂在立管中吸收载冷剂的热量，汽化成制冷剂蒸气。制冷剂蒸气进入上集管，经气液分离后，通过集气管被压缩机吸走。集油器上端由一根管子与集气管相通，以便将冷冻机油中的制冷剂抽走，积存的冷冻机油定期从放油管放出。为了提高直立管式蒸发器的换热效果，在水箱内装有搅拌器。

直立管式蒸发器的传热性能好，金属耗量大，占地面积大，只能适用于氨作制冷剂，在工厂中用得较多。由于水或盐水直接暴露在空气中，对金属的腐蚀比较严重。

（4）螺旋管式蒸发器　螺旋管式蒸发器的结构与直立管式蒸发器的结构基本相同，换热管采用单头螺旋管或双头螺旋管代替直立管管束，高度比直立管管束要小一些。其适用于氨制冷系统中，冷却水或盐水。螺旋管式蒸发器除了具有直立管式蒸发器的优点外，其传热性能更好，结构紧凑，在相同的传热面积下，比直立管式蒸发器的体积小，节省金属材料，有逐渐代替直立管式蒸发器的趋势。

（5）蛇管式蒸发器　蛇管式蒸发器是小型氟利昂装置中常用的一种蒸发器，由一组或几组铜管用弯管机弯制成蛇形盘管。蒸发器浸没在盛满载冷剂（水或盐

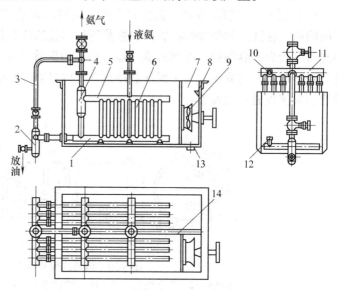

图3-40　直立管式蒸发器

1—下集管　2—集油器　3—均压管　4—气液分离器　5—上集管
6—换热立管　7—水箱　8—溢流口　9—搅拌器　10、12—远距离
液面指示器接口　11—集气管　13—放水口　14—隔板

水等）的水箱中，箱体一端装有搅拌器。氟利昂液体从蒸发器上部供入，通过盘管传热表面吸热后汽化，蒸气从下部经回气管被制冷压缩机吸走。载冷剂水或盐水在搅拌器的搅动下在箱内循环流动，与管内流动的制冷剂进行热量交换。

2. 冷却空气的蒸发器

冷却空气的蒸发器主要用于冷藏库、冰柜、空调中，制冷剂在管内直接蒸发来冷却管外的空气。按照管外空气流动的原因可分自然对流式和强制对流式两种。

（1）自然对流式冷却空气的蒸发器　自然对流式冷却空气的蒸发器主要应用于电冰箱、冷柜、冷藏库等中小型制冷设备中。蒸发器传热面的结构形式不同，主要用于电冰箱的有铝复合板式、管板式、单脊翅片管式、层架盘管式蒸发器，冷藏箱和冷藏库中广泛采用排管式蒸发器。

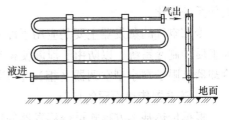

图 3-41　盘管式墙排管蒸发器

排管式蒸发器是利用制冷剂在排管内流动并汽化而吸收冷藏箱（或冷藏库）内储存的物体的热量，并达到冷藏温度，多用于空气流动空间不大的冷库内。

排管式蒸发器结构简单，但形式多样，按排管的安装位置可分为墙排管、顶排管、搁架式排管等。墙排管是靠墙安装，顶排管则是吊装在顶棚的下面，搁架式排管被放置在库房的中央，并作为放置被冷冻食品的搁架。

如图 3-41 所示为盘管式墙排管蒸发器，排管由无缝钢管弯制而成，水平安装，氨液从盘管下部进入，当流过全部盘管蒸发后，气体从上部排出。排管式蒸发器结构简单，易于制作，充液量小；但管内制冷剂流动阻力大，蒸发时产生的蒸气不易排出，传热效果较差。

（2）强制对流式冷却空气的蒸发器　强制对流式冷却空气的蒸发器又称为直接蒸发式空气冷却器，在冷库或空调系统中又称为冷风机。它由几排带肋片的盘管和风机组成，依靠风机的强制作用，使被冷却房间的空气通过盘管表面，管内制冷剂吸热汽化，管外空气被冷却降温后送入房间。其结构如图 3-42 所示。氨用蒸发器一般用无缝钢管制成，管外绕以钢肋片。氟利昂用蒸发器一般用铜管制成，管外肋片为铜片或铝片。

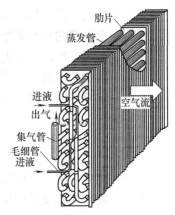

图 3-42　直接蒸发式空气冷却器

直接蒸发式空气冷却器直接靠制冷剂液体的汽化来冷却空气，因而冷量损失小，空气降温速度较快，结构紧凑，使用和管理方便，易于实现自动化。

3.3.2　蒸发器的选择计算

蒸发器的选择计算主要是根据制冷量和生产工艺的要求，确定蒸发器的传热面积，选择合适形式的蒸发器，并计算载冷剂的循环量等。其计算方法与冷凝器的选择计算基本相似。

1. 蒸发器形式的选择

卧式壳管式蒸发器是现今在空调用冷水机组中应用最为广泛的蒸发器，适用于闭式冷冻水系统。它具有传热效率高，占地面积小，与卧壳式冷凝器一起配合使用可以充分利用空间布置。在设计机房时，应给它们留有足够的清洗距离（空间）。

船用壳管式蒸发器应选用干式蒸发器，以防止因船舶的摇晃而使压缩机吸回液态制冷剂导致液击毁机。

沉浸式蒸发器适用于开式冷冻水系统中，它具有传热系数高、水量大、蓄冷能力强、制冷工况稳定等突出的优点，而且不需要另设水池和便于水泵启动的高位水箱，既可减少投资又使系统简化。

　　冷却空气的蒸发器主要是应用于冷库；空调系统用来冷却空气，只能适用于以氟利昂作为工质的制冷系统，以防由于泄漏使得空气受到污染。因此在空调装置中，直接蒸发式空气冷却器已限于在小型空调器（柜）中使用。

　　2. 蒸发器传热面积的计算

　　根据传热基本方程式可得蒸发器的传热面积计算式为

$$F = \frac{Q_0}{K\Delta t_m} = \frac{Q_0}{q_F}$$

式中　F——蒸发器的传热面积，单位为 m^2；

　　　Q_0——制冷量，即蒸发器的热负荷，单位为 W。它等于用户的耗冷量与制冷系统冷量损失之和。用户的耗冷量一般是给定的，也可以根据生产工艺和空调负荷进行计算，制冷系统冷量损失一般用附加值计算，直接供冷系统一般附加 5% ~ 7%，间接供冷系统一般附加 7% ~ 15%；

　　　K——蒸发器的传热系数，单位为 W/（$m^2 \cdot ℃$）。其值可按传热学中有关公式计算，或根据生产厂家提供的产品样本来确定，也可参考有关设计手册与设备手册提供的数据确定。表 3-3 列举了常用蒸发器的 K 值，以供参考；

　　　Δt_m——蒸发器的传热平均温差，单位为℃；可按下式计算：

$$\Delta t_m = \frac{t_1' - t_2'}{\ln \dfrac{t_1' - t_0}{t_2' - t_0}}$$

式中　t_0——蒸发温度，单位为℃；

　　t_1'、t_2'——被冷却介质进口和出口温度，单位为℃。

　　　q_F——蒸发器的单位面积热负荷，即热流密度，单位为 W/m^2，其经验数据可按表 3-3 推荐值选取。

表 3-3　常用蒸发器的传热系数 K 和热流密度 q_F 推荐值

蒸发器形式	载冷剂	传热系数 K /[W/($m^2 \cdot ℃$)]	热流密度 q_F /(W/m^2)	使用条件
氨用蒸发器				
直立管式	水	500 ~ 700	2500 ~ 3500	平均传热温差 4~6℃
螺旋管式	水	500 ~ 700	2500 ~ 3500	载冷剂流速 0.3 ~ 0.7m/s
满液式	水	500 ~ 750	3000 ~ 4000	平均传热温差 5 ~ 7℃ 载冷剂流速 1 ~ 1.5m/s
氟利昂用蒸发器				
蛇管式	水	350 ~ 450	1700 ~ 2300	有搅拌器
（R22）	水	170 ~ 200		无搅拌器
满液式	水	800 ~ 1400 （以外表面计算）		水速 1.0 ~ 2.4m/s 低肋管,肋化系数≥3.5
干式 （R22）	水	800 ~ 1000	5000 ~ 7000	平均传热温差 5 ~ 7℃ 换热管用光铜管 ϕ12mm

（续）

蒸发器形式	载冷剂	传热系数 K /[W/(m² · ℃)]	热流密度 q_F /(W/m²)	使用条件
套管式 （R22、R134a、R404A）	水	900 ~ 1100 （以外表面积计算）	7500 ~ 10000	水流速 1.0 ~ 1.2m/s 低肋管,肋化系数≥3.5
直接蒸发式 空气冷却器	空气	30 ~ 40 （以外表面积计算）	450 ~ 500	蒸发管组 4 ~ 8 排 迎面风速 2.5 ~ 3m/s 平均传热温差 8 ~ 12℃
冷排管	空气	8 ~ 14		空气自然对流,风速 2 ~ 3m/s

3. 被冷却介质流量的计算

与冷凝器中冷却介质流量的计算方法相同,不再重复。

3.3.3　强化蒸发器中传热的途径

蒸发器制冷剂一侧沸腾放热系数远高于被冷却介质一侧的受迫流动放热。增强被冷却介质一侧的放热系数对提高蒸发器的传热系数至关重要,特别是对于冷却空气用的蒸发器。

影响制冷剂一侧沸腾放热的因素除了制冷剂本身的物理性质之外,传热面的表面特征也是很重要的因素,粗糙的表面比光滑的表面有利于气泡的生成和跃离。从使用设备的角度来说,为强化蒸发器中的传热,应注意以下几个问题。

1）蒸发产生的蒸气应能够从传热表面上迅速脱离,并且尽量缩短其离开蒸发表面的距离。

2）在氨蒸发器中,传热面上的油膜热阻不可忽视,因此需要定期放油。

3）适当提高被冷却介质的流速是提高被冷却介质一侧放热系数的有效途径。

4）及时清除被冷却介质一侧传热面的水垢、灰尘。

5）避免蒸发温度过低,致使传热面上结冰或结霜过厚,以免增加传热热阻。冷库中冷却排管和冷风机要定期除霜。

> **蒸发器小结**
>
> 1. 蒸发器的作用是使节流后的低温低压制冷剂液体蒸发吸热,对被冷却对象制冷降温。
>
> 2. 蒸发器可分为冷却液体的蒸发器和冷却空气的蒸发器。冷却液体的蒸发器有壳管式蒸发器、沉浸式蒸发器等。壳管式蒸发器分为满液式壳管蒸发器和干式壳管蒸发器;沉浸式蒸发器分为直立管式蒸发器、螺旋管式蒸发器及蛇管式蒸发器等几种。冷却空气的蒸发器分为自然对流式和强制对流式两种。
>
> 3. 蒸发器的选择计算主要是根据制冷量和生产工艺的要求,确定蒸发器的传热面积,选择合适形式的蒸发器,并计算载冷剂的循环量等。
>
> 4. 提高蒸发器的传热,重要的是增强被冷却介质一侧的放热系数。影响制冷剂一侧放热系数的因素是制冷剂的物理性质和传热面的表面特征。

3.4　节流机构

节流机构是制冷装置中的重要部件之一，其作用是将冷凝器或贮液器中冷凝压力下的饱和制冷剂液体（或过冷液体）节流降压至蒸发压力和蒸发温度，同时根据制冷负荷的变化调节进入蒸发器的制冷剂流量。

常用的节流机构有毛细管、手动节流阀、热力膨胀阀、浮球调节阀等，毛细管不具备调节功能，而三种节流阀还可以调节进入蒸发器制冷剂的流量，以适应制冷负荷的变化，从而实现调节制冷量的目的。

3.4.1　手动节流阀

手动节流阀又称为调节阀或膨胀阀，是最老式的节流阀，多用于氨制冷装置，用手动方式调整阀孔的流通面积来改变向蒸发器的供液量。手动节流阀的结构如图3-43所示，由阀体、阀芯、阀杆、填料压盖、上盖和手轮等零件组成。阀芯为针形或具有 V 形缺口的锥体，阀杆采用细牙螺纹，便于微量启闭阀芯。旋转手轮时，阀门的开启度缓慢地增大或减小，保证良好的调节性能。

手动节流阀开启的大小，需要操作人员频繁地调节，以适应负荷的变化。通常开启度为 1/8 ~ 1/4 圈，一般不超过一圈，开启度过大就起不到节流降压的作用。

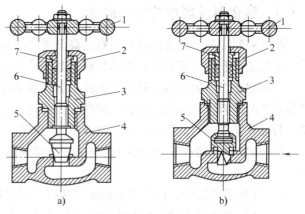

图 3-43　手动节流阀
a）针形锥体阀芯　b）V 形缺口锥体阀芯
1—手轮　2—上盖　3—填料函　4—阀体
5—阀芯　6—阀杆　7—填料压盖

手动节流阀现已大部分被自动节流机构取代，只有氨制冷系统或试验装置中还在使用。在氟利昂制冷系统中，手动节流阀作为备用阀安装在旁通管路上，以便自动节流机构维修时使用。

3.4.2　浮球调节阀

浮球调节阀简称浮球阀，是根据液位变化进行流量控制的调节阀，起着节流降压和控制液位的作用。它是一种自动调节的节流阀，常用于具有自由液面的蒸发器（如壳管式、立管式及螺旋管式等）、气液分离器和中间冷却器供液量的自动调节。目前其主要用于氨制冷装置中。

浮球阀按制冷剂液体在其中的流通方式可分为直通式及非直通式两种。图3-44为它们的结构示意图及非直通式的管路系统。浮球阀是用液体连接管及气体连接管分别与蒸发器（或中间冷却器）的液体部分及气体部分连通，因而两者中具有相同的液位。当蒸发器（或中间冷却器）内的液面下降时阀体内的液面也随之下降，浮球落下，针阀便将阀孔开大，于是供液量增大。反之，当液面上升时浮球上升，阀孔开度减小，供液量减小。而当液面升高到一定的限度时阀孔被关死，即停止供液。

直通式及非直通式浮球阀中液体的流通方式是不相同的。在直通式浮球阀中液体经阀孔节流后先流入壳体内，再经液体连接管进入蒸发器（或中间冷却器）中，而节流时产生的蒸气则经气体连接管进入蒸发器（或中间冷却器）中。在非直通式浮球阀中液体不进入阀体，而是用一单独的管路送入蒸发器（或中间冷却器）中。直通式浮球阀比较简单，但阀体内因液体进入时的冲击作用往往引起液面波动较大，使浮球阀的工作不稳定，而且液体从阀体流入蒸发器（或中间冷却器）是依靠液位差，因而只能供液到液面以下。非直通式浮球阀工作较稳定，因节流后的压力高于蒸发器（或中间冷却器）压力，可以供液到任何地点。

图 3-44c 表示了非直通式浮球调节阀的管路连接系统，制冷剂液体可以由最下面实线表示的管子供入蒸发器，也可以由上面虚线表示的管子供入蒸发器。

在浮球调节阀前都设有过滤器，以防治污物堵塞阀口，保证阀的灵敏性和可靠性。过滤器应定期进行检查和清洗。在浮球调节阀的管路系统中，一般都装有手动节流阀的旁路系统，浮球调节阀发生故障或清洗过滤器时，可以用手动节流阀来调节供液。浮球调节阀前还装有截止阀，停机后应立即关闭，防止大量制冷剂液体进入蒸发器。

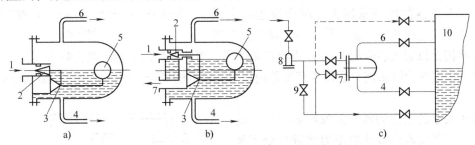

图 3-44　浮球阀的结构示意及管路系统图

a）直通式　b）非直通式　c）非直通式的管路系统

1—液体进口　2—针阀　3—支点　4—液体连接管　5—浮球　6—气体连接管

7—液体出口　8—过滤器　9—手动节流阀　10—蒸发器或中冷器

3.4.3　热力膨胀阀

热力膨胀阀普遍适用于氟利昂制冷系统中，是温度调节式节流阀，又称为热力调节阀。随蒸发器出口处制冷剂温度的变化，通过感温机构的作用，自动调节阀的开启度来控制制冷剂流量。热力膨胀阀主要由阀体、感温包和毛细管组成，适用于没有自由液面的蒸发器，如干式蒸发器、蛇管式蒸发器和蛇管式中间冷却器等。

热力膨胀阀按膜片平衡方式不同又分为内平衡式和外平衡式两种。当制冷剂流经蒸发器的阻力较小时，最好采用内平衡式热力膨胀阀；反之，当蒸发器阻力较大时，一般超过0.03MPa 时，应采用外平衡式热力膨胀阀。

1. 内平衡式热力膨胀阀

内平衡式热力膨胀阀由阀体、阀座、顶杆、阀针、弹簧、调节杆、感温包、毛细管、膜片等部件组成，如图 3-45 所示。

图 3-46 为内平衡式热力膨胀阀的安装与工作原理图，膨胀阀安装在蒸发器的进液管上，感温包敷设在蒸发器回气管的外壁上。在感温包中，充注有制冷剂的液体或其他感温剂。通常情况下，感温包中充注的工质与制冷系统中的制冷剂相同。

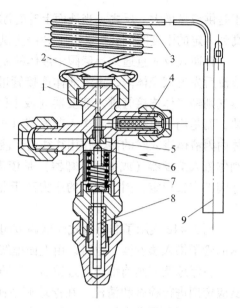

热力膨胀阀的工作原理是建立在力平衡基础上的。热力膨胀阀对制冷剂流量的调节是通过膜片上三个作用力的变化而自动进行的。膜片是一块厚 $0.1 \sim 0.2 \mathrm{mm}$ 的铍青铜合金片，其断面冲压成波浪形。作用在膜片上方的是感温包内感温工质的气体压力 p_g，膜片下方作用着制冷剂的蒸发压力 p_0 和弹簧力 p_w，在平衡状态时，$p_g = p_0 + p_w$。当蒸发器的供液量小于蒸发器热负荷的需要时，蒸发器出口处蒸气的过热度就增大，则感温包感受到的温度提高，使对应的 p_g 随之升高，三力失去平衡，$p_g > p_0 + p_w$，使膜片向下弯曲，通过顶杆推动阀针增大开启度，则蒸发器的供液量增大，制冷量也随之增大；反之，阀逐渐关闭，供液量减少。膜片上下侧

图 3-45　内平衡式热力膨胀阀
1—顶杆　2—膜片　3—毛细管　4—阀体
5—阀座　6—阀针　7—弹簧　8—调节杆
9—感温包

的压力平衡是以蒸发器内压力 p_0 作为稳定条件的，因此称为内平衡式热力膨胀阀。

内平衡式热力膨胀阀只适用于蒸发器内部阻力较小的场合，广泛应用于小型制冷机和空调机。

对于大型的制冷装置及蒸发器阻力较大的场合，由于蒸发器出口处的压力比进口处下降较大，若使用内平衡式热力膨胀阀，将增加阀门的静装配过热度，相应减少了阀门的工作过热度，导致热力膨胀阀供液不足或根本不能开启，影响蒸发器的工作。对于蒸发器管路较长，或是多组蒸发器装有分液器时，应采用外平衡式热力膨胀阀。

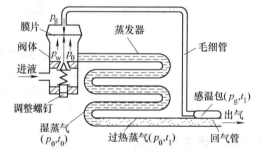

**图 3-46　内平衡式热力膨胀
阀的安装与工作原理**

2. 外平衡式热力膨胀阀

外平衡式热力膨胀阀如图 3-47 所示。其构造与内平衡式热力膨胀阀基本相似，但是其膜片下方不与供入的液体接触，而是与阀的进、出口处用一隔板隔开，在膜片与隔板之间引出一根平衡管连接到蒸发器的管路上，如图 3-48 所示。另外，调节杆的形式也有所不同。

对于外平衡式热力膨胀阀，作用于膜片下方的制冷剂压力不是节流后蒸发器进口处的压力 p_0，而是蒸发器出口处的压力 p_c，膜片受力平衡时，$p_g = p_c + p_w$。可见，阀的开启度不受蒸发器盘管内流动阻力的影响，从而克服了内平衡式的缺点。

外平衡式热力膨胀阀可以改善蒸发器的工作条件，但结构比较复杂，安装与调试比较复杂，因此，只有蒸发器的压力损失较大时才采用外平衡式热力膨胀阀。

选用的热力膨胀阀的制冷量应大于蒸发器的制冷量，安装前应检查热力膨胀阀是否完好。在氟利昂制冷系统中，热力膨胀阀安装在蒸发器入口处的供液管路上。热力膨胀阀应靠近蒸发器安装，阀体应垂直安装，不能倾斜或颠倒安装。感温包应装设在蒸发器出口处的吸气管路上，要远离压缩机吸气口 1.5m 以上。感温包的安装对热力膨胀阀有很大影响，实际工程中是将感温包绑扎在吸气管道上的，如图 3-49 所示。首先将绑扎感温包的吸气管段上的氧化皮清除干净，露出金属本色，并涂上一层铝漆作保护层，以防生锈；然后用两块厚度为 0.5mm 的铜片将吸气管和感温包紧紧包住，并用螺钉拧紧，以增强传热效果（吸气管管径较小时可用一块较宽的金属片固定）。当吸气管外径小于 22mm 时，可将感温包绑扎在吸气管上面；当吸气管外径大于 22mm 时，应将感温包绑扎在吸气管水平轴线以下与水平线成 30°角左右的位置上，以免吸气管内积液（或积油）而使感温包的传感温度不正确。为防止感温包受外界空气温度的影响，需在外面包扎一层软性泡沫塑料做隔热层。

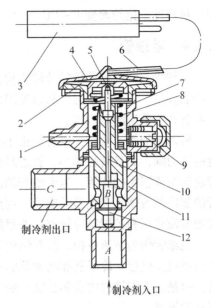

图 3-47　外平衡式热力膨胀阀

1—平衡管接头　2—薄膜外室　3—感温包
4—薄膜内室　5—膜片　6—毛细管　7—上
阀体　8—弹簧　9—调节杆　10—顶杆
11—下阀体　12—阀芯

感温包不能安装在有积存液体的吸气管处。蒸发器出口处吸气管需要垂直安装时，吸气管垂直安装处应有存液管，否则应将感温包安装在立管上。

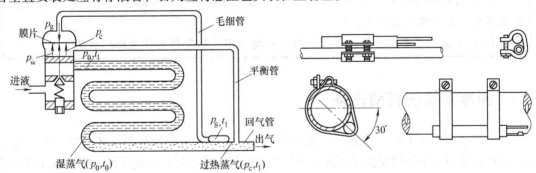

图 3-48　外平衡式热力膨胀阀的安装与工作原理　　　图 3-49　感温包的安装方法

调整热力膨胀阀阀芯下方弹簧的压紧程度，即对热力膨胀阀进行调试。必须在制冷装置正常运转状态下进行，最好在压缩机吸气截止阀处装一块压力表，通过观察压力表来判断调整是否合适。如果蒸发器离压缩机较远，也可根据回气管的结霜（中、低温制冷）或结露（空调用制冷）情况进行判断。对于中、低温制冷装置，如果挂霜后有粘手的阴凉感觉，表明此时膨胀阀的开度适宜。在空调用制冷装置中，蒸发温度一般在 0℃ 以上，回气管应该结露。调试工作要细致认真，一般分粗调和细调两段进行，粗调每次可旋转调节螺钉（即调节螺杆）一周左右，当接近需要的调整状态时，再进行细调。细调时每次旋转 1/4 周，调整一次后观察 20min 左右，直到符合为止。调节螺杆转动的周数不宜过多，调节螺杆转动一周, 过热度变化约改变 $1 \sim 2 ℃$ 。

3.4.4 毛细管

毛细管是一种最简单的节流机构。在电冰箱、窗式空调器、小型降湿机等小型的氟利昂制冷装置中, 由于冷凝温度和蒸发温度变化不大, 且制冷量较小, 为了简化结构, 一般都用毛细管作为节流降压机构。

所谓毛细管, 就是一根直径很小的紫铜管。流体流经管道时要克服管道的阻力, 就有一定的压力降, 而且管径越小、管道越长, 压力降也就越大。所以制冷剂流经毛细管时, 毛细管起到节流膨胀的作用。当毛细管的内径和长度一定且毛细管两端压力差一定时, 通过毛细管的制冷剂液体流量也是一定的。由此, 可以选择适当直径和长度的毛细管作为节流机构, 实现节流降压和控制制冷剂流量的目的。

毛细管作为节流机构, 具有结构简单、制造方便、价格便宜和不易发生故障等优点, 而且压缩机停机后, 冷凝器和蒸发器的压力可以自动达到平衡, 减轻了再次启动电动机时的负荷。但是, 毛细管的内径和长度一定, 在毛细管两端的压力差保持不变的情况下, 不能调节制冷剂流量。

节流机构小结

1. 节流机构的作用是节流降压和调节流量。
2. 常用的节流机构有毛细管、手动节流阀、热力膨胀阀、浮球调节阀等。
3. 热力膨胀阀主要由阀体、感温包和毛细管组成, 有内平衡式和外平衡式两种。
4. 热力膨胀阀的阀体应垂直安装在蒸发器入口处的供液管路上, 感温包应装设在蒸发器出口处的吸气管路上。
5. 电冰箱、窗式空调器、小型降湿机一般都用毛细管作为节流降压机构。

3.5 制冷系统的辅助设备

制冷系统中除压缩机、冷凝器、蒸发器、节流机构等主要设备外, 还包括一些辅助设备, 这些辅助设备的作用是保证制冷装置的正常运行, 提高运行的经济性, 保证操作的安全可靠。在小型制冷装置中, 为了简化设备, 往往将某些辅助设备省去。

3.5.1 分离设备

1. 油分离器

制冷系统在运行过程中, 润滑油往往会随压缩机排气进入冷凝器甚至蒸发器, 在传热壁面上凝成一层油膜, 使冷凝器或蒸发器的传热效果降低。所以要在压缩机和冷凝器之间设置油分离器, 把压缩机排出的过热蒸气中夹带的润滑油在进入冷凝器之前分离出来。

油分离器的基本工作原理是利用油滴与制冷剂蒸气的密度不同, 通过降低混有润滑油的制冷剂蒸气的温度和流速分离出润滑油。常用的油分离器有洗涤式、离心式、填料式及过滤式等。

（1）洗涤式油分离器　洗涤式油分离器是氨制冷系统中常用的油分离器，如图 3-50 所示。洗涤式油分离器的壳体是用钢板卷焊成的筒体。筒体上、下两端焊有钢板制成的封头。进气管由上封头中心处伸入到油分离器内稳定的工作液面以下，出口端四周开有四个矩形出气口，底部用钢板焊死，防止高速的过热蒸气直接冲击油分离器底部，将沉积的润滑油冲起。洗涤式油分离器内进气管的中上部设有多孔伞形挡板，进气管上有一平衡孔位于伞形挡板之下、工作液面之上。平衡孔的作用是为了平衡压缩机的排气管路、油分离器和冷凝器间的压力，当压缩机停机时，不致因冷凝压力高于排气压力而将油分离器中的氨液压入压缩机的排气管道中。筒体上部焊有出气管伸入筒体内，并向上开口。筒体下部有进液管和放油管接口。

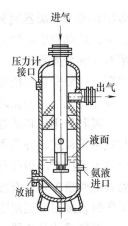

图 3-50　洗涤式油分离器

　　洗涤式油分离器工作时，筒内氨液应保持一定的高度，使得压缩机排出的过热蒸气进入油分离器后，经进气管出气口流出时，能与氨液充分接触而被冷却。同时受到液体阻力和油分离器内流通断面突然扩大的作用，使制冷剂蒸气流速迅速下降。制冷剂蒸气中夹带的大部分润滑油会凝结成较大的油滴而被分离出来。筒体内部分氨液吸热后汽化并随同被冷却的制冷剂排气，经伞形挡板受阻折流后，由排气管送往冷凝器。润滑油密度比氨液大，可逐渐沉积在油分离器的底部，定期通过集油器排向油处理系统。

　　在洗涤式油分离器中，氨液的洗涤、冷却作用是主要的，所以必须保持分离器内氨液的正常液面。一般氨液液面应比进气管底部高出 125～150mm，并需保持稳定。氨液由冷凝器或贮液器供给，为此安装时，油分离器上液面必须比冷凝器或贮液器的氨供液管低 150～250mm，以保证向油分离器连续供液，氨气在油分离器内流速不大于 0.8～1.0m/s，分油效率大约为 80%～85%。

　　（2）离心式油分离器　离心式油分离器适用于大中型制冷装置，它的结构如图 3-51 所示。在筒体上部设有螺旋状导向叶片，进气从筒体上部沿切线方向进入后，顺导向叶片自上而下作螺旋状流动，在离心力的作用下，进气中的油滴被分离出来，沿筒体内壁流下，制冷剂蒸气由筒体中央的中心管经三层筛板过滤后从筒体顶部排出。筒体中部设有倾斜挡板，将高速旋转的气流与储油室隔开，同时也能使分离出来的油沿挡油板流到下部储油室。储油室积存的油可通过筒体下部的浮球阀装置自动返回压缩机，也可采用手动方式回油。在有的离心式油分离器外，还加有冷却水套以期提高分油效果，并对操作人员减少烫伤危险。

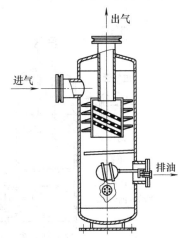

图 3-51　离心式油分离器

　　（3）填料式油分离器　氨用填料式油分离器结构如图 3-52 所示，在钢板焊制的密闭容器内用钢板隔成上、下两部分，隔板中心间焊有钢管连通，钢管四周设有填料层。填料层的上、下方用两块多孔的钢板固定，填料层下面焊有伞形挡板。容器上部有进气口和出气口管接头，下部有放油和排污管接头。制冷剂过热蒸气从进气管进入油分离器的上部，由于气体流通截面积突然扩大及通过填料层时气流不断受阻改变流向，流速减慢，润滑油就从制冷剂蒸气中分离出来，向下滴落积存在油分离器底部。分油后的制冷剂蒸气经反复折流，最终由中心管通往出气管，流向冷凝器。氨用填料式油分离器有 A、B 两种形式，A 型壳体外焊有水套，一般安装在压缩机机组上，B 型没有水套，安装在压缩机与冷凝器之间。

氟利昂用填料式油分离器结构如图 3-53 所示，它与氨用填料式油分离器的结构基本相同，不同之处是筒体上部没有隔板隔开进气管和出气管，下部除有手动放油阀接头外还有浮球控制的自动回油阀，以便在工作时直接回油至制冷压缩机的曲轴箱内。

填料式油分离器是干式油分离器的一种，主要是通过降低蒸气流速、改变流向及填料过滤来分离润滑油，分油效果好（可高达 96% ~ 98%），结构简单，但填料层阻力较大，适用于大、中型制冷装置。

（4）过滤式油分离器　过滤式油分离器多用于小型氟利昂制冷系统中，它也是干式油分离器的一种，

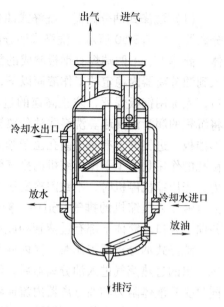

图 3-52　氨用填料式油分离器

结构如图 3-54 所示。在钢板制成的密闭容器上部有进气管和排气管接头，下部有回油手动阀和浮球自动控制回油阀管接头，与压缩机曲轴箱连通，进气管下端设有过滤层。压缩机排出的过热蒸气从油分离器顶部的进气管进入筒体内，由于气体流通截面积突然扩大，流速减慢，再经过几层过滤网的过滤，润滑油就从制冷剂蒸气中分离出来，积聚在油分离器底部，到达一定高度后由浮球自动控制回油阀或手动回油阀在压缩机吸、排气压力差的作用下送回压缩机曲轴箱中。分油后的制冷剂蒸气由上部排气管排出。

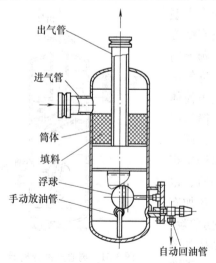

图 3-53　氟利昂用填料式油分离器

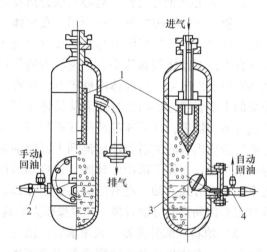

图 3-54　过滤式油分离器
1—铜丝滤网　2—手动回油阀　3—浮球
4—自动回油阀

过滤式油分离器分油效果不如前三种好，但结构简单，制作方便，回油及时，在小型制冷装置中应用相当广泛。

2. 空气分离器

空气分离器又称为不凝性气体分离器，是排除氨制冷系统中空气及其他不凝性气体的一种专门设备。

制冷系统中不凝性气体的主要来源有：在第一次充灌制冷剂前系统中有残留空气；补充润滑油、制冷剂或检修机器设备时，空气混入系统中；当蒸发压力低于大气压力时，空气从不严密处渗入系统中；制冷剂和润滑油分解时产生的不凝性气体。

系统中如果有空气和其他不凝性气体存在，会使冷凝器的传热效果变差，压缩机的排气压力、温度升高，压缩机耗功增加。因此必须将它及时分离出去。

不凝性气体分离器的结构分为卧式和立式两种。图 3-55 所示为广泛用于氨制冷装置的卧式套管式不凝性气体分离器的结构。它由四根不同直径的无缝钢管做成的同心套管焊接而成，其中内管 1 与内管 3 相通，内管 2 与外管 4 相通，外管 4 通过旁通管与内管 1 相通。在旁通管上装有节流阀。不凝性气体分离器的四根套管皆有管接头与各自有关的设备相通。

卧式套管式不凝性气体分离器工作时，从高压贮液器来的氨液经供液节流阀节流后进入不凝性气体分离器

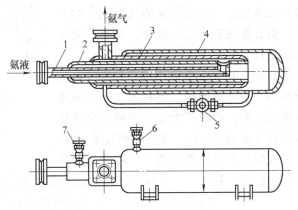

图 3-55　卧式套管式不凝性气体分离器
1—内管 1　2—内管 2　3—内管 3　4—外管 4
5—节流阀　6—混合气体进气管　7—放空气管

的内管 1 和内管 3 腔中，低温氨液吸收管外混合气体的热量而汽化，经内管 3 上的出气管去系统氨液分离器或低压循环贮液器的进气管。自冷凝器和高压贮液器来的混合气体，通过进气管进入不凝性气体分离器的外管 4 和内管 2 腔中，受内管 1、3 腔中的低温氨液的冷却，混合气体中的氨液凝结成液体而与不凝性气体分离。凝结的氨液积聚在外管 4 底部，当氨液积聚到一定量时，关闭内管 1 上的供液节流阀，开启旁通管上的节流阀，由旁通管供入内管 1 作继续蒸发吸热用。而空气和其他不凝性气体经内管 2 上的放空气管阀门缓缓排至盛水的容器中。可以从水中气泡的大小、多少、颜色和声音判断空气是否放尽及空气中的含氨量多少，以便控制。安装卧式套管式不凝性气体分离器时，将不凝性气体分离器稍向后端倾斜，使凝结的氨液能积聚在外管 4 的后半部，便于从旁通管流出。卧式套管式不凝性气体分离器的分离效果较好，操作方便，应用较广。

如图 3-56 所示为立式盘管式不凝性气体分离器，它由钢管壳体和一组蛇形盘管组成。采用冷凝器出来的制冷剂液体节流后送入盘管内蒸发，将盘管外来自冷凝器上部的高压过热蒸气冷却和冷凝。凝结下来的高压液体通过壳体底部的排液管回到贮液器，或者通过膨胀阀送入盘管重新利用。在壳体顶部还设有测温装置，用以监测高压混合液体温度，并通过自控装置控制放空气电磁阀，实现连续工作的自动化操作。

对于氟利昂制冷系统，没有专用的放空气装置，要求系统密封性高。由于空气比氟利昂气体轻，空气积存于冷凝器的上部，停机时打开冷凝器顶部的放空气阀或压缩机排气截止阀多用孔的堵头，放出空气。氟利昂制冷系统放空气最好停机进行，而氨制冷系统放空气则应

在开机时进行。

3. 气液分离器

气液分离器是将制冷剂蒸气与制冷剂液体进行分离的设备,用于重力供液系统。

氨用气液分离器一般具有两方面的作用:一是用来分离由蒸发器来的低压蒸气中的液滴,以保证压缩机吸入的是干饱和蒸气,实现运行安全,即机房用气液分离器;二是使经节流阀供来的气液混合物分离,只让氨液进入蒸发器中,兼有分配液体的作用,即库房用气液分离器。

如图3-57所示为常用的一种立式氨液分离器。其分离原理主要利用气体和液体的密度不同,通过扩大管路通径减小速度以及改变流动的方向,使气体和液体分离。

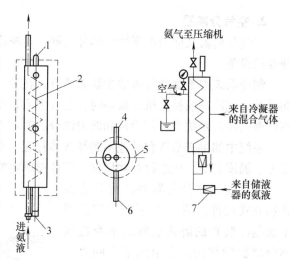

图3-56　立式盘管式不凝性气体分离器
1—温度计插座　2—氨液蒸发蛇形管　3—排液管
4—放空气管　5—软木保温层　6—混合气体
进气管　7—节流阀

在氟利昂制冷系统内,气液分离器主要用于机房。其作用一是储存分离下来的液体制冷剂,防止压缩机发生湿冲程,并防止液体进入压缩机曲轴箱将润滑油稀释;二是返送足够的润滑油回到压缩机,保证曲轴箱内油量正常;三是气液分离器内的盘管可作为回热器,使制冷系统运转良好。

4. 过滤器和干燥器

过滤器用于清除制冷剂中的机械杂质,如金属屑、焊渣、氧化皮等,按用途可分为液体过滤器和气体过滤器两种。干燥过滤器用于氟利昂制冷系统中,既能清除机械杂质,同时又能吸附制冷剂中的水分。

(1)氨液过滤器　氨液过滤器一般装在调节阀、电磁阀、氨泵前的液体管路上,用来过滤氨液中的固体杂质,以防治污物堵塞或损坏阀件,并保护氨泵,以免发生运转故障。氨液过滤器分为直通式和直角式两种。

直通式氨液过滤器结构如图3-58所示,其壳体由铸铁制成,壳体内部支座上装有1~3层网孔为0.4mm的细孔过滤网,过滤网下端有弹簧,下端盖加垫片后用螺钉拧紧。壳体上部有氨液进、出口。安装时应确认液体流向,按照壳体所

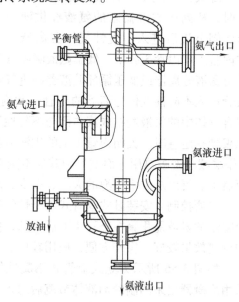

图3-57　立式氨液分离器

示的箭头来连接。工作时氨液从进口流入,经过滤网清除杂质后由出口流出。使用一段时间后,应将过滤器下端盖拆开,取出滤网检查,根据污损情况清洗或更换。

直角式氨液过滤器结构如图3-59所示,其结构、工作原理与直通式基本相同,不同的只是进出口方向。直角式氨液过滤器与管道通常采用螺纹连接。

（2）氨气过滤器　氨气过滤器装在压缩机的吸气管路上，用来过滤和清除氨气中的机械杂质和其他污物，以防止它们进入压缩机。氨气过滤器结构如图 3-60 所示，与氨液过滤器类似，外壳用无缝钢管制作，内部有过滤网，下部有可拆卸的端盖，壳体上有进、出口。安装时应按气流方向与系统吸气管连接，不可装反。

（3）干燥过滤器　干燥过滤器设置在氟利昂制冷系统液体管路的节流阀或热力膨胀阀前，既能清除制冷剂中的机械杂质，又能吸附制冷剂中的水分，防止节流阀或热力膨胀阀脏堵或冰堵，保护系统正常运行。

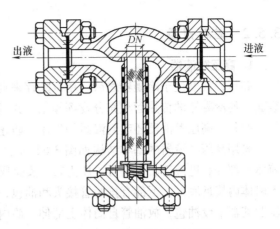

图 3-58　直通式氨液过滤器

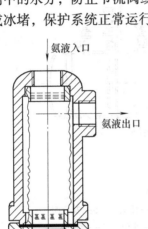

图 3-59　直角式氨液过滤器

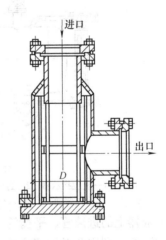

图 3-60　氨气过滤器

干燥过滤器结构如图 3-61 所示，其外壳由无缝钢管制成，壳体内部的进、出口端设置有滤网，滤网采用镀锌铁丝网或铜丝网，两滤网间的空隙装有干燥剂，氟利昂液体从进口流入，经滤网和干燥剂的作用，清除机械杂质和水分后由出液口流出。常用的干燥剂有硅胶、无水氯化钙和分子筛。

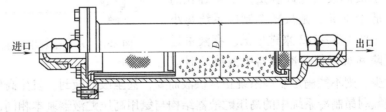

图 3-61　干燥过滤器

在小型氟利昂制冷系统中，也可以不设干燥过滤器，仅在充灌氟利昂时使其通过临时的干燥器即可。

3.5.2 贮存设备

1. 高压贮液器

高压贮液器位于冷凝器之后，用以贮存来自冷凝器的高压液体，不致使液体淹没冷凝器表面，使冷凝器的传热面积充分发挥作用，并且为适应工况变动而调节和稳定制冷剂的循环量。此外，高压贮液器还起到液封的作用，防止高压制冷剂蒸气窜到低压系统管路中去。

氨用高压贮液器的基本结构如图3-62所示。筒体由钢板卷制焊成，两端焊有封头。在筒体上部开有进液管、平衡管、压力表、安全阀、出液管和放空气管等接头，其中出液管伸入筒体内接近底部，下部有排污管接头和油包，油包上装有放油管接头。有些厂家生产的高压贮液器不设油包，放油管自筒体上部伸入筒内接近底部。

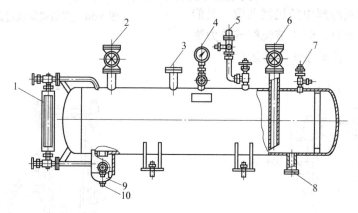

图3-62　氨用高压贮液器

1—液位指示器　2—进液阀　3—气相平衡管　4—压力表　5—安全阀
6—出液阀　7—放空气管接头　8—排污管　9—油包　10—放油管

高压贮液器上的进液管、平衡管分别与冷凝器的出液管、平衡管连接。平衡管可使两个容器的压力平衡，利用两者的液位差，使冷凝器中的液体流进高压贮液器内。高压贮液器的出液管与系统中各有关设备及总调节站连通。放空气管和放油管分别与空气分离器和集油器的有关管路连接。排污管一般与紧急泄氨器连接，当发生重大事故时作紧急处理泄氨液用。高压贮液器贮存的制冷剂液体最大允许容量为本身容积的80%，最少不低于30%，是按整个制冷系统每小时制冷剂循环量的1/3～1/2来选取的。存液量过多，宜发生危险和难以保证冷凝器中液体及时流

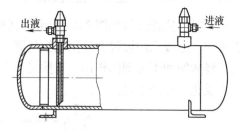

图3-63　小型氟利昂用高压贮液器

入；存液量过少，则不能满足制冷系统正常供液需要，甚至破坏液封，发生高低窜通事故。

大、中型氟利昂制冷系统中的高压贮液器结构与氨用高压贮液器基本相同，而小型氟利昂制冷系统中的高压贮液器结构相对比较简单，如图3-63所示，它只有进、出液管接头。

对于只有一个蒸发器的小型制冷装置，特别是氟利昂制冷装置，因气密性较好，高压贮液器容量可选择得较小，或者不采用高压贮液器，仅在冷凝器下部储存少量液体。

2. 低压循环贮液器

　　低压循环贮液器是液泵供液系统的关键设备，其作用是保证充分供应液泵所需的低压制冷剂液体，同时又能对回气进行气液分离，保证压缩机的干行程。低压循环贮液器有氨用、氟用，立式、卧式之分。图 3-64 所示为立式氨用低压循环贮液器的结构示意图。贮液器的进气管与机房回气总管相连接，而出气管接在氨压缩机的吸气总管上，下部设有出液管与氨泵进液口连接。氨液通过浮球阀进入，并自动保持合理的液面高度。当浮球阀失灵时，可手动调节节流阀供液。

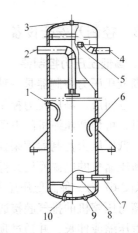

图 3-64　立式氨用低压循环贮液器

1—融霜排液管　2—回气管　3—安全阀
4—压缩机吸气管　5、8—气-液均压管
6—供液管　7—氨泵供液管　9—排
污管　10—放油管

3. 排液桶

　　排液桶的作用是当冷库某些设备检修或冷库的冷却排管和冷风机冲霜时，将液体制冷剂排入其中。与高压贮液器的构造基本相同，如图 3-65 所示，但管路接头用途不同，桶上减压管与气液分离器的进气管连接，用来降低桶内压力。

4. 集油器

　　集油器用于氨制冷系统，是用钢板焊制而成的圆筒形密闭压力容器，如图 3-66 所示。筒体上侧有进油管接头，与油分离器、冷凝器、贮液器、中间冷却器、蒸发器和排液桶等设备的放油管相接，用于收集从各设备放出的润滑油。集油器顶部的回气管接头与系统中氨液分离器或低压循环贮液器的回气管相通，用作回收氨气和降低集油器内的压力。集油器下侧设有放油管，用以回收氨蒸气后将集油器内的油放出。集油器上还装有压力表和玻璃液面指示器。

　　集油器在氨制冷系统中的设置应根据润滑油排放安全、方便的原则。高压部分的集油器一般设置于放油频繁的油分离器附近，低压部分的集油器设置在设备间低压循环贮液器或排液桶附近。

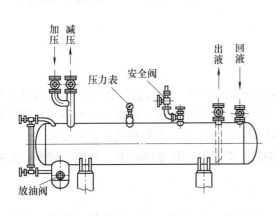

图 3-65　排液桶

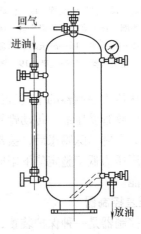

图 3-66　集油器

3.5.3 控制及安全设备

1. 高低压压力控制器

高低压压力控制器是一种受压力信号控制的电开关。它由高压压力控制器和低压压力控制器组合而成。高压压力控制器用来控制冷凝压力不至于过高，当冷凝压力由于某种故障而超高时，可切断压缩机的电源而使其停止运转，以防止因高压超高而发生危险，是安全保护设备；低压压力控制器用来控制蒸发压力不至于过低，当蒸发压力由于负荷变小而超低时，可切断压缩机的电源而使其停止运转，以防止在负荷过低时继续运转而浪费电能，是节能设备。图3-67为一种高低压压力控制器的结构示意图。波纹管箱是压力信号感受器，高压波纹管箱与压缩机的排气腔接通，低压波纹管箱与压缩机的吸气腔接通。当压力信号变化时，波纹管压缩或伸长，并通过顶杆推动微动开关，接通或切断电源。

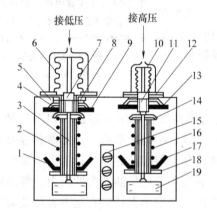

图3-67 高低压压力控制器结构示意图

1—低压调节盘 2—低压调节弹簧 3—传动杆
4—蝶形弹簧 5—调整垫片 6—低压波纹管
7—传动芯棒 8—调节螺钉 9—低压压差调
节盘 10—高压波纹管 11—传动螺钉 12—
垫圈 13—高压压差调节盘 14—弹簧座
15—接线架 16—高压调节弹簧 17—高
压调节盘 18—支架 19—微动开关

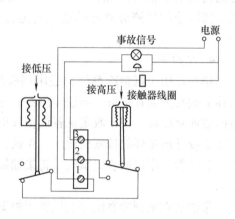

图3-68 高低压压力控制器电气线路图

高低压压力控制器的电气线路图如图3-68所示。当高压压力超过高压控制器的整定值上限时，波纹管受压缩，传动螺钉被推移，微动开关的按钮被压下而使电路断开，压缩机停车。查明原因并消除隐患后，拨动手动复位机构使触头闭合，压缩机恢复正常运行。

当低压压力低于整定值下限时，波纹管伸长，微动开关使电路断开，压缩机停车，以避免浪费电能。

2. 压差控制器

压差控制器是一种保护装置，用来监控润滑系统的油压差，当油压差低于整定值时令压缩机断电停车，保护压缩机的安全运转。

如图3-69所示为压差控制器的原理和电气接线图。其主要由高、低压波纹管、弹簧、延时机构等组成。低压波纹管1与润滑系统的低压部分（吸入压力）相连接，高压波纹管

12 与润滑系统高压部分连接。作用在这两个波纹管上所产生的压力差，经弹簧平衡后，当油压差大于调定值时，压差开关 7 与 DZ 接通，加热器不加热，保证接触器通电，压缩机正常运转。如果小于调定值，则杠杆动作，使压差开关 11 的动触点与 YJ 接通，接通延时机构电加热器 3。如果油压差在调定的时间（一般为 45 ~ 60s）不能建立，则双金属片 10 受热，其自由端向右弯曲，使延时开关 9 接点动作，从而切断电源。在因油压差低于调定值使压缩机停车后，虽已停止对双金属片加热，但它在推动延时开关时，其端部已被自锁机构钩住，冷却后也不能自行弹回。需待查明原因，排除故障后，按复位按钮才能恢复原位，方可再次启动压缩机。

由于压差控制器中具有延时机构，保证了压缩机在无油压下正常启动。从压缩机启动到正常油压建立约需 60s。若无延时机构，则在压缩机启动初期，油压小于给定值，压差开关断开压缩机电源而无法投入运行。

图 3-69 的接线是控制器额定电压为 380V，即 X 与 D_1 相接；当控制器电压为 220V 时，应将 X 与 D_1 间连线拆除，而将 X 与 D_2 间用导线连接，使降压电阻 5 断路，保证加热器有 220V 额定电压。

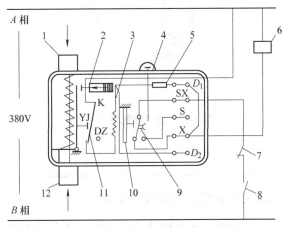

图 3-69　压差控制器的原理和电气接线图
1—低压波纹管　2—试验按钮　3—延时机构电加热器
4—复位按钮　5—降压电阻　6—接触器线圈　7—压
力继电器触点　8—开关　9—延时开关　10—双金属
片　11—压差开关　12—高压波纹管

3. 紧急泄氨器

紧急泄氨器设置在氨制冷系统的高压贮液器、蒸发器等贮氨量较大的设备附近，其作用是当制冷设备或制冷机房发生重大事故或情况紧急时，将制冷系统中的氨液与水混合后迅速排入下水道，以保护人员和设备的安全。

紧急泄氨器由两根不同管径的无缝钢管套合而成，内管下部钻有许多小孔，从紧急泄氨器上端盖插入。壳体侧面上部焊有与其成 30°夹角的进水管。紧急泄氨器下端盖设有排泄管，接下水道，如图 3-70 所示。

紧急泄氨器的内管与高压贮液器、蒸发器等设备的有关管路连通。如需要紧急排氨时，先开启紧急泄氨器的进水阀，再开启紧急泄氨器内管上的进氨阀门；氨液经过布满小孔的内管流向壳体内腔并溶解于水中，成为氨水溶液，由排泄管安全地排放到下水道。

4. 安全阀

安全阀是用于受压容器的保护装置，当容器内制冷剂压力超过规定数值时，阀门自动开启，将制冷剂排出系统，当压力恢复到规定数值时自动关闭，保证设备安全运行。如图 3-71 所示为微启式弹簧安全阀。

安全阀可装在制冷压缩机上，连通进、排气管。当压缩机排气压力超过允许值时，阀门开启，使高低压两侧串通，保证压缩机的安全。制冷系统中的冷凝器、贮液器、蒸发器、氨液分离器、中间冷却器等均安装安全阀，防止设备压力过高而爆炸。

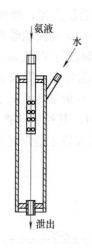

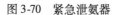

图 3-70   紧急泄氨器

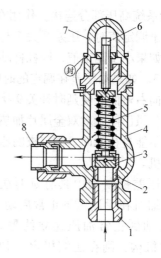

图 3-71   安全阀

1—接头 2—阀座 3—阀芯 4—阀体 5—弹
簧 6—调节杆 7—阀帽 8—排出管接头

制冷系统的辅助设备小结

1. 制冷系统中辅助设备的作用是保证制冷装置的正常运行，提高运行的经济性，保证操作的安全可靠。

2. 分离设备有：油分离器（洗涤式、离心式、填料式、过滤式）、空气分离器、气液分离器、过滤器、干燥过滤器。

3. 贮存设备有：高压贮液器、低压循环贮液器、排液桶、集油器。

4. 控制及安全设备有：高低压压力控制器、压差控制器、紧急泄氨器、安全阀。

思考与练习

3-1   制冷压缩机是如何分类的？

3-2   活塞式制冷压缩机的实际工作循环包括哪些过程？

3-3   简述活塞式制冷压缩机的理论工作循环。

3-4   活塞式制冷压缩机的实际工作循环与理论工作循环有何区别？

3-5   活塞式制冷压缩机由哪些主要零部件组成？

3-6   螺杆式制冷压缩机由哪些主要零部件组成？

3-7   简述离心式制冷压缩机的基本结构及工作原理。

3-8   冷凝器的作用是什么？它是如何分类的？

3-9   常用的水冷冷凝器有哪些？其结构各有何特点？

3-10   风冷冷凝器主要有哪些类型？

3-11   蒸发器的作用是什么？它是如何分类的？

3-12   干式壳管式蒸发器和满液式壳管式蒸发器各有何优缺点？

3-13　制冷系统中节流机构的作用是什么?

3-14　常用的节流机构有哪些? 节流机构安装在制冷系统中什么位置?

3-15　分析内平衡式热力膨胀阀和外平衡式热力膨胀阀结构、原理及使用上的区别。

3-16　油分离器是如何实现分油的? 为什么要进行分油?

3-17　油分离器有哪几种类型? 简述其各自的工作原理。

3-18　气液分离器在制冷系统中有何作用? 安装在什么位置?

3-19　简述制冷系统中不凝性气体的来源。空气分离器有哪几种?

3-20　干燥过滤器的作用是什么? 安装在什么位置?

3-21　紧急泄氨器在什么时候使用? 是如何进行工作的?

第4章　蒸气压缩式制冷系统

本章目标：

1. 熟悉蒸气压缩式制冷系统的组成。
2. 了解制冷剂管道的管材及连接件。
3. 理解氨及氟利昂蒸气压缩式制冷系统的工作特点。
4. 理解制冷剂管道的设计步骤及设计方法。
5. 掌握制冷系统的三种供液方式及其各自特点。
6. 掌握氨及氟利昂系统的工作流程。

制冷系统是通过利用外界能量使热量从温度较低的物质（或环境）转移到温度较高的物质（或环境）的系统装置。由热力学第二定律可知，要使热量从低温物体转移到高温物体，必须消耗一定的能量作为补偿，如机械能、热能等。制冷系统的类型很多，按工作原理的不同可分为压缩式、吸收式、蒸气喷射式、热电式、吸附式等制冷系统，其中蒸气压缩式制冷则是利用液态工质在沸腾蒸发时从制冷空间中吸收热量来实现制冷的。这种系统由于性能好、效率高而成为目前应用最广泛的一种制冷循环系统，本章主要介绍蒸气压缩式制冷系统的组成、工作流程以及制冷系统管道设计。

4.1　空调用制冷系统

由于制冷系统选用的制冷剂不同，会造成该系统组成及运行要求不同，因此不同的制冷系统特点各不相同。蒸气压缩式制冷系统根据其所采用的制冷剂不同可以分为氨制冷系统和氟利昂制冷系统两大类，下面分别介绍这两大类制冷系统的组成和工作情况。

4.1.1　氨制冷系统

氨蒸气压缩式制冷循环是采用低沸点的物质——氨作为制冷剂，利用氨液体汽化吸热的效应来实现制冷。由于氨的汽化潜热数值较大，所以它的单位制冷剂的制冷能力强。氨蒸气压缩式制冷系统包括的子系统有制冷剂循环系统、润滑油循环系统、冷却水循环系统以及冷冻水循环系统等，其主体为制冷剂循环系统，其他部分是为保证制冷剂循环系统安全稳定、经济有效工作服务的。

氨蒸气压缩式制冷系统的制冷剂循环系统由制冷压缩机、冷凝器、节流阀和蒸发器四个基本部分组成。为了保障制冷系统的安全性、可靠性、经济性和操作的方便，系统还包括辅助设备：油分离器、贮液器、气液分离器、集油器、不凝性气体分离器、紧急泄氨器、仪表、控制器件、阀门和管道等。图4-1为典型活塞式压缩机氨制冷系统流程图，其中可分为氨、润滑油、冷冻水和冷却水等四种管道系统。

1. 氨制冷剂循环系统

概括地说，氨制冷剂循环系统由两个主要部分组成。一部分是指制冷剂离开节流阀进入蒸发器，经过吸气管到达压缩机吸气阀的那部分循环回路。这部分管道和设备中制冷剂的压力接近蒸发压力，故称为低压系统。它的作用是向蒸发器输送低温制冷剂液体，并在蒸发器内蒸发吸收周围环境的热量。另一部分是指制冷剂从压缩机排气阀经排气管、油分离器、冷凝器、泄液管、贮液器、高压输液管到达节流阀的那部分循环回路。这部分管道和设备中的制冷剂压力接近冷凝压力，因此称为高压系统。高压系统的作用是提高制冷剂蒸气压力，通过放热使蒸气冷凝为液体恢复其蒸发吸取冷却对象热量的能力。在高压系统中制冷剂向周围环境放出热量。

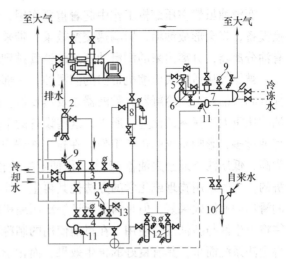

图 4-1　氨制冷系统流程图

1—压缩机　2—油分离器　3—卧式壳管冷凝器　4—贮液器
5—过滤器　6—膨胀阀　7—蒸发器　8—不凝性气体分离器
9—安全阀　10—紧急泄氨器　11—放油阀
12—集油器　13—充液阀

以图 4-1 为例，氨制冷系统工作流程为：低温低压氨气进入活塞式压缩机 1，被压缩为高温高压的过热氨气；由于来自制冷压缩机的氨气中带有润滑油，故高压氨气首先进入油分离器 2，将润滑油分离出来，再进入卧式壳管冷凝器 3，利用冷却水进行冷却并冷凝成高温高压的氨液；冷凝后的高压氨液贮存在贮液器 4 内，通过供液管将其送至过滤器 5、膨胀阀 6，经膨胀阀的节流减压后进入蒸发器 7；低温低压的氨液（含闪发蒸气）在蒸发器内定压吸取周围空间或物体的热量汽化，从而输出冷量，而后低压氨气则被制冷压缩机吸入，如此周而复始不断进行循环。此外，为了保证制冷系统的正常运行，还装设有不凝性气体分离器 8，以便从系统中放出不凝性气体（如空气）。

为保证制冷系统的安全运行，还要装设以下安全装置：

1）在冷凝器、贮液器和蒸发器等装置上设置安全阀 9，安全阀的放气管直接通至室外。安全阀是当系统内的压力超过允许值时，自动开启，将氨气排出，以降低系统内的压力，缓解危险。

2）设置紧急泄氨器 10。一旦遇到事故如火灾，可将贮液器以及蒸发器中的氨液分两路通至紧急泄氨器，通入大量水稀释，排入下水道，以免发生严重的爆炸事故。

2. 润滑油系统

在氨压缩式制冷循环系统中，润滑油在压缩机工作中占有重要作用。压缩机中需要有足够的润滑油，利用它来减少压缩机运动部件的摩擦和磨损，从而延长压缩机的使用寿命；润滑油在压缩机内不断循环，因此它能带走高速运转的压缩机工作中产生的大量热量，使机械保持较低的温度，从而提高压缩机的效率和使用的可靠性；润滑油还可以对压缩气体的部件起到密封作用，使压缩效率提高等。润滑油随压缩机的排气进入整个制冷系统，使曲轴箱油面下降；压缩机的润滑油在使用一段时间后，黏度下降，颜色变深，因此，润滑油使用一段时间后需要及时地补充或更换新油。

润滑油虽然在压缩机工作中起着重要作用，但是当它进入制冷系统的其他设备，如热交换设备，将会形成油垢，影响热交换效果，带来一定危害。因此，在压缩机的排气管上应设有油分离器，分离出来的润滑油通过放油管排到集油器中。

被氨气从活塞式压缩机带出的润滑油，一部分在油分离器中被分离下来，但是，还会有部分润滑油被带入冷凝器、贮液器以及蒸发器。由于润滑油基本上不溶于氨液，而且，润滑油的比重大于氨液的比重，所以，这些设备的下部积聚有大量的润滑油。为了避免这些设备存油过多，影响系统的正常工作，在这三个设备的下部均装有放油阀 11，并用管道将其分为高、低压两路通至集油器 12 中，以便定期放油。由制冷系统放出的润滑油丢弃掉是不经济的，一般采用物理或化学的办法使其再生。经再生的润滑油其黏度和其他性能虽然不及新润滑油的润滑效果好，但是为了保证制冷压缩机的良好性能和更长的使用寿命及经济性，往往将再生油与新油混合使用。在目前使用的制冷系统中大多采用物理的方法处理陈油。物理再生法系统简单，具有良好的再生效果，而化学的方法则装置复杂，操作麻烦。

按照石油化学工业部的标准目前我国生产的润滑油有 13 号、18 号、25 号、30 号和企业标准 40 号五种规格，而根据氨制冷剂的性质，氨制冷系统的润滑油一般采用 13 号及 25 号两种规格。

3. 冷却水系统

氨制冷系统的冷却水分为三部分工作：冷凝器的冷却水、制冷压缩机的气缸和曲轴箱的冷却用水和蒸发器的水融霜供水，它们都是由冷却水带走热量。一般制冷系统使用的冷却水是循环工作的，需要在冷却水系统中增加一个使冷却水降温的设备——冷却塔，冷却水就可以连续循环使用。

氨制冷系统的冷却水正常使用后，仅仅温度升高，水质不受污染。冷却水系统的设计应根据制冷装置对水量、水质、水温和水压的要求，在了解水源的水量、水质、水温及冷却设备的形式、环境气象条件等，经技术经济比较之后进行。

应注意，当制冷系统采用风冷方式冷却冷凝高温高压制冷剂时，就没有冷却水系统。

4. 冷冻水系统

制冷的目的在于供给用户冷量。向用户供冷的方式有两种，即直接供冷和间接供冷。直接供冷系统也称为制冷剂直接蒸发制冷系统，它的特点是将制冷装置的蒸发器直接置于需要被冷却的对象处，使低压液态制冷剂直接吸收该对象的热量。采用这种方式供冷是不需要冷冻水系统的，它可以减少一些中间设备，机房占地面积少，降低投资，由于只有一次换热传递，热交换损失少，制冷效率较高；它的缺点是蓄冷性能较差，制冷剂渗漏可能性增多，尤其用冷环境离制冷机房较远时，它是无法满足要求的，所以适用于用冷集中，且不十分大的制冷系统或低温系统。间接供冷系统也称为载冷剂间接冷却系统，它是将低温物体或低温环境内的热量通过载冷剂（冷冻水）传给蒸发器，再由制冷剂蒸发时吸收，它实际是制冷剂系统与载冷剂系统的一个组合系统，它解决了直接供冷不能为远距离、大环境供冷的问题。它的特点是用蒸发器首先冷却冷冻水，然后再将冷冻水输送到各个用户，使被冷却对象降低温度。这种供冷方式使用灵活、控制方便，特别适合于区域性的供冷。冷冻水系统根据用户的需要和条件的限制，可分为闭式系统和开式系统两种。

冷却水系统和冷冻水系统将在第 6 章中进行详细介绍。

4.1.2　氟利昂制冷系统

氟利昂蒸气压缩式制冷循环是采用氟利昂类物质作为制冷剂,利用氟利昂液体汽化吸热的效应来实现制冷。氟利昂系统的主要设备有压缩机、冷凝器、蒸发器、膨胀阀,其辅助设备主要有油分离器、贮液器、干燥过滤器、回热器。

1. 氟利昂制冷系统的特点

图 4-2 为氟利昂制冷系统流程图。与氨制冷系统相比,它有以下几个特点:

1)氟利昂制冷系统由于节流损失较大,常采用回热式制冷循环。因此,在氟利昂制冷系统中装有回热器 6,使高压液态氟利昂与低压低温气态氟利昂进行热交换,以提高制冷剂在节流前的过冷度和制冷压缩机吸气的过热度,增加系统的制冷能力。

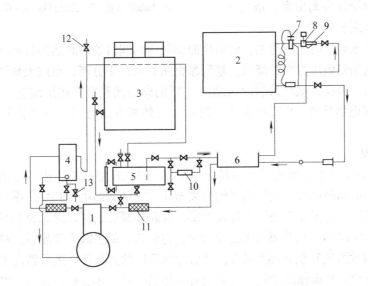

图 4-2　氟利昂制冷系统流程图

1—压缩机　2—蒸发器　3—蒸发式冷凝器　4—油分离器　5—贮液器　6—回热器　7—热力膨胀阀
8—电磁阀　9—过滤器　10—干燥器　11—防振管　12—放气阀　13—放油阀

2)氟利昂不溶于水,氟利昂管道系统中如有水分存在,则在蒸发温度低于 0℃ 的情况下,在节流阀的节流孔处可能产生"冰堵"现象。此外,水与氟利昂发生化学反应将分解出氯化氢,从而引起金属的腐蚀和产生镀铜现象。另外,水还会使润滑油乳化。因此,氟利昂制冷系统的供液管上或充液管上装有干燥器 10。

3)不同的氟利昂物质溶油性不同,因此氟利昂制冷系统一般均装有油分离器 4,以减少润滑油被带入系统。但对于小型制冷系统或采用内设油分离器的压缩机时,也可不设置油分离器。

4)氟利昂类物质具有一定溶油能力,为了使带出的润滑油能顺利地返回压缩机,多采用非满液式蒸发器,并配套热力膨胀阀进行节流。对于 R22 大型制冷系统,由于温度较低时,蒸发器内润滑油将与 R22 分离而浮于液面,可采用满液式蒸发器,但必须采取措施保证回油。

对于 R22，在低温情况下，蒸发器内润滑油将与之分离，浮于液面上。此时，可采用图 4-3 给出的方案解决回油问题。图中为泵循环式蒸发器，低压贮液器、液泵和蒸发器三者之间组成循环回路，润滑油浮于低压贮液器的液面上。通过安装在液面下的回油管，将润滑油与氟利昂的液态混合物吸入热交换器，被高压液加热，使混合物中的液态氟利昂蒸发变成蒸气，而将润滑油分离出来，被气态氟利昂带回压缩机。

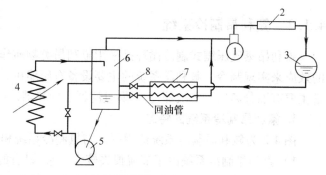

图 4-3 氟利昂满液式蒸发器的回油
1—压缩机 2—冷凝器 3—高压贮液器 4—蒸发器 5—液泵
6—低压贮液器 7—热交换器 8—膨胀阀

此外，由于氟利昂溶于润滑油，压缩机曲轴箱内的润滑油中必然溶有氟利昂，当制冷压缩机启动时，曲轴箱内压力突然降低，氟利昂将从润滑油中分离，形成大量气泡，从而影响油泵的正常供油。因此，氟利昂制冷压缩机（特别离心式和螺杆式压缩机）的曲轴箱（或油箱）中应装有电加热器，启动前预热润滑油，促使氟利昂分离，以确保制冷压缩机顺利起动。

2. 工作过程

如图 4-2 所示，低温、低压的氟利昂制冷剂蒸气进入压缩机 1 内进行压缩，被压缩为高温、高压的过热氟利昂蒸气，然后通过油分离器 4 将它从压缩机气缸中所携带的润滑油分离出来，再进入蒸发式冷凝器 3 进行冷却及冷凝，并将冷凝后的高压液态氟利昂储存在贮液器 5 内；通过干燥器 10 以及回热器 6 和过滤器 9，再经热力膨胀阀 7 节流后，将低温低压的氟利昂液体（含闪发蒸气）供入蒸发器 2；然后低温低压的氟利昂在蒸发器内吸收周围空间或物体的热量而汽化，从而输出冷量，之后通过回热器 6 进一步吸热；最后，低温低压的氟利昂蒸气被制冷压缩机吸入，再次被压缩，如此往复循环，达到制冷的目的。经过大量的实验发现，对于 R134a、R502、R290、R600a 等制冷剂，采用回热器可以提高单位容积制冷量和制冷系数。此外，采用回热器还可以使节流前制冷剂成为过冷状态，节流过程减少汽化，节流机构工作稳定。所以，采用 R134a、R502、R290、R600a 等制冷剂的制冷系统中常采用回热器。

3. 辅助设备的连接

在氟利昂系统中设置了高低压力继电器，与压缩机的吸排气管道相连接，当排气压力超过额定数值时，可使压缩机自动停止，以免发生事故；当吸气压力低于额定数值时，可使压缩机自行停机，以免压缩机在不必要的低温下工作而浪费电能。

冷凝器与蒸发器之间的管路上装设电磁阀 8，用来控制供液管路的自动启闭。当压缩机停机时，电磁阀立即将供液管路关闭，防止大量氟利昂液体进入蒸发器，导致压缩机再次启动时液体被吸入发生冲缸事故；当压缩机启动时，电磁阀可将供液管路自动打开。

热力膨胀阀 7 装在蒸发器前端的供液管路上（它的感温包紧扎在靠近蒸发器的回气管路上），它除了对氟利昂液体进行节流降压外，还根据感温包感受到的低压气体的温度高低，来自动调节进入蒸发器液体的数量。

> **空调用制冷系统小结**
>
> 　　1. 氨制冷系统基本组成有压缩机、冷凝器、节流机构和蒸发器主要设备及油分离器、贮液器、气液分离器、集油器、不凝性气体分离器、紧急泄氨器、仪表、控制器件、阀门等辅助设备。
>
> 　　2. 氟利昂制冷系统的主要设备有压缩机、冷凝器、蒸发器、膨胀阀，其辅助设备主要有油分离器、贮液器、干燥过滤器、回热器。
>
> 　　3. 氨制冷系统和氟利昂制冷系统的工作流程。

4.2　冷藏用制冷系统

　　冷藏用制冷系统用来在低温条件下贮藏或运输食品和其他货品，包括各种冰箱、冷库、冷藏车、冷藏船和冷藏集装箱等。

　　冷藏用制冷装置的供冷方式也可采用直接供冷和间接供冷两种方式。间接供冷冷却速度慢，总的传热温差大，系统也较复杂，故只用于较少的场合，如盐水制冰和温度要求恒定的冷库等。当前，在食品冷藏库制冷系统中，大都采用氨或氟利昂作为制冷剂。由于氨单位容积制冷量大，价格也较低，特别是大型冷库，氨制冷系统应用比较广泛，而小型冷库几乎全部采用氟利昂制冷装置。无论是氟利昂还是氨冷藏用制冷系统都属于直接供冷系统，此系统所采用的设备少，故制冷装置的初投资少，而且制冷剂与被冷却介质间只存在一次温差，在某介质温度下蒸发温度较高，这对于提高制冷压缩机的制冷量、降低功耗是有利的，并且能使制冷装置的长期运转费用降低，因而直接供冷系统在制冷装置中得到广泛应用。

　　在冷藏库制冷系统中，高压部分的管道和设备大部分置于机器间或室外，常称其为机房系统。低压部分的设备和管道大部分置于库房中，常称其为库房系统。

　　在直接供冷的蒸气压缩式制冷系统中，根据向蒸发器的供液的动力不同，制冷系统可分为直接膨胀供液系统、重力供液系统、液泵供液系统三种。

4.2.1　直接膨胀供液系统

　　直接膨胀供液系统是利用系统内的冷凝压力和蒸发压力之间的压力差作为动力，将高压液体经节流降压后直接供入蒸发器而不经过其他设备的制冷系统。这种供液方式称为直接膨胀供液，如图 4-4 所示。在制冷装置中，它是应用最早和最简单的供液方式，由调节站和蒸发器组成。其工作原理是自高贮器来的高压液体经液体调节站上的节流阀节流降压后送往各组蒸发器，在蒸发器中吸热蒸发为气体，然后通过气体调节站直接送入压缩机吸入口。

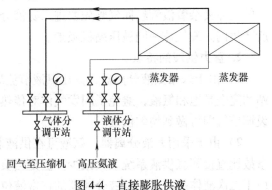

图 4-4　直接膨胀供液

目前直接供液主要用于负荷稳定的小型装置，如氟利昂制冷系统和成套制备空调冷冻水或低温盐水的氨系统，或用于其他供液方式中作为备用。另外，由于氟利昂系统使用了热力膨胀阀，能够根据蒸发器出口温度自动调节液量，控制压缩机回气具有一定的过热度，从而避免湿冲程，并能充分发挥这种供液方式系统简单的优点，因此生活服务性小冷库广泛采用该系统。

4.2.2 重力供液系统

重力供液系统是指从供液分配站来的氨液经膨胀阀节流后，不是直接进入蒸发排管，而是进入氨液分离器，先除去膨胀过程闪发气体，然后氨液借助氨液分离器的液面与蒸发器液面之间的液位差作为动力，被输送至蒸发排管之中的制冷系统，如图 4-5 所示。这种供液方式称为重力供液。

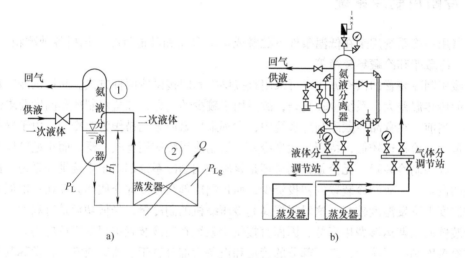

图 4-5 重力供液系统

a）原理图 b）系统图

1. 工作原理

高压的氨液被送入高于蒸发器的氨液分离器之中，在节流过程中所产生的闪发蒸气被分离，气体集中于氨液分离器上部，液体则沉积于其下部，在高差 H_1 的作用下，氨液进入蒸发器吸热蒸发，当蒸发器的负荷有较大变动时，容易使回气带液滴，为了避免液击现象，产生的气体夹杂着液滴经回气管先要进入氨液分离器，气液再次分离，液体下沉，气体与节流所产生的闪发气体一同被压缩机吸走。

2. 重力供液的特点

1）由于采用氨液分离器，高压氨液节流后产生的闪发气体被彻底分离，进入供液调节站的完全是饱和氨液，避免了闪发气体对传热的影响，这样不需要在每组排管的进液管上装设调节阀即可做到均匀供液。

2）由于采用氨液分离器，氨液可在供液制冷系统内形成内部循环，因此发生液击冲缸事故比直接膨胀供液系统大大减少。但是当负荷剧烈变化或制冷压缩机工作点选择不当时，由于二次液体的增多，氨液分离器的正常液位难于稳定，制冷压缩机还是有发生湿压缩的可能。

3）较难保持正确的静液柱，液柱过小则供液不足，液柱过大则影响蒸发压力，进而影响蒸发温度，特别是当蒸发温度很低的时候，影响尤为突出，因此低温系统不宜采用这种供液方式。

4）低压制冷剂液体在蒸发器及有关管道内循环，依靠其相对于蒸发器的液位差所具有的位能作为动力，其流速一般都较缓慢，而且制冷剂与管壁内表面之间的放热系数小，蒸发管道内表面的润湿面积占总蒸发面积的比例也小，因此，蒸发器的总换热强度较低。

5）液柱压力差要足以克服制冷剂流动阻力。对于多层冷库，必须分层设置氨液分离器，不然会因供液管路长短不一，均匀供液困难，氨液分离器必须放在库房上方，分层设置专用房间，这不但增加了土建造价，而且从操作角度来说，调节站被分散布置，操作人员需要经常跑路和爬高，增加了工作量，且不便管理。

由以上分析可知，重力供液系统优于直接膨胀供液系统，但同时还存在许多难于克服的缺点，因此在我国除小型制冷装置以外已很少采用这种供液方式。

4.2.3　液泵供液系统

液泵供液系统又称为液泵再循环系统，是指制冷系统借助液泵的机械力来向蒸发器供液。由于液泵供液方式常常用于氨系统，因此也称氨泵供液系统。液泵供液系统向蒸发器的供液形式有两种：一种是氨液从上部进入，气液混合物从下部返回，称上进下出式。当氨泵停止运行后，二层盘管中未蒸发的氨液可以自流返回到低压循环桶，此种供液方式必须采取相应的措施才能使供液均匀，而且一旦停止供液就丧失降温能力，库温回升较快。另一种是氨液从下部进入，气液混合物从上部返回，称下进上出式。这种方式供液比较均匀，因此若采用多组并联集管式顶排管，不需每组排管装调节流量的阀门，并且若停止供液，只要回气阀不关，压缩机尚在运行，排管内存留的氨液还能持续降温，库温回升较慢。这两种形式在制冷系统中应用都很普遍。

1. 液泵供液系统的工作原理

如图 4-6 所示，高压制冷剂液体节流后进入低压循环桶，气液分离后，液体经过氨泵送入蒸发器中蒸发制冷，蒸发形成的气体和未蒸发的液体一并返回低压循环桶被再次分离，气体和闪发气体被压缩机吸走，液体和补充来的氨液供氨泵再循环。氨泵出口装有止回阀和自动旁通阀。当蒸发器中有几组蒸发器的供液阀关闭而使其他蒸发器供液量过大和压力过高时，这时旁通阀会自动将氨液旁通到低压循环桶中。

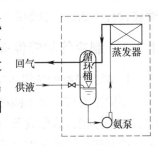

图 4-6　氨泵供液系统原理

2. 液泵供液系统的特点

1）由于蒸发器内氨液流量远大于蒸发量，供液量为实际蒸发量的 3～6 倍，制冷效果好，供液量充分，回流过热度小，可以提高压缩效率和制冷系数。

2）氨泵强制输送氨液，蒸发器内制冷剂流量大，进液压力高，对蒸发回路复杂、流程长、蒸发器高差大的情况仍能够确保蒸发器有比较均匀的供液。

3）循环桶的容积大，提供了充分的气、液分离条件，虽然进气管有数倍于蒸发量的二次液体进入，压缩机仍然能够吸入干饱和蒸气，在确保循环桶正常工作液面的情况下不会出现湿压缩。

4）设备和调节站均集中于制冷机房内，便于操作和集中管理。由于循环桶直径大、液面稳定，加之氨泵启闭和保护简单，很容易实现自动控制。

5）设置氨泵使制冷系统的动力消耗增加 1% ～1.5%，同时还要增加泵的维护和检修工作。在设计过程中如果对氨泵进液管流动阻力估计不足或操作不当，容易造成氨泵发生气蚀，甚至造成泵的损坏。

由以上的分析可知，液泵供液系统比直接膨胀供液系统或重力供液系统要优越得多。所以，大中型冷库、人工冰场等制冷装置中都采用这种供液方式。

> **冷藏用制冷系统小结**
>
> 1. 直接膨胀供液系统供液动力为系统内高低压差，适用于负荷稳定的小型氟利昂系统。
> 2. 重力供液系统供液动力是低压系统增设的气液分离器与蒸发器的液位差，适用于中小型氨系统。
> 3. 液泵供液系统供液动力来自低压系统设置的液泵，适用于大型氨系统。

4.3 制冷管道

制冷系统管道是由制冷剂管道（氨或氟利昂）、载冷剂管道（水或盐水）、冷却水管道（水）、润滑油管道（制冷剂及润滑油）组成。本节主要介绍制冷剂管道的设计，即用相应材质的管道将制冷机各主要组成部件（压缩机、冷凝器、节流阀、蒸发器）及辅助部件（油分离器、贮液器、气液分离器等）连接成一个完整的制冷系统，使制冷剂在封闭的系统中循环。对于制冷系统来说，选择适宜的主要设备和辅助设备是很重要的。但是，如果制冷管路设计不当，也会给系统的正常运行带来困难，甚至引起事故。

4.3.1 制冷管材管件选择要求

1. 制冷管材的选择要求

不同工质应采用不同材质的管道，其连接方式也不同。氨制冷系统管道一律采用无缝钢管，它的连接方式除设备、附件连接处采用法兰连接外，一律采用焊接连接。无缝钢管的质量应符合现行国家标准《流体输送用无缝钢管》（GB/T 8163—1999）的要求，并根据管内的最低工作温度选用型号。由于氨对铜、锌等有色金属有腐蚀性，故不允许采用铜管，另外与氨制冷剂接触的表面不允许镀锌。氨制冷系统工作压力一般不超过 14.7bar，气密性试验压力规定高压为 17.6bar，低压为 11.7bar。因此，通常采用 10 号或 20 号碳素无缝钢管。

氨制冷系统采用法兰连接时，法兰垫圈一般选择天然橡胶，也常用石棉纸板或青铅。

氟利昂制冷系统管材常常采用紫铜管或无缝钢管，当系统容量较小时（$DN<25$mm）采用紫铜管，当系统容量较大时（$DN\geq25$mm）则采用无缝钢管。

2. 管路附件要求

制冷管路的附件主要包括阀门和连接件。

（1）阀门　各种阀门应采用符合制冷剂的专用产品。氨系统使用阀门应符合以下要求：第一，阀体是灰铸铁、可锻炼铁或铸钢。强度试验压力为 29～39bar，密封性试验压力为 19～25bar。一般公称压力为 24.5bar 的阀即可满足要求。第二，氨系统所用阀类不允许有铜质和镀锌、镀锡的零配件。第三，阀门应有倒关阀座，并且当阀开足后能在运行中更换填料。

（2）连接件　氨系统管道主要采用焊接，且管壁厚小于 4mm 者用气焊，4mm 以上者用电焊，必要的地方也可采用法兰连接，但法兰应带凸凹口；弯头一律采用煨弯；阀门与管道丝扣连接不得使用白油麻丝，应采用纯甘油与黄粉调和的填料；支管与集管相接时，支管应开弧形叉口与集管平接，以免造成配液不均匀。在氟利昂制冷系统中，它的连接方式为钢管与钢管采用焊接、钢管与铜管采用银焊、铜管与铜管采用银焊，且管壁内不宜镀锌，法兰处不得用天然橡胶，也不得涂矿物油，它的密封材料要选用耐腐蚀材料，一般用丁腈橡胶。

（3）管件及附件的安装要求　管件及附件的安装要求见表 4-1。

表 4-1　管件及附件的安装

名　称	安　装　要　求
弯头	冷弯时，曲率半径不应小于 4 倍的管外径
三通	宜采用顺流三通，丫形羊角弯头也可采用斜三通
阀门	各种阀门应符合制冷剂的专用产品。氟利昂制冷系统中用的膨胀阀应垂直放置，不得倾斜，更不得颠倒安装
温度计	要有金属保护套，在管道上安装时，其水银（或酒精）球应处在管道中心线上，套管的感温端应迎着流体运动方向
压力表	高压容器及管道应安装 0～2.5MPa 的压力表，中、低压容器及管道应安装 0～1.6MPa 的压力表
感温包	安装在离制冷机吸气管道 1.5m 以外的平直管道上

3. 管道规格要求

常用无缝钢管规格见表 4-2。

表 4-2　常用无缝钢管规格

外径×壁厚 mm × mm	内径 /mm	理论重量 /（kg/m）	1m 长容量 /（l/m）	1m 长外表面积/（m²/m）	1m² 外表面积管长 /（m/m²）
6×1.5	3	0.166	0.0071	0.019	52.63
8×2.0	4	0.296	0.0126	0.025	40.00
10×2.0	6	0.395	0.0283	0.031	32.26
14×2.0	10	0.592	0.0785	0.044	22.75
18×2.0	14	0.789	0.1540	0.057	17.54
22×2.0	18	0.986	0.2545	0.069	14.49
25×2.0	21	1.13	0.3464	0.079	12.66
25×2.5	20	1.39	0.3142		
25×3.0	19	1.63	0.2835		
32×2.5	27	1.76	0.5726	0.101	9.90
32×3.0	26	2.15	0.5309		

（续）

外径 × 壁厚 mm × mm	内径 /mm	理论重量 /（kg/m）	1m 长容量 /（l/m）	1m 长外表面积/（m²/m）	1m² 外表面积管长 /（m/m²）
38 × 2.2	33.6	1.94	0.8867	0.119	8.40
38 × 2.5	33	2.19	0.8553		
38 × 3.0	32	2.59	0.8042		
38 × 3.5	31	2.98	0.7548		
45 × 2.5	40	2.62	1.2566	0.141	7.09
57 × 3.0	51	4.00	2.0428	0.179	5.59
57 × 3.5	50	4.62	1.9635		
76 × 3.0	70	5.40	3.8485	0.239	4.18
76 × 3.5	69	6.26	3.7393		
89 × 3.5	82	7.38	5.2810	0.280	3.57
89 × 4.0	81	8.38	5.1530		
89 × 4.5	80	9.38	5.0265		
108 × 4.0	100	10.26	7.8540	0.339	2.95
133 × 4.0	125	12.73	12.2718	0.418	2.39
133 × 4.5	124	14.26	12.0763		
159 × 4.5	150	17.15	17.6715	0.500	2.00
159 × 6.0	147	22.64	16.9717		
219 × 6.0	207	31.52	33.6535	0.688	1.45
219 × 8.0	203	41.63	32.3655		

　　制冷剂管道的压力降是指制冷压缩机吸气管路和排气管路的压力损失，它将引起该制冷系统的制冷能力降低和单位制冷量的耗电量增加。常见制冷剂管道允许的压力降见表4-3。

表4-3　制冷剂管道允许的压力降　　　　　（单位：kPa）

类　别	工作温度/℃	允许压力降
回气管或吸气管	−45	2.99
	−40	3.75
	−33	5.05
	−28	6.16
	−15	9.86
	−10	11.63
排气管	90 ~ 150	19.59

　　注：1. 回气管或吸气管允许压力降相当于饱和温度降低1℃。
　　　　2. 排气管允许压力降相当于饱和温度升高0.5℃。

4.3.2　制冷剂管道的设计

　　制冷剂管道设计包括管径确定、管道与管件的布置和管道的保温。管道设计的好坏，关系到制冷装置运行的安全可靠性、经济合理性和安装操作的简单方便程度，本节主要介绍制冷剂管路设计步骤及管径设计计算。

1. 制冷剂管道设计应考虑的问题

1）管道的材质应与制冷剂相容。

2）管道与管道、管道与设备连接处必须可靠密封，采用焊接或可拆连接（法兰或螺纹连接）。

3）连接处采用密封材料时，密封材料也必须与制冷剂相容。

4）管道与外界环境接触，将与管内制冷剂发生热交换。

5）制冷剂在管道中流动会产生管道压降。

2. 制冷剂管道设计的步骤

1）制冷方案的确定。

2）冷负荷计算。

3）制冷系统管道直径计算。

4）制冷系统管道设备隔热层厚度计算。

5）制冷系统制冷剂充注量计算。

6）制冷工艺施工图的绘制。

7）设计说明书。

3. 制冷剂管道管径的确定方法

管径确定是制冷系统设计中的重要一环，管径确定的合理与否直接影响到整个系统的设计质量。管径的选择取决于管内控制压力降和流速的大小，它实际上是一个初次投资和经常运转费用的综合问题。

制冷剂管道直径的确定应综合考虑经济、压力降和回油三个因素。例如，从投资上看，当然希望管径越小越好，但是，这将造成较大的压力损失，从而引起压缩机吸气压力的降低和排气压力的增高，降低该制冷系统的制冷能力，并且提高了单位制冷量所消耗的电能。又如，对于氟利昂制冷系统来说，如果吸气管管径选择不当，则会造成润滑油回油不良，使系统的运行和制冷能力的充分发挥受到影响。

在工程设计中，一般是采用限定管段流动阻力损失来确定对应管径的大小，对应阻力所产生的饱和温度降约为 0.5 ~ 1℃。制冷管道允许流速和允许压力降是管径选择计算的依据，其数值见表 4-3、表 4-4 及表 4-5。

表 4-4　氨制冷管道允许流速　　　　　　　（单位：m/s）

管道名称	允许流速	管道名称	允许流速
吸气管	10 ~ 16	节流阀至蒸发器液体管	0.8 ~ 1.4
排气管	12 ~ 25	溢流管	0.2
冷凝器到贮液器下液管	<0.6	蒸发器至氨液分离器回气管	10 ~ 16
冷凝器至节流阀液体管	1.2 ~ 2.0	氨液分离器至液体分配站供液管（重力）	0.2 ~ 0.25
高压供液管	1.0 ~ 1.5	低压循环桶至氨泵进液管	0.4 ~ 0.5
低压供液管	0.8 ~ 1.0		

表 4-5　R22 制冷管道允许流速　（单位：m/s）

制 冷 剂	吸 入 管	排 气 管	液 体 管	
			冷凝器到贮液器	贮液器到蒸发器
R22	5.8~20	10~20	0.5	0.5~1.25

制冷剂管道的确定方法有多种，常见的有公式计算法和线算图法，这里简单介绍公式计算法和线算图法如何确定制冷剂管径。

（1）公式计算法　公式计算法是根据制冷管道允许流速、允许压力降的大小进行计算，从而确定管径的方法。其计算步骤如下：

1）计算管道内径，公式如下

$$D_n = \sqrt{\frac{4}{\pi} \cdot \frac{M_R \cdot v}{w}}$$

式中　D_n——管道内径，单位为 m；

v——计算状态下制冷剂比体积，单位为 m^3/kg；

M_R——制冷剂质量流量，单位为 kg/h；

w——制冷剂允许流速，单位为 m/s，由表 4-4、表 4-5 确定。

2）初选管径。根据计算结果由管材表 4-2 初步选取管径。

3）计算压力降。根据初选的管径计算压力降，与允许压力降进行比较，若计算出的压力降小于允许的压力降，则说明管径选取合适；若计算出的压力降大于允许的压力降，则需沿着使计算出的压力降与允许的压力降差值减少的方向修正 D_n，直至符合要求。

例 4-1　某氨冷库 -15℃蒸发系统，低压循环桶至压缩机的吸入管负荷为 200kW，直管长 50m，有 90°弯头 4 个，截止阀 3 个，冷凝温度为 40℃，试确定该段直径。

解：1）计算管径。单位制冷量 $q_0 = (1443.9 - 390.6)$ kJ/kg，-15℃饱和氨蒸气的比体积为 $v = 0.508 m^3/kg$，由表 4-4 查得允许流速 $[w] = 14 m/s$，求得制冷剂流量为

$$q_m = \left(\frac{200}{1053.3}\right) kg/s = 0.1899 kg/s = 683.2 kg/h$$

代入式（4-1）

$$D_n = 0.0188 \times \sqrt{\frac{v \times q_m}{[w]}} = 0.0188 \times \sqrt{\frac{0.508 \times 683.2}{14}} m = 0.0936 m$$

2）管道规格化：由表 4-2 选 $D108 \times 4.0mm$ 无缝钢管与直径 0.0936m 最接近，此时 $D_n = 100mm$。

3）计算压力降。查表得摩擦阻力系数 $f = 0.025$，气体的密度

$$\rho = \frac{1}{v} = \left(\frac{1}{0.508}\right) kg/m^3 = 1.969 kg/m^3$$

求得吸入管当量总长为

$$L = (50 + 0.1 \times 32 \times 4 + 0.1 \times 300 \times 3) m = 152.8 m$$

则压力降为

$$\sum \Delta p = f \frac{L}{d_n} \frac{w^2}{2} \rho = \left(0.025 \times \frac{152.8}{0.1} \times \frac{14^2}{2} \times 1.969\right) Pa = 7371 Pa = 7.371 kPa$$

比表 4-3 给出的允许压力降 9.86kPa 小，说明选径符合要求。

（2）线算图法 公式计算法较精确但计算繁琐，线算图法虽然精确度不如公式计算法，但方法简便，且用于工程计算中已足够用，下面重点介绍线算图法。

1）线算图确定氟利昂制冷剂管径。回气管中压降大，将使吸气压力降低，吸入气体比容增大，导致输气管系数下降，直接影响到制冷能力。由于回气管的压力降将直接影响到压缩机的制冷量，因此，一般将回气管的压力降控制在相当于饱和温度差为1℃的范围以内，其对应压差值见表4-6，按此原则制成图4-7即为R22回气管道线算图，根据制冷能力、蒸发温度、管材种类和当量长度就可以确定吸气管最小管径。

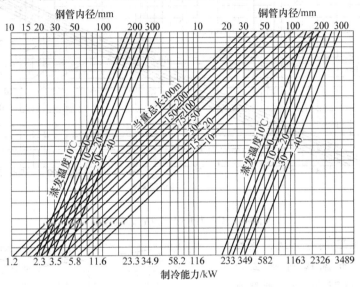

图 4-7 R22 回气管道线算图

表 4-6 相当于饱和蒸气温度 1℃ 的压差值　　　　（单位：MPa）

制冷剂	蒸发温度/℃									
	10	5	0	−5	−10	−15	−20	−25	−30	−40
R22	0.0206	0.0176	0.0167	0.0142	0.0127	0.0108	0.0098	0.0078	0.0069	0.0049

由于氟利昂制冷剂有与润滑油互相溶解的特点（其中R22与润滑油是有限溶解），故必须保证从制冷压缩机带出的油能全部回到压缩机的曲轴箱中。因此，对于上升的吸气竖管应考虑必要的带油速度，以满足回油的需要。该管段中若流速过小，游离在回气中的油滴不能随气体上升，终将流回蒸发器，使蒸发器内的油越积越多。因此，上升立管中必须保持一定的流速，借以带油前进，且速度越大，带油效果越好。但流速增大必然会导致流阻增加，使蒸发压力降低，吸气比容增大，压缩机制冷能力减少等。

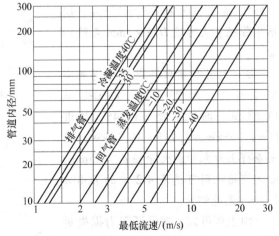

图 4-8 R22 上升回气管道与排气管道
的回油最低流速

为了做到既能带油上升又不致使阻力过大，管内流速一般取其满足带油的最小值，称为"最小带油速度"。只要管内流速大于或等于最小带油速度，气体就能带油上升。R22 上升回气立管的最小带油速度如图 4-8 所示。

为了使用方便，可根据上升立管的最小带油速度，按节流阀前液体温度为 40℃ 的条件，换算成上升立管的最小制冷量来确定该立管的最大管内径。如图 4-9 所示为 R22 上升吸气立管的线算图。对于节流阀前不同的温度，则可用图 4-10 进行调整。

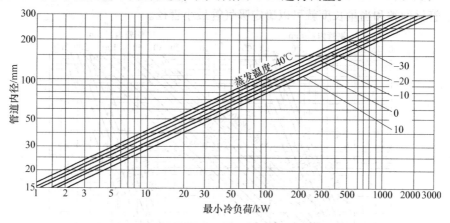

图 4-9　R22 上升吸气立管的线算图

例 4-2　某 R22 制冷系统，蒸发温度为 -15℃，节流阀前液温为 25℃，设计负荷为 23.26kW，所配机器具有 50%、100% 两级能量调节。若吸气管当量长度为 100mm，试选择吸气管径及上升立管管径。

解：1) 由制冷量 23.26kW、吸气管当量长度为 100m、蒸发温度 -15℃，查得回气管径 $d_n = 70mm$，规格化管径查表可选 $D76 \times 3mm$ 无缝钢管。

2) 由制冷量 50% 卸载可得最小制冷量 $Q_{min} = 23.26kW \times 50\% = 11.63kW$，调整系数 = 1.145，换成 $Q = 11.63kW \div 1.145 = 10.16kW$，由图查得上升立管最大管径 $d_n = 35mm$，管道规格化则可选表 4-2 中的 $D38 \times 2.5mm$ 无缝钢管。

由上例可知，按保证阻力损失对

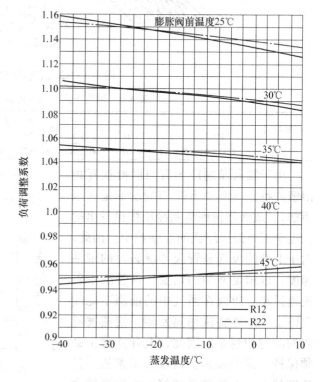

图 4-10　制冷量调整系数

蒸发温度的影响不超过 1℃ 选管径，吸气管段应选 $D76mm$ 无缝钢管，但为了上升立管内保证必要的带油速度，需将上升立管选为 $D38mm$ 无缝钢管。这样，总阻力损失将超过原允许值。这时，可通过适当放大水平、下降管段管径的方法加以解决。若上升立管较短，管径变化不大时，也可不改变水平、下降管径，使总阻力损失稍大于允许值。

需要说明的是，由于吸气管承担着从蒸发器回油至压缩机的任务，因此，吸气管的确定是氟管的重点，而上升回气立管又是回气管中的关键管段，所以上升回气立管必须选择好。

2）线算图确定氨制冷剂管径。由于氨管中没有回油问题，所以其管径确定比氟利昂管路简单，其线算图的使用方法为：

① 根据管道条件，确定选用的计算图表（见相关的设计手册）。

② 再根据配管设计时的工况负荷和管当量长度，确定设计管道的公称直径。

③ 根据计算得到的公称直径，选定无缝钢管的规格（参见表4-2）。

④ 不同工况下使用条件的修正。建立的线算图都有一定的使用工况，当设计工况和建立线算图的工况不一致时，使用前应对相关参数进行修正。若线算图中的负荷量是以冷凝温度30℃为基准，则不同的冷凝温度应以表4-7中所列的换算系数对负荷量进行修正；两相流吸气管以氨泵再循环倍数等于4为基准，不同供液倍数用表4-8所列的修正系数对按4倍再循环倍数求得的管径加以修正，其他蒸发温度用的线算图，可以从相关手册查取。

表4-7　冷凝温度修正系数

类　　　别	冷凝温度/℃			
	20	30	40	50
吸气管	0.96	1.00	1.04	1.10
排气管	1.16	1.00	0.81	0.70

表4-8　不同再循环倍数 n_x，吸气管管径修正系数 n

n_x	2	3	4	5	6	7	8
n	0.87	0.94	1.00	1.05	1.09	1.12	1.15

4.3.3　制冷剂管道的布置

1. 制冷剂管道布置的基本原则

1）制冷剂管道布置应力求简单，符合工艺流程，流向应通畅，同时应考虑操作和检修方便，适当注意整齐。

2）供液管道布置要求保证各蒸发器充分供液。

3）吸气管道布置要防止液态制冷剂进入压缩机。

4）水平管道注意坡度、坡向的设计。

5）氟利昂系统应保证回油良好，管道设计时应注意带油问题。

6）缩短管线，便于操作管理，并应留有适当的设备部件拆卸检修所需要的空间，减少部件，以达到减少阻力、泄漏及降低材料消耗的目的。

7）设备及辅助设备（泵、集水器、分水器等）之间的连接管道应尽量短而平直，便于安装，节约建筑面积，降低建筑费用。制冷设备间的距离应符合要求，见表4-9。

8）主机与辅助设备之间连接管道的布置应注意留有安装管路附件的位置（如水泵进出口软接头、止回阀、压力表、温度计、主机进出口的阀门、水流量开关等），还要注意仪表应安装在便于观察的地方。

9）管路布置应便于装设支架，一般管路应尽可能沿墙、柱、梁布置，而且应考虑便于维修，不影响室内采光、通风及门窗的启闭。

10）管道的敷设高度应符合要求，机房内架空管道通过人行道时，管底离地面净高不小于3.2m，通过行车道时净高不得小于4.5m。

11）膨胀水箱应放在高出冷冻水系统最高点1m处，其膨胀水管（冷冻水系统补水管）应接入冷冻水泵的吸水侧或直接接在集水器上。

12）机房水系统的最低点应注意设排水阀，水平管路的最高点应设自动排气阀。

表4-9　设备布置的净间距要求

项　　目	净间距/m
主要通道和操作走道宽度	1.5 ~ 2
两台冷水机组之间	≥2.0
两台水泵之间	≥1.0（低压电动机）~ 1.5（高压电动机）
泵组与配电盘或仪表之间	≥1.2
非主要通道和操作走道宽度	≥1.0
总调节站后面距墙	0.6 ~ 0.8

2. 氨管道设计

氨具有剧毒，易挥发，并有腐蚀性和爆炸性，为保证人身和设备的安全，对氨系统管道的强度和严密性试验是首先要考虑的。另外，由于压缩机的润滑油不溶于氨液中，当润滑油带到冷凝器、蒸发器时就会降低传热效率，影响系统的制冷能力，所以氨系统管道应有排油措施，布置时应注意以下几方面：

1）压缩机的吸气管至蒸发器之间管道应有大于0.003的坡度，且坡向蒸发器，以防止氨的液滴进入压缩机，产生湿冲程甚至液击事故。

2）对压缩机的排气管应有不小于0.01的坡度，坡向油分离器。并联工作的压缩机排气管上宜设止回阀。装有洗涤式油分离器的制冷系统，止回阀应装在油分离器的进气管上，且每台并联压缩机的支管与总管的连接应防止"T"形连接，以减少流动阻力，如图4-11所示。

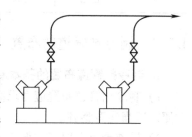

图4-11　并联压缩机排气管接法

3）设计要点。

① 冷凝器至贮液器的液体管。立式冷凝器至贮液器的液体管，如冷凝器出口管道上装设阀门，则出口管与阀门之间应有大于等于200mm的高差。水平管应有坡向贮液器大于等于0.05的坡度。管内液体流速为0.5 ~ 0.75 m/s，均压管管径应大于等于DN20，如图4-12a所示。

另外，立式冷凝器也可配用从下部进液的通过式贮液器或贮存式贮液器。如因条件限制，需要降低冷凝器的安装高度时可参见图4-12b，贮液器进液口的阀门可改为角阀。如采用贮存式贮液器，则冷凝器出口至贮液器内最高液位的距离符合表4-10的要求。

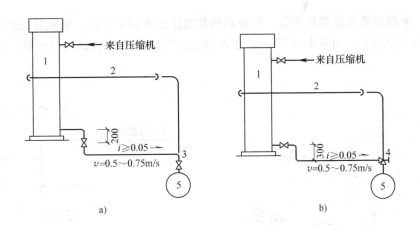

图 4-12 立式冷凝器至贮液器液体管的连接
1—冷凝器 2—均压管 3—直通阀 4—角阀 5—贮液器

表 4-10 冷凝器与贮液器最小间距表

液体最高流速/（m/s）	冷凝器与贮液器之间的阀门	最小间距 H/mm
0.75	无阀门	350
0.75	角阀	400
0.75	直通阀	700
0.5	无阀门、角阀、直通阀	350

　　一般卧式冷凝器至贮液器的管道连接如图 4-13 所示。卧式冷凝器与贮液器之间应有一定的高差，以保证液体借自重流入贮液器。采用通过式贮液器时，从冷凝器至贮液器进液间的最小间距为 200mm，进液管流速小于 0.5m/s。当采用贮存式贮液器时，为防止液体倒灌入冷凝器，其出口至贮液器最高液位间距 H 也应满足表 4-10 中所列的数值。如冷凝器的出液管上需装设阀门，其安装高度必须低于贮液器的最底液面。

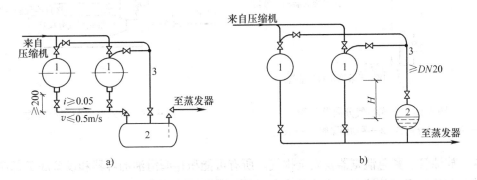

图 4-13 卧式冷凝器至贮液器液体接管图
a）采用通过式贮液器 b）采用贮存式贮液器
1—卧式冷凝器 2—贮液器 3—均压管

　　蒸发式冷凝器至贮液器的液体管内的最高流速为 0.5m/s，坡度为 0.05，坡向贮液器，单组冷却排管的蒸发式冷凝器可利用液体管本身均压，液体管应有大于 0.2 的坡度，且管径适当加大以减少阻力，使来自贮液器的气体沿液体管回至冷凝器，如图 4-14 所示。

② 贮液器至蒸发器的液体管。贮液器通常直接接管到蒸发器，充氨管也接在贮液器至蒸发器的液体管道上，如图 4-15 所示。浮球阀的接管应使液体能通过过滤器、浮球阀而进入蒸发器。

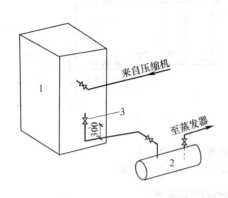

图 4-14　单组冷却排管蒸发式冷凝器接管图
1—蒸发式冷凝器　2—贮液器　3—放空气阀

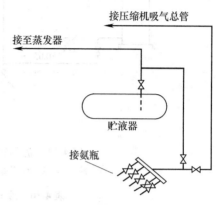

图 4-15　充氨管的连接

③ 空气分离器的接管。空气分离器一般按制造厂提供的阀门来配置管道，其安装高度可根据情况灵活确定。立式空气分离器和卧式空气分离器接管分别如图 4-16、图 4-17 所示。放出的空气一般通入水池后再散到大气。

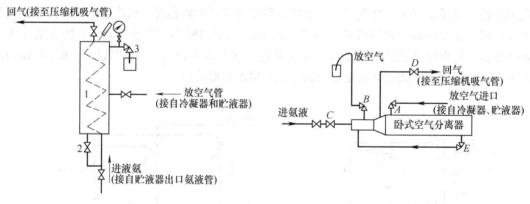

图 4-16　立式空气分离器接管
1—立式空气分离器　2—手动膨胀阀　3—放空气

图 4-17　卧式空气分离器接管

④ 放油管、紧急泄氨器及安全排气。所有可能积存润滑油的容器和设备底部都应有放油的接头和放油阀，并接至一个或几个集油器，集油器的接管如图 4-18 所示，紧急泄氨器接管如图 4-19 所示。另外，所有压力容器，如冷凝器、贮液器和管壳式蒸发器等设备上，都应设安全阀和压力表，安全阀的排气管引至屋脊或高于邻近 50m 内建筑的屋脊。循环桶内制冷剂温度和压力都很低，内部积存的润滑油黏度大，排放十分困难，目前采用的办法主要有两种：一是在紧邻循环桶下部设置专用放油器，并尽可能采用大管径，以最短的直管将二者连接起来，靠重力的作用将黏度很大的润滑油放出。集油器上应设置抽气管以降低集油

器内压力，并分离油中的混有氨液。

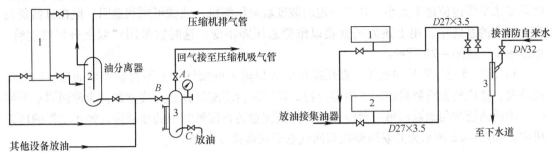

图 4-18　集油器接管图

1—冷凝器　2—油分离器　3—集油器

图 4-19　紧急泄氨器接管图

1—蒸发器　2—贮液器　3—紧急泄氨器

3. 氟利昂管道的布置要求

氟利昂能溶解不同数量的润滑油，在管路配置时应注意解决两个问题，即系统应保证润滑油能顺利地由吸气管返回制冷机曲轴箱；当多台制冷机并联运行时，润滑油应能均匀地回到每台制冷机。另外在进行管道设计时还应注意带油问题，对于有坡度的管道，都应坡向制冷剂流动的方向。

4. 氟利昂管道设计

（1）回气管　氟系统的回气管不仅要完成向压缩机输送低压气体的任务，而且还要借助管内气体流速将蒸发器内的润滑油带回压缩机。回气管布置方式很多，总的目的都是在工作时使润滑油能均衡地返回压缩机且不发生回液现象。布置时应从以下几方面考虑。

1）坡度与坡向。为了便于回油，回气管水平部分应有 0.5% ~ 1.0% 的坡度，坡向压缩机。

2）液囊。回气管上避免出现"液囊"。如布置中出现液囊，在轻负荷或停机时，油和氟液就会滞留于此形成液封，增大管道压降，重新启动时油和液体就容易进入压缩机而引起油击或液击。

3）回油弯（即存油弯）。上升回气立管中的带油速度，只有在建立了必要的带油条件时才便于将油带走。一般是在蒸发器出口上升回气立管的底部设置一个 U 形弯头，俗称"回油弯"，如图 4-20 所示。蒸发器内积存的油流入回油弯内，积在弯头底部，使回油弯与立管连接处附近流通截面积减少，流速加快，以利于连续带油上升至水平回气管。在设计制作回油弯时，要尽量做小，以便于油的提升和避免产生较大的压降。

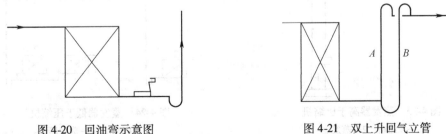

图 4-20　回油弯示意图

图 4-21　双上升回气立管

4）双上升回气立管。对于带有卸载装置的压缩机或几个压缩机并联运行时，用最小负荷选配上升立管管径，虽能满足最小带油速度，但在满负荷工作时压降很大，在机器负荷变化不大的情况下，可通过增大水平管段、下降管段管径的办法来维持回气管总压降不变，这时只要水平管内流速不太小，并有一定的坡度坡向压缩机，油就可顺利返回。但在机器负荷变化较大的系统中，用上述方法就难以维持总压降不变，这时宜采用"双上升回气立管"加以解决，如图 4-21 所示。

5) 回气管与压缩机的连接。在压缩机吸入口附近的回气管上不要设置回油弯，以免出现液囊，造成机器重新启动时发生湿行程。对于多台压缩机并联连接方案，应使回到水平回气管中的油能均匀地返回每一台压缩机，特别注意防止回气管中的油液进入停止工作的压缩机中。如图 4-22 所示为并联压缩机与回气总管的连接方案之一。

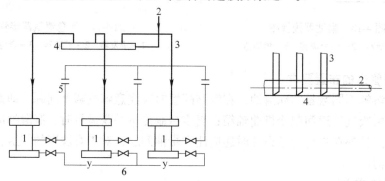

图 4-22　并联压缩机与回气总管的连接
1—压缩机　2—回气总管　3—回气支管　4—集管　5—均压管　6—均油管

6) 回气管与蒸发器的连接。根据蒸发器与压缩机高度位置的不同，布置方案有以下几种：

① 蒸发器高于压缩机。蒸发器设在压缩机上面时，最有利于回油，连接方式如图 4-23 所示，但在停止工作时，蒸发器中的油液会自行流入压缩机，造成再次开机时的液击或其他事故。所以该方案只能在供液很少或停机前提前关闭供液，以使停机时无油液下流，或在自动控制中采取措施的情况下才能使用。

② 蒸发器低于压缩机。蒸发器设在压缩机下方时的管路连接如图 4-24 所示。连接方式与上述基本相同，主要考虑的是蒸发器的回油和防止油液串流。需要指出的是，上升立管并不能任意长。当上升立管较长时以每隔 8m 或更短距离设一回油弯分级提升，以利回油。

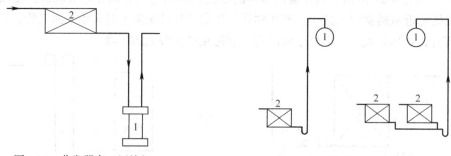

图 4-23　蒸发器高于压缩机　　　　　　图 4-24　蒸发器低于压缩机
　　1—压缩机　2—蒸发器　　　　　　　　　1—压缩机　2—蒸发器

7) 回气管与热交换器的连接。回气管与热交换器的连接应有利于回油，热交换器应装在水平或下降回气管上，不是设在上升回气立管上。为增强换热，进、出液和进、出气管宜逆流连接，以增大换热温差。回气管与热交换器的连接如图 4-25 所示，不同结构的热交换器可参照该方法连接。

8）吸气管与低压循环桶的连接。在氟泵供液系统中，由蒸发器返回的油随气体进入低压循环桶，吸气管除输送气体外，还需将低压循环桶内的油送回压缩机。其做法是利用低温下氟油混合溶液两层分离的特点，在近液面的富油层处引出 1～3 根回油管至吸气管，利用低压气体的流速将油引射至吸气总管返回压缩机，如图 4-26 所示。图中 A 点宜接在离低压循环桶出气口远点的吸入管上。为了控制回油量，应在回油管上加设电磁阀或截止阀等。

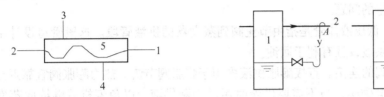

图 4-25　回气管与热交换器的连接
1—进液　2—出液　3—进气
4—出气　5—热交换器

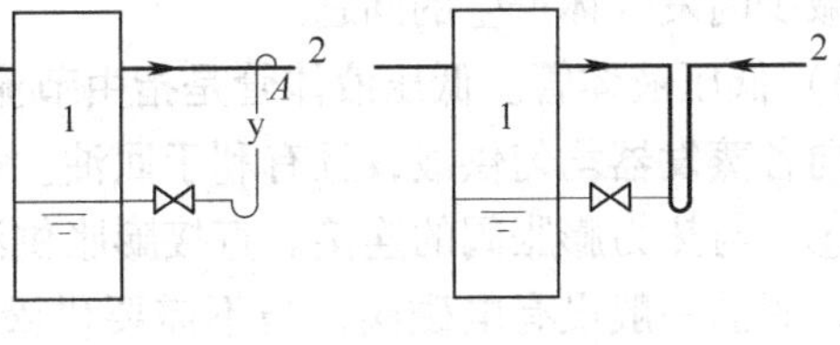

图 4-26　吸气管与低压循环桶的连接
1—低压循环桶　2—接压缩机

（2）排气管　排气管是指从压缩机排气口至冷凝器进气口之间的高压气体管道。对将压缩机、油分离器、冷凝器等组装成一整体的压缩冷凝机组来说，无需对排气管进行设计布置。

1）注意事项。

① 压缩机停止运转时，排气管内冷凝下来的氟液和油不得流回压缩机，排气管较长或环境温度较低的地方更应注意。

② 多台并联压缩机的排气不应互相碰撞，以减少流动阻力。

③ 随工作压缩机排气排出的油不得流入停止工作压缩机的机头，以免造成该机启动困难。

④ 水平管段应有大于等于1%的坡度，坡向油分离器或冷凝器。

2）连接。

① 设油分离器时排气管的连接。系统有油分离器时，应将上升排气立管设在油分离器之后，油分离器后的上升立管不需设置回油弯和考虑带油速度问题，可简化设计。如图 4-27 所示为油分离器时排气管的连接示例。

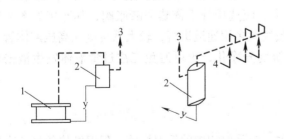

图 4-27　设有油分离器时排气管的连接
1—压缩机　2—油分离器　3—接往冷凝器
4—来自压缩机

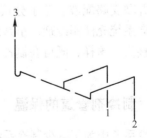

图 4-28　并联压缩机排气管的连接
1、2—来自压缩机
3—接往冷凝器

② 不设油分离器时排气管的连接。不设油分离器时，上升排气立管也应考虑一定的带油速度并设回油弯。两台机器并联时排气管如图 4-28 所示，上升立管较长时可采用分级提升。

（3）液体管

1）下液管。参照氨系统。

2）高压液体管。高压液体管是指贮液器或冷凝器至节流阀段的液体管。在这段管路中，氟液和润滑油处于互溶状态，即使是流速很低也还会分离。本管段需要解决的是如何防止或减少闪发气体产生的问题。

3）低压液体管。低压液体管是指由节流阀到蒸发器的供液管段。这段管道设计中应注意能向各蒸发器均匀供液，且有利于回油。

① 与热力膨胀阀的连接。直接膨胀供液多用于膨胀阀节流。热力膨胀阀宜靠近蒸发器布置，阀前一般设有电磁阀，当不需要供液时用以切断供液，以免停机后继续向蒸发器供液，不利于下次开机。为了清洗过滤器、检修热力膨胀阀和电磁阀时不影响工作，可增设截止阀，并且并联一只手动节流阀，必要时手动供液。

② 与冷却排管的连接。蒸发器为冷却排管时，为防止各个通路供液不均匀，以每只热力膨胀阀只向一个通路供液的单路供液系统为宜，如图 4-29 所示。为便于回油，采用上进下出供液流向。一只热力膨胀阀向几个并联通路供液时，要求各通路阻力尽量平衡，必要时采用分液器配液，如图 4-30 所示。

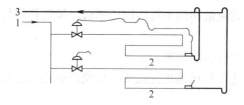

图 4-29　并联排管单路供液
1—高压供液　2—排管
3—回气管

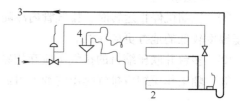

图 4-30　并联排管分液器供液
1—高压供液　2—排管
3—回气管　4—分液器

③ 与冷风机的连接。冷风机多为定型产品，常见的为多通路并联结构。根据其结构形式，设计时可用一只或两只热力膨胀阀向一台冷风机供液。为使供液均匀，冷风机多作分液器对各并联支路配液。鉴于分液器阻力很大，应选用外平衡热力膨胀阀，其连接如图 4-31 所示。向系统充注制冷剂，小系统可通过吸气阀多用通道进行，较大系统则在高压液体管上加充液接头，这样，既可在制冷剂进入系统前先净化，也可避免充注过量液体发生液击现象。

4.3.4　制冷剂管道的保温

制冷系统中为了减少制冷系统的冷损失，应采取相应的保温措施。保温结构的好坏直接影响到保温效果，为了保证保温效果，保温材料一般包在管道和设备的外侧，且在保温层外设防潮层（密封），常用的防潮材料有沥青油毡、塑料薄膜、铝箔等，另外在安装保温层时应防止产生冷桥。

1. 保温的目的

在制冷管道及其附件表面敷设保温层的目的是减少（冷）媒介在输送过程中的无效损失，并使冷（热）媒介维持一定的参数以满足使用要求。

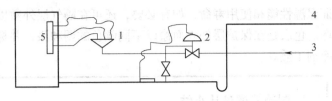

图 4-31　冷风机用分液器供液

1—分液器　2—外平衡热力膨胀阀　3—供液　4—回气　5—冷风机

2. 需要保温的部位

一般情况下，应保温的部位有制冷压缩机的吸气管、膨胀阀后的供液管、间接供冷的蒸发器以及冷冻水管和水箱等。

3. 制冷管道保温材料的选择

制冷系统使用的保温材料应导热系数小、吸湿性小、密度小、抗冻性能好，而且使用安全（如不燃烧、无刺激味、无毒等）、价廉易购买、易于加工等。目前制冷系统中常用的保温材料有玻璃棉、软木、硅酸铝、聚苯乙烯泡沫塑料、聚氨酯、泡沫塑料、膨胀珍珠岩、岩棉、微孔硅酸钙、硅酸铝纤维制品以及泡沫石棉等，这些保温材料一般先加工成形，这样施工方便，效果较好。常用保温材料的性能见表 4-11。

表 4-11　常用保温材料的主要性能

材料名称		一般性能				主要优缺点	
		密度/（kg/m³）	导热系数/（W/m·K）	耐冷热度/℃	吸水性	优点	缺点
软木板		<180	0.058	—	<8%（质量）	强度大、不腐蚀	能燃烧、易被虫蛀且密度大
		<200	0.07	—	<10%（质量）		
玻璃纤维板	纤维 D：18~25	90~105	0.04~0.046	−50~250	—	耐冻、密度小、无臭、不燃、不腐	吸湿性大、耐压力很差
	纤维 D<16	70~80	0.037				
	纤维 D=4	40~60	0.031~0.035				
矿渣棉		100~130	0.04~0.046	−200~250	—	耐火、成本低	吸湿性大、松散易沉陷
泡沫塑料	自熄聚苯乙烯	25~50	0.029~0.035	−80~75	—	导热系数小、吸水性低、无臭、无毒、不腐	能燃烧、但可自熄
	自熄聚氯乙烯	<45	<0.043	−35~80	50mm 厚板材 <0.2kg/m²		
	聚氨酯硬质泡沫塑料	<40	0.043~0.046	−30~80	—	就地发泡、施工方便	发泡时会产生有毒气体

4. 保温结构的组成

保温结构应由防锈层、保温层、隔气层和色层组成。防锈层是为防止管道或设备表面锈蚀，一般在管道或设备外表面涂樟丹漆或沥青漆。隔气层是在保温层外面缠包油毡或塑料布等，使保温层与空气隔开，以防止空气中的水蒸气透入保温层造成保温层内部结露，从而保证保温性能和使用寿命，如有必要，还可在隔气层外敷以铁皮等保护层，使保温层不致被碰坏。色层是在保护层外表面涂以不同颜色的调和漆，并标明管路的种类和流向，方便确认制冷剂工质。

> ## 制冷管道设计小结
>
> 1. 制冷管道管材选用：氨制冷系统管道一律采用无缝钢管；氟利昂系统则常采用紫铜管或无缝钢管，当系统容量较小时即 $DN < 25mm$ 采用紫铜管，当系统容量较大时（当 $DN \geq 25$ mm）则采用无缝钢管。
> 2. 制冷管道连接密封材料选用：氨系统用普通橡胶；氟利昂系统选用耐腐蚀橡胶。
> 3. 管径确定：工程常用线图法取值，注意要规格标准化。
> 4. 管道的连接与布置：不同位置有不同要求。
> 5. 低温管道需要作保温处理。

思考与练习

4-1 氨制冷系统由哪些设备组成？试简述它的工作原理。

4-2 氟利昂制冷系统由哪些设备组成？试简述它的工作原理。

4-3 氨制冷系统与氟利昂系统的主要区别有哪些？

4-4 冷藏用制冷系统有哪几种供液方式？它们的特点是什么？

4-5 常用的氨制冷管道及氟利昂制冷管道的管材是什么？

4-6 制冷管道设计包括哪些内容？

4-7 制冷管道设计应考虑的问题是什么？

4-8 制冷管道布置的基本原则是什么？

4-9 氨制冷系统和氟利昂制冷系统的压缩机吸、排气管水平管段坡度有何不同？为什么？

4-10 制冷剂管道阻力对制冷压缩机的吸、排气压力有什么影响？制冷系统吸、排气管的允许压力降是多少？

第5章 制冷机组

本章目标：

1. 了解制冷机组的结构、特点。
2. 理解制冷机组的工作流程。
3. 掌握制冷机组的适用范围、性能参数。
4. 了解制冷机组的安装、使用方法。
5. 了解空调机组的结构、类型。

制冷系统机组化是现代制冷装置的发展方向。制冷机组就是将制冷系统中的全部或部分设备在工厂组装成一个整体，为用户提供所需要的冷量和用冷温度。制冷机组不但结构紧凑，使用灵活，管理方便，而且质量可靠，安装简便，能缩短施工周期，加快施工进度，深受广大工程技术人员和用户的欢迎。

常用的制冷机组有压缩机—冷凝器机组，压缩式冷水和冷、热水机组，以及各种空调和低温机组。所有机组的型号、规格、性能参数均由制造厂提供，用户可以直接从样本中选择。本章主要介绍几种空调上常用的冷水机组。

5.1 活塞式冷水机组

活塞式制冷机组是将活塞式压缩机、冷凝器、蒸发器、膨胀阀、连接管路、电控柜及其他附件组装在一个公共底座或框架上，组成一套完整的制冷系统。其中电控柜有的是装在机组上，也有的是单独设置。

根据用途不同，机组有空调用冷水机组、低温用盐水机组、空调用冷风机组、冷藏用冷风机组等。目前国产活塞式冷水机组有 FJZ 系列、LS 系列、JZS 系列等，下面就常用活塞式冷水机组进行介绍。

5.1.1 活塞式冷水机组的特点

1. 特性

活塞式冷水机组主要采用活塞式开启式或半封闭式的压缩机，单台或多台并联使用。活塞式冷水机组是一种最早应用于空调工程中的机型，也是发展最早、技术最成熟、对工况变化适应性强的一种冷水机组。

2. 优缺点

活塞式冷水机组的优点主要有：

1) 结构紧凑、占地面积小、操作简单、管理方便。
2) 在空调制冷范围内，其容积效率比较高。

3）采用多机头、高速多缸、短行程，性能得到改善，更加节能。

4）模块式冷水机组体积小，重量轻，噪声低，占地少，组装灵活方便，调节性能好，自动化程度比较高。

活塞式冷水机组的缺点主要有：

1）往复运动的惯性力大，转速不能太高，振动较大。

2）运动部件较多、寿命不长。

3）单机容量不宜过大。

4）单位制冷量重量指标较大。

5）当单机头机组不变转速时，只能通过改变工作气缸数来实现跳跃式的分级调节，部分负荷下的调节特性较差。

6）当模块式机组组合超过八个模块单元时，蒸发器和冷凝器水侧流动阻力较大。

3. 经济性

活塞式冷水机组用材为普通金属材料，加工容易，造价低，与其他机组相比，运行费用较高，而且容量调节性能较差，维护管理比较方便，振动和噪声较大。

4. 适用条件

活塞式冷水机组主要应用于中、小容量的空调制冷系统与热泵系统。

国产活塞式冷水机组常见类型见表5-1。

表5-1 国产活塞式冷水机组常见类型

机组型号	压缩机类型	空调工况制冷量/W	生产厂家
FJZ-15A	4FV12.5	17.4×104	
FJZ-20A	4FV12.5	22.6×104	
FJZ-30A	6FW12.5	34.1×104	上海第一冷冻机厂
FJZ-40A	8FS12.5	45.5×104	
LS-200	6FW7B	21.5×104	
LS-250	8FS10	29.0×104	上海冷气机厂
LS-500	8FS10×2	58.1×104	
LSJ-150	4FV10G	17.4×104	
LSJ-200	6FW10G	21.5×104	重庆冷冻机厂
LSJ-250	8FS10G	29.0×104	
JFZ10	6FW7B×2	11.6×104	天津冷气机厂
JFZH18	8FS10	20.9×104	
FLZ15	2FV7B	1.74×104	
FLZ2.5	3FW7B	2.9×104	北京冷冻机厂
FLZ3.5	4FS7B	4.06×104	
FLZ5.0	6FW7B	5.8×104	

5.1.2 活塞式冷水机组的结构

1. 活塞式冷水机组结构

以常用的 FJZ 系列冷水机组为例，介绍活塞式冷水机组的结构，FJZ-40A 冷水机组结构如图 5-1 所示。

FJZ-40A 冷水机组主机为 8FS-12.5 压缩机，以 R22 为工质，采用了滚轧螺纹管制成的管壳式冷凝器和内肋管式蒸发器，大大提高了传热效率，使体积重量有了显著的缩小，设备充注的制冷剂 R22 也只有一般满液式机组的 1/3，并且没有蒸发器冻裂的危险。机组上装有自动能量调节装置，当蒸发器水温因外界负荷变化而有升降时，制冷机的制冷量也可相应地自动调节，此外，机组上还备有自动保护装置可以防止设备因意外原因而引起的事故。

FJZ-40A 冷水机组的配管有上部冷却水进、出口 DN125，下部冷冻水进、出口 DN125，另有 DN15 安全阀、放空气阀和压力表。

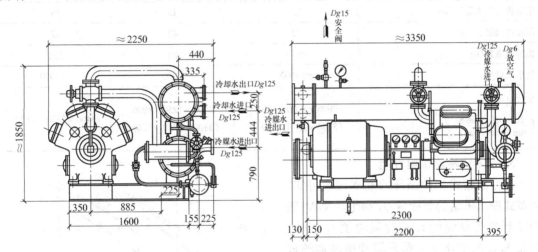

图 5-1 FJZ-40A 冷水机组结构图

2. 活塞式冷水机组的主要技术规格

FJZ 系列冷水机组主要技术规格见表 5-2。

表 5-2 FJZ 系列冷水机组主要技术规格

技术规格	机组类型	FJZ-15（FJZ-15A）	FJZ-20（FJZ-20A）	FJZ-40A
压缩机	型号	4FV-12.5	4FV-12.5	8FS-12.5
	转速	730r/min	960r/min	980r/min
	工质	R22	R22	R22
冷凝温度/℃				40
冷却水进口温度/℃		32	32	32
冷却水出口温度/℃		37	37	36（37）
冷却水流量/（m³/h）		36	50	125
冷却水阻力/kPa		49	58.9	≤68.7
冷冻水进口温度/℃		12	12	12
冷冻水出口温度/℃		7	7	7
冷冻水流量/（m³/h）		30	40	78
冷冻水阻力/kPa		≤78.5	≤78.5	≤83.4

（续）

技术规格 \ 机组类型	FJZ-15 （FJZ-15A）	FJZ-20 （FJZ-20A）	FJZ-40A
蒸发温度/℃			约2
冷凝器污垢系数/（m²·s·℃/J）	0.0086	0.0086	0.0086
蒸发器污垢系数/（m²·s·℃/J）	0.0086	0.0086	0.0086
设计工况制冷量/kW	17.4×104	22.8×104	45.6×104
冷凝器进出水管径/mm	80	80	125
蒸发器进出水管径/mm	80	80	125
压缩机冷却水管径/mm	15	15	15
压缩机加油量/kg	42	42	42
机组充液量/kg	约72	80	120
机组质量/kg	约2600	2900	约4900
外形尺寸 （$\frac{长}{mm} \times \frac{宽}{mm} \times \frac{高}{mm}$）	3000×1200×1900 （3100×1940×1700）	3000×1250×1940 （3100×1940×1700）	3400×2250×1850

3. 活塞式冷水机组性能

根据压缩式制冷循环的基本理论可知，活塞式冷水机组的制冷量 Q_0 和轴功率 N_e 随制冷剂的蒸发温度 t_0 和冷凝温度 t_k 变化，而 t_0 和 t_k 的变化又与蒸发器和冷凝器的进水温度和流量有关。因此，各制冷设备制造厂均绘制了冷水机组的制冷量、轴功率、冷却水和冷冻水出口温度特性曲线，供用户选择和配备水、电容量。

FJZ 系列冷水机组全性能曲线，如图 5-2、图 5-3、图 5-4 所示。图中横坐标为冷冻水出口温度，左纵坐标为制冷量，右纵坐标为轴功率，实线对应制冷量 Q_0，虚线对应轴功率 N_e，按冷却水出口温度分别为 27℃、32℃、37℃给出。

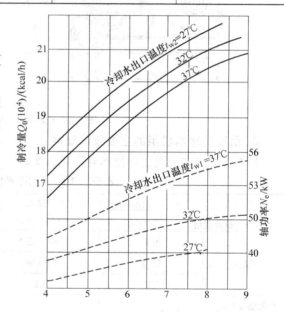

图 5-2　FJZ-15 冷水机组全性能曲线

4. 活塞式冷水机组使用条件

国产活塞式冷水机组大多采用 70、100、125 系列制冷压缩机组装。其中，70 系列为半封闭式制冷压缩机，100 和 125 系列为开启式压缩机。当冷凝器进水温度为 32℃，出水温度为 36℃，蒸发器出口冷冻水温度为 7℃时，冷量范围约为 35~580kW。冷水机组可用一台或多台制冷压缩机组装，以扩大冷量选择范围。整个制冷设备装在槽钢底架上。在安装时，用户只需固定底架，连接冷却水和冷冻水管以及电动机电源，即可进行调试。

由于活塞式制冷压缩机的性能随运行工况变化，为确保制冷机组的正常、安全、高效、节能地运行，机组的使用条件不得超过下列规定范围，见表 5-3。

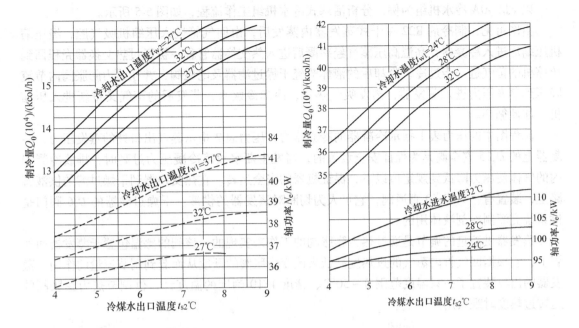

图 5-3 FJZ-20 冷水机组全性能曲线   图 5-4 FJZ-40A 冷水机组全性能曲线

表 5-3 FJZ 系列冷水机组的使用条件

项 目	单 位	FJZ-15 极限值	FJZ-20 极限值	FJZ-40A 极限值
最高冷凝压力（表压）	kPa	1471	1471	1471
最高蒸发温度	℃	—	—	5
最大活塞压力差	kPa	1373	1373	1373
最低环境温度	℃	—	—	0 以上
最高蒸发压力	kPa	539.4	539.4	—

注：实际运转允许略有超过，但以不长期运转为好。

5. 活塞式冷水机组节能措施

FJZ-40A 冷水机组设有节能装置，该装置位于冷凝器下部，使用时根据水源情况有下面二种接法。

1）若有低于冷却水温度的辅助水源，如低温冷却塔补给水或井水，使用时将低温水接入水盖底部的 D_g40 水阀（如流程图所示），然后从另一端水盖上引出。如果这部分水质较好，可以作为凉水塔补给水。当它的出口压力高于冷凝器冷却水出口压力时，可直接引入，否则应单独引入凉水塔水池。该装置的节能效果是辅助水源温度每低 5℃，则增加制冷量 4%，该装置的用水量为 $10 \sim 15m^3/h$。水温低于冷却水温度 7℃时，可以二台机组串联使用，当低于 10℃时，可以三台机组串联使用，用水量可选用上限。具体做法是将冷凝器左右二端盖内隔板上开孔封死。

2）如没有低于冷却水温度的辅助水源时，则将节能装置进出口水管按常规连接。

5.1.3 活塞式冷水机组的工作流程

1. 活塞式冷水机组的工作流程

以 FJZ-40A 冷水机组为例，分析活塞式冷水机组工作流程，如图 5-5 所示。

由图可见，制冷剂 R22 在干式蒸发器内蒸发后，由回气管进入压缩机吸气腔，经压缩机压缩后进入冷凝器，高温高压蒸气经冷凝后进入热交换器管程，被经过热交换器壳程回到压缩机的蒸气进一步过冷，冷却后的液体流经干燥过滤器及电磁阀，并在热力膨胀阀内节流降压到蒸发压力进入蒸发器，蒸发吸收热量，冷却冷媒水，蒸发后的蒸气又重新进入压缩机，如此循环。

流程图中的压力表 1 指示冷凝器的冷凝压力，压力表 2 指示蒸气出口处的蒸发压力，冷凝器上的 D_g15 安全阀是为保证安全设置的，当发生断水故障冷凝压力过高时，排放冷凝器内的气体使压力降低到规定值以下，保证机器的安全运转。在热交换器到干燥过滤的供液管路上，装置有一只 D_g40 直通阀，它可人为切断对蒸发器的供液。干燥过滤器的 D_g6 阀门是供系统充灌制冷剂液体用的。

蒸发器供液量的调节是通过热力膨胀阀的工作来实现的。该阀的感温包置于蒸发器回气管上，它根据回气管内蒸气的过热度高低来改变膨胀阀的开度从而起到调节流量的作用。蒸发器的出口装置了一只温度范围 0~50℃、精度 1/10 刻度的温度计，供调节热力膨胀阀的运转过热度时观察用。

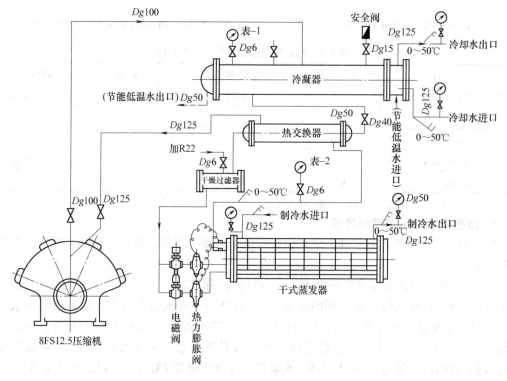

图 5-5　FJZ-40A 冷水机组流程图

2. 活塞式冷水机组的控制系统

FJZ-40A 冷水机组控制系统管路图，如图 5-6 所示。

由图可知，冷水机组中除装有压缩机（J），冷凝器（LN），蒸发器（ZF）和热力膨胀阀（RF）等四大主件外，还装有各种关闭阀（F），电磁阀（DF）和高、低压力继电器（JY），油压压差继电器（JC），冷冻水出水温度自控装置（WJ）和实现压缩机能量调节的温度控制器

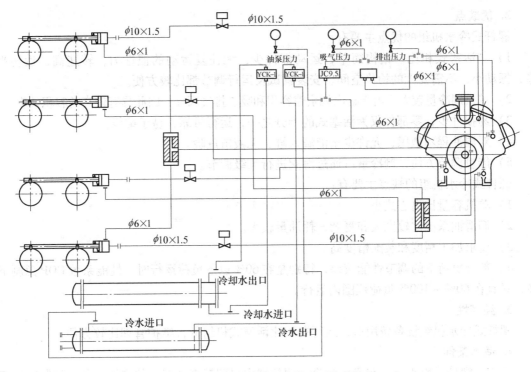

图 5-6　FJZ-40A 冷水机组控制系统管路图

（WT）。这些自动控制装置的整定值应根据所用制冷剂种类和用户使用的冷冻水温度设定。通常情况下，这些整定值在机组出厂前已由工厂作了初步调整，无特殊情况，用户在试车时仅需验证即可。由于机组装有各种自控设备，使系统的高低压力得到控制，当润滑油和冷却水出现断油和断水，或者冷冻水结冻时，能使压缩机自行停车，机组得到保护。

> **📖 活塞式冷水机组小结**
>
> 　　1. 活塞式冷水机组适用于中、小型空调制冷系统中。
> 　　2. 活塞式冷水机组结构紧凑、占地面积小、操作简单，单机容量小，运动部件多，使用寿命不长。
> 　　3. 活塞式冷水机组的工作流程。

5.2　螺杆式冷水机组

5.2.1　螺杆式冷水机组的特点

1. 特性

　　螺杆式冷水机组通过转动的两个螺旋形转子相互啮合而吸入气体和压缩气体，利用滑阀调节气缸的工作容积来调节负荷。它的转速高，允许压缩比高，排气压力脉冲性小，容积效率高。螺杆式冷水机组的单机制冷量较大，其制冷效率略高于活塞式冷水机组。目前该机组采用的制冷剂主要为 R22，也有部分厂家的产品使用了 R134a 及其他无公害制冷剂。

2. 优缺点

螺杆式冷水机组的优点主要有：

1）与活塞式相比，结构简单，运动部件少，无往复运动的惯性力，转速高，运转平稳，振动小，不需要大的检修空间，安装调试及运行调节都比较方便。

2）单机制冷量较大，由于缸内无余隙容积和吸、排气阀片，因此具有较高的容积效率。

3）易损件少，零部件仅为活塞式的十分之一，运行可靠，易于维修。

4）对湿冲程不敏感，允许少量液滴入缸，无液击危险。

5）能量调节方便，制冷量可通过滑阀进行无级调节。

螺杆式冷水机组的缺点主要有：

1）单机容量比离心式小。

2）润滑油系统比较庞大和复杂，耗油量较大。

3）要求加工精度和装配精度高。

4）部分负荷下的调节性能较差，特别是在60%以下负荷运行时，性能系数COP急剧下降，只宜在60%～100%负荷范围内运行。

3. 经济性

螺杆式冷水机组设备费用低，运行费用比活塞式机组低，维护管理比较方便。

4. 适用条件

目前，螺杆式冷水机组在我国制冷空调领域内得到越来越广泛的应用，其典型制冷量范围为700～1000kW。与活塞式和离心式机组相比，螺杆式冷水机组一般应用于制冷量在580～1163kW的高层建筑、宾馆、饭店、医院、科研院所等大、中型空调制冷系统中。

5.2.2 螺杆式冷水机组的结构

1. 螺杆式冷水机组的结构

螺杆式冷水机组通常由螺杆式制冷压缩机与冷凝器、蒸发器及其他辅助设备配套组成空调冷水机组或盐水用成套设备。螺杆式冷水机组外形结构如图5-7所示。

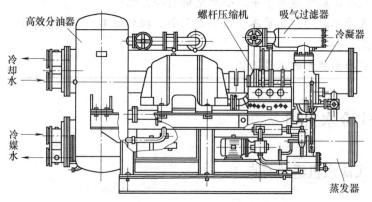

图5-7　螺杆式冷水机组外形结构

2. 螺杆式冷水机组的技术参数

螺杆式冷水机组的生产厂家比较多，表5-4为从某厂家产品样本中摘录的螺杆式冷水机组主要技术参数。

表5-4　某系列螺杆式冷水机组主要技术参数

型号			LSBLG130/M	LSBLG170/M	LSBLG190/M	LSBLG255/M	LSBLG290/M	LSBLG320/M	LSBLG400/M	LSBLG485/M	LSBLG570/M	LSBLG630/M	LSBLG770/M	LSBLG860/M
制冷量/kW			130	167	189	253	292	318	400	485	572	628	771	859
电源			3N～380V　50HZ											
输入功率/kW			28	35	41	55	60	69	85	100	118	132	167	180
额定电流/A			53	66	78	101	114	131	161	190	224	251	317	342
压缩机	型式		半封闭双螺杆式											
	启动方式		Ⅱ-△											
	能量调节		25%～100%有级控制或无级控制											
	数量		1	1	1	1	1	1	1	1	1	1	1	1
制冷剂	种类		R22											
	填充量/kg		25	30	35	40	50	60	80	90	100	120	150	180
冷凝器	型式		卧式壳管冷凝器											
	流量/(m³/h)		27	35	40	53	61	67	84	101	119	131	162	179
	水压降/kPa		20	12	21	22	23	22	22	21	21	42	42	41
	进出管径/mm		DN80	DN80	DN80	DN100	DN100	DN100	DN100	DN125	DN125	DN125	DN150	DN150
蒸发器	型式		干式蒸发器											
	流量/(m³/h)		22	29	33	44	50	55	69	83	98	108	133	148
	水压降/kPa		55	60	95	93	81	77	73	90	83	80	81	65
	进出管径/mm		DN80	DN80	DN80	DN100	DN100	DN100	DN100	DN125	DN125	DN125	DN150	DN150
机组尺寸	长/mm		2520	2540	2940	2940	2970	2970	2990	2995	2995	3620	3620	3620
	宽/mm		800	800	800	800	850	850	850	1350	1350	1350	1450	1460
	高/mm		1720	1740	1740	1770	1820	1850	1965	1465	1550	1580	1700	1700
机组重量/kg			1160	1320	1400	1670	1830	1870	2250	2610	2870	3220	3730	3780
运行重量/kg			1260	1470	1550	1820	2030	3070	2550	2910	3220	3620	4130	4180

注:以上机型适用于冷冻水进出水温度12/7℃,冷却水进出水32/37℃。

5.2.3 螺杆式冷水机组的工作流程

螺杆式冷水机组是由性能优良的螺杆式制冷压缩机、冷凝器、蒸发器、热力膨胀阀、油分离器、自控元件和仪表等组成的一个完整制冷系统 。

螺杆式冷水机组的工作流程除螺杆式压缩机外，完全同活塞式冷水机组一致。螺杆式冷水机组机构紧凑、运行平稳，能量能无级调节，节能性好，易损件少，目前广泛用于办公楼、宾馆、饭店、酒店、商场、影剧院、歌舞厅、学校、医院等场所，并为之提供 7～12℃的空调冷冻水；也可以为机械、化工、医疗、电力、冶金等行业的工艺流程提供 2～15℃工艺冷冻水。

螺杆式冷水机组的典型工作流程如图 5-8 所示，它由制冷系统和润滑油系统两部分组成。制冷系统的工作流程为：制冷剂在蒸发器中汽化，所产生的蒸汽经过吸气过滤器进入压缩机。制冷剂在压缩机中被压缩为高压气体，同时润滑油喷入压缩机中与制冷剂一起被压缩，压缩后润滑油和制冷剂进入油分离器，其中无油的制冷剂进入冷凝器，在冷凝器中变为饱和液体后进入过冷器过冷，变为过冷液体，然后流向节流阀，经过节流降压降温后进入蒸发器。润滑油系统由油分离器、油冷却器、油过滤器、油泵、油压调节阀、油分配器和四通阀组成，其工作流程为：从油分离器分离出来的润滑油，为避免油温过高降低润滑性，先经过油冷却器进行冷却，然后在油泵作用下经过油粗滤器、油精滤器进入油分配器，接着分成两路进入压缩机。一路去润滑轴承并起冷却作用，另一路去压缩机喷射。

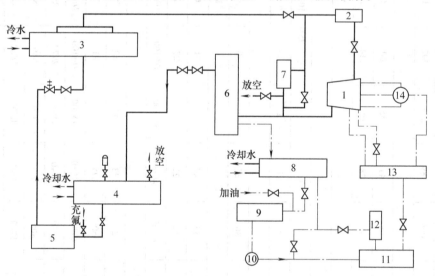

图 5-8 螺杆式冷水机组典型工作流程
1—螺杆式制冷压缩 2—吸气过滤器 3—蒸发器 4—冷凝器 5—氟利昂干燥过滤器
6—油分离器 7—安全旁通阀 8—油冷却器 9—油粗滤器 10—油泵
11—油精滤器 12—油压调节阀 13—油分配器 14—四通阀

5.2.4 螺杆式冷水机组的安装

螺杆式冷水机组出厂前，厂家已进行气密性试验和抽真空试验以及带负荷试验，机组就位后，无需再进行这些试验。机组安装时，可不需要地脚螺栓，直接放置在具有足够强度的水平地面或楼板上。在机组就位后，定压、加足润滑油、抽真空，然后按说明书的数量充灌制冷剂，并接上水源和电源，即可投入运转使用，非常方便。

> **螺杆式冷水机组小结**
> 1. 螺杆式冷水机组适用于大、中型空调制冷系统中。
> 2. 螺杆式冷水机组单机制冷量较大、运行可靠、能量调节方便，润滑油系统复杂。
> 3. 螺杆式冷水机组工作流程。

5.3 离心式冷水机组

离心式冷水机组适用于大冷量的冷冻站。随着大型公共建筑、大面积空调厂房和机房的建立，离心式冷水机组得到广泛的应用和发展。

5.3.1 离心式冷水机组的特点

1. 特性

离心式冷水机组通过叶轮离心力作用吸入气体和对气体进行压缩，容量大、体积小，可实现多级压缩，以提高效率和改善调节性能。离心式冷水机组配用的离心式制冷压缩机叶轮的级数一般为一级、两级。近年来一些生产厂家为了进一步降低机组能耗和噪声，避免喘振，采用了三级叶轮压缩。离心式冷水机组多采用半封闭式压缩机，这种机组体积小、噪声低、密封性好，是目前普遍采用的机型。

2. 优缺点

离心式冷水机组的优点主要有：

1) 单机制冷量大，国内离心式冷水机组的制冷量在 580 ~ 2800kW。

2) 单机容量大，结构紧凑、重量轻，相同容量下比活塞式冷水机组轻80%以上，占地面积小。

3) 叶轮作旋转运动，运转平稳，振动小，噪声较低。

4) 制冷剂中不混有润滑油，蒸发器和冷凝器的传热性能好。

5) 调节方便，在 15% ~100% 的范围内能较经济地实现无级调节。当采用多级压缩时，可提高效率10% ~20% 和改善低负荷时的喘振现象。

6) 没有气阀、填料、活塞环等易损件，工作比较可靠，操作方便。

离心式冷水机组的缺点主要有：

1) 由于转速高，对材料强度、加工精度和制造质量要求严格。

2) 单机制冷量不宜过小，工况范围比较狭窄，不宜采用较高的冷凝温度和过低的蒸发温度。

3) 变工况适应能力不强，当运行工况偏离设计工况时效率下降较快。

4) 在过高的冷凝温度和过低的负荷下，容易发生喘振现象。

3. 经济性

离心式冷水机组的压缩机转速较高，对材料的强度，加工精度和制造质量要求较高，因而造价较高，设备费用较贵，但运行费用较低，维护费用低，约为活塞式机组的20%。

4. 适用条件

离心式冷水机组是大、中型工程中应用得最多的机型，尤其是在单机制冷量1000kW以上时，设计时宜选用离心式机组，因为它具有比螺杆式更高的性能系数。离心式冷水机组适用于制冷量大于1163kW的大中型建筑物，如宾馆、剧院、博物馆、商场、高层建筑、写字楼等大、中型空调制冷系统。

5.3.2 离心式冷水机组对制冷剂的要求

离心式冷水机组对制冷剂提出一些特殊要求：

1）制冷剂分子量要大，气体常数要小，这样可以提高压缩比。

2）制冷剂在给定的冷凝温度 t_k 和蒸发温度 t_0 的条件下，其冷凝压力与蒸发压力之比要小，这样可以降低转速或减少极数，简化结构，降低造价。

3）制冷机组在压缩过程中蒸气的过热不宜过大，这样可以防止压缩终温过高，不用或少用中间冷却器，简化结构，提高工作循环效率。

4）制冷剂液体的比热要小，汽化潜热要大，这样可以减少节流损失，提高效率。

5）对大冷量的机组，制冷剂的单位容积制冷量要大，这样可缩小机组的体积，而对于小冷量机组制冷剂的单位容积制冷量要小，这样不致使压缩机叶片流道太狭窄而降低效率。

6）制冷剂在工作循环中的真空度不能太低，这样可防止空气渗入对金属的腐蚀和不需要使用附加排除空气的装置。

离心式制冷机组以前较常使用的制冷剂为R11、R22，目前使用R22的离心机已被R134a所替代，使用R11的机组已被R123的机组所替代。

5.3.3 离心式冷水机组的结构及工作流程

1. 离心式冷水机组的基本结构

离心式制冷机组的制冷循环与活塞式制冷机组相同，也是由制冷剂压缩、冷凝、节流和蒸发四个主要过程组成。离心式制冷机组除了有离心式压缩机、冷凝器、节流阀和蒸发器四个最基本的部件外，还需要保证制冷机安全可靠运行的保护装置和适应负荷变化的冷量调节装置以及排除不凝性气体的抽气回收装置等辅助设备。离心式冷水机组的外形结构如图5-9所示。

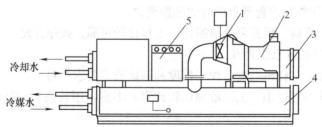

图5-9 离心式冷水机组外形结构

1—离心式压缩机　2—电动机　3—冷凝器　4—蒸发器　5—仪表箱

2. 离心式制冷压缩机组的工作流程

单级离心式冷水机组的工作流程如图5-10所示。由蒸发器汽化吸热后制冷剂气体由压缩机的进气室进入叶轮的吸入口，由于叶轮以高速旋转，把叶片间的气体以高速度甩出去，气体在被甩出去的过程中，叶轮对气体作了功，因此气体的速度增大，同时压力也增高。从叶轮出来的气体，其速度很高，高速气体进入叶轮后面的扩压器，由于扩压器是一个环形的通路，气体流经扩压器时沿流动方向的截面积是逐渐增大的，因而气流的速度降低，压力进一步增高，即由速度能转化为压力能。从扩压器出来的气体进入冷凝器中其热量被冷却水带走，制冷剂蒸气冷凝为液体状态。液态制冷剂自冷凝器下部节流至蒸发器侧的浮球阀室，液态制冷剂经节流降压后流入蒸发器下部蒸发，如此循环往复，周而复始，达到连续制冷的目的。在满液式卧式壳管式蒸发器中，制冷剂液体在较低的饱和温度（2～5℃）下吸收进入蒸发器传热管内冷水的热量而沸腾汽化，使管内冷水出水温度下降为7℃（标准工况），冷水提供给中央空调系统的末端设备（如表冷器、喷水室、风机盘管）。

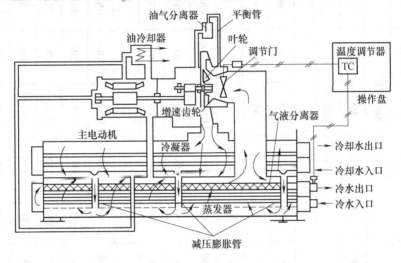

图 5-10　离心式冷水机组工作流程图

3. 离心式制冷机组制冷量的调节

离心式制冷机组制冷量调节的方法主要有：速度调节；进口节流调节；进口导流叶片调节；冷凝器水量调节；旁通调节。其中前三种调节方法是以改变制冷机主机的特性来适应冷量变化的调节方法。后两种是用改变管网特性来适应冷量变化的调节方法。

速度调节用于可变转速的原动机驱动的制冷机，它的调节经济性最高，可使制冷量在50%～100%范围内进行无级调速。目前，离心式冷水机组广泛采用变频控制柜来进行电动机的转数调节，既调节了制冷量，又节省了电能。

进口节流调节是在进口管道上装置蝶形阀，利用阀的节流作用来改变流量和进口压力，使制冷机特性改变。这种调速方法在固定转速下大型氨离心式制冷机用得较多，而且常用于使用工程中制冷量变化不大的场合，但经济性较差。其冷量的调节范围只在60%～100%之间。

进口导流叶片的调节方法是在叶轮进口前面设置多叶片的轴向或径向导流叶片。当启闭这些导流叶片时，使进入工作轮的气流方向发生变化而产生预旋，使压缩机产生的压头和流量发生变化，从而达到调节冷量的目的。此种方法调节结构简单，在固定转速的空调离心式制冷机中几乎都采用。其经济性比改变转速差，但比进口节流调节要经济得多，而且可以在

表 5-5 某系列离心式冷水机组主要技术参数

型号		LB60-P	LB75-P	LB90-P	LB105-P	LB120-P	LB150-P	LB180-P	LB210-P	LB240-P	LBS270-P	LBS300-P	LBS330-P	LBS360-P
制冷量/kW		703	879	1055	1230	1406	1755	2110	2461	2813	3165	3516	3867	4220
电机	电源	380/6000/10000-3-50												
电机	功率/kW	150	180	200	235	260	320	385	455	515	537	595	650	710
制冷剂	冷却方式	制冷剂喷射冷却												
制冷剂	种类	R123												
冷凝器	流量/(m³/h)	150	188	226	264	302	378	452	529	604	669	744	818	893
冷凝器	水压降/kPa	72	76	78	50	54	53	53	84	85	94	94	94	94
冷凝器	流程数	3	3	3	2	2	2	2	2	2	2	2	2	2
冷凝器	进出管径/mm	DN150	DN150	DN150	DN200	DN200	DN250	DN250	DN300	DN300	DN350	DN350	DN350	DN350
蒸发器	流量/(m³/h)	121	151	181.4	212	242	302	362	423	484	544	605	665	726
蒸发器	水压降/kPa	136	142	143	134	143	141	144	107	107	102	102	102	102
蒸发器	流程数	4	4	4	3	3	3	3	2	2	2	2	2	2
蒸发器	进出管径/mm	DN150	DN150	DN150	DN200	DN200	DN250	DN250	DN300	DN300	DN300	DN300	DN300	DN300
机组尺寸	长/mm	3560	3560	3560	4552	4552	4620	4620	5450	5450	6285	6285	6285	6285
机组尺寸	宽/mm	1580	1580	1580	1580	1580	1890	1890	1890	1890	2190	2190	2190	2190
机组尺寸	高/mm	2430	2430	2430	2430	2430	2720	2950	2950	2950	3522	3522	3522	3522
机组重量/kg		8090	8290	8490	9625	9800	11920	12285	14430	14700	23400	23900	24300	24700
运行重量/kg		8300	8500	8700	9870	10090	12590	13080	14900	15500	24280	25100	25850	26650

注：以上机型适用于冷冻水进出水温度 12/7℃，冷却水进出水 32/37℃。

25%（最低可达 10%）到 100% 的冷量范围内进行无级调节，此法在叶片开度小于 50% 以下的冷量变化特别明显。例如叶片开度为 50%、冷量已达 90%，当叶片开度调到 20% 时，冷量就变化到 60%。尤其在单级离心式制冷机效果更好。

改变冷凝器水量来调节冷量是不经济的，一般不采用。

旁通调节通常用在小冷量的制冷机中，所以往往和其他调节方法配合起来使用，由于制冷机排气温度高，当用旁通调节时，为防止改变制冷机特性及机壳温度过高，因此，有的采用将液态制冷剂喷入旁通管来冷却旁通气体。

4. 离心式制冷机组的技术参数

由于离心式压缩机的结构及工作特性，它的输气量一般不小于 2500m^3/h，单机容量通常在 580kW 以上，目前世界上最大的离心式冷水机组的制冷量可达 35000kW。由于离心式冷水机组的工况范围比较窄，所以在单级离心式压缩机中，冷凝压力不宜过高，蒸发压力不宜过低。其冷凝温度一般控制在 40℃ 左右，冷却水进水温度一般要求不超过 32℃；蒸发温度一般控制在 0～10℃ 之间，一般多为 0～5℃，冷水出口温度一般为 5～7℃。

目前生产离心式冷水机组的国外厂家主要有美国的特灵公司、开利公司、麦克威尔公司、约克公司，日本的三菱重工、大金等，国内也有不少厂家生产离心式冷水机组。表 5-5 是从某厂家产品样本中摘录的某系列离心式冷水机组技术参数。

离心式冷水机组与冷却水和冷冻水的连接情况详见厂家产品样本说明。各水管中装设的仪表、控制开关和各种阀门，能正确显示和控制冷冻水和冷却水的温度及流量，保证制冷机组和水系统正常运行。

顺便指出，目前，我国制造的活塞式、螺杆式和离心式冷水机组，其中的冷凝器大多采用水冷式。随着城市用水日益紧张，世界各国的大型冷水机组正在向空冷式发展，冷水机组采用空气冷却后不但能节省用水，而且可以免装水冷却塔和水泵及水管路系统。这样现场施工就更简便，维护保养也更容易。

离心式冷水机组小结

1. 离心式冷水机组适用于大、中型空调制冷系统中。

2. 离心式冷水机组单机制冷量大、运行平稳可靠、能量调节方便，变工况适应能力不强，易发生喘振现象。

3. 离心式冷水机组工作流程。

5.4 空调机组

空调机组实际上是一个小型空调系统，其示意图如图 5-11 所示。空调机组内既有提供冷源的制冷装置，还装有强制空气循环流动的风机，而且根据需要在机组内也可装设加热器和加湿器。由于空调机组已具备了对空气直接进行温度和含湿量处理的全部条件，因此安装和使用就特别方便，在中、小型空调范围几乎全部采用空调机组。

空调机组分两大类：房间空气调节器（窗式空调器）和单元式空气调节机（立柜式空调机组）。

5.4.1　房间空气调节器

房间空气调节器的名义制冷量较小，通常在 1250～9000W（1075～7740kcal/h）之间。空调器中的压缩机均采用全封闭式，冷凝器为风冷式，安装简便，接通电源即可运行。

1. 房间空气调节器的形式和名义工况

房间空气调节器以创造舒适的环境为主要目的，根据使用和安装要求，它可以分几种不同的工作和结构形式（表5-6、表5-7）。

型号示例：

房间空调器型号前均以"K"表示，后面的数字和符号表示它的制冷量以及结构、工作形式，例如：K-2.5C 型房间空调器，表示名义制冷量为 2.5kW（2150kcal/h）的单相冷风型窗式（C）空调器。KR-3.5GS 型房间空调器，表示名义制冷量为 3.5kW（3010kcal/h）的三相（S）热泵型（R）挂壁式（G）空调器。

应该指出，目前国内房间空调器的型号表示尚未统一，许多产品的冷量用 kW 或 kcal/h 为单位，一些符号的表示意义也不完全相同，具体说明可参阅制造厂的样本。

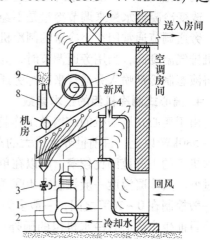

图 5-11　空调机组示意图
1—制冷压缩机　2—冷凝器　3—热力膨胀阀
4—蒸发器　5—离心式通风机　6—电加热
器　7—空气过滤器　8—电加热器
9—自控电器屏板

表5-6　空调器类型

形　式	代　号	备　注
冷风型	—	仅用做制冷
热泵型	R	制冷、供热两用
热泵辅助电热型	D	制冷、供热两用（部分用电热）
电热型	Z	制冷、供热两用（全部为电热）

表5-7　空调器结构形式

结构形式			代　号
窗　式			C
分体式	室内机组	挂壁式	G
		落地式	L
		嵌入式	Q
		吊顶式	P
	室外机组		W

房间空调器的名义制冷量（热泵型的名义制冷量）是按表5-8规定工况，通过试验测定的。显然，空调器运行工况偏离规定工况时，其实际制冷量或制热量也将发生变化。空调器允许使用的环境为：冷风型为 21～43℃；热泵型为 -5～43℃。

表 5-8　空调名义制冷量、制热量的规定工况

工　况	室内侧空气状态		室外侧空气状态	
	干球温度/℃	湿球温度/℃	干球温度/℃	湿球温度/℃
名义制冷	27	19.5	35	24
名义制热	21	—	7	6

2. 房间空气调节器的结构和安装

图 5-12 为一台窗式空气调节器的外形结构及其运行控制开关图，现代空调器不但为室内创造舒适环境，而且已发展为室内的装饰品。目前空调器的品种繁多，色彩丰富，外形结构日益讲究，使用也极其方便。有些空调器在电路中不但装有定时器，而且装有电脑，完全可以根据使用者的要求决定它的停、开时间。

图 5-13 为冷风型窗式空调器的内部结构，它包括了制冷系统和空气流动系统两部分。当启动风机电机时，室内侧的离心风机和室外侧的轴流风机同时运行。然后再启动全封闭制冷压缩机，制冷剂开始循环。压缩机排出的制冷剂先进入室外侧换热器（此时作冷凝器用），当制冷剂放出热量被冷凝后，再

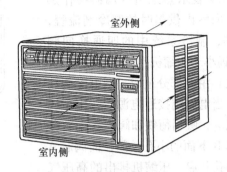

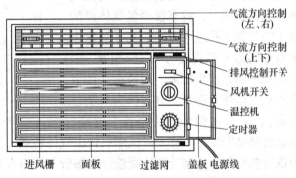

图 5-12　窗式空调器的外形和控制开关

经毛细管节流进入室内侧换热器（此时作蒸发器用），并吸收室内循环空气的热量汽化，然后进入压缩机，冷空气由风机送入室内。室内侧设置的温度开关（感温包）能根据吸入空气的温度自动控制压缩机的停开，使室内保持舒适的环境温度。

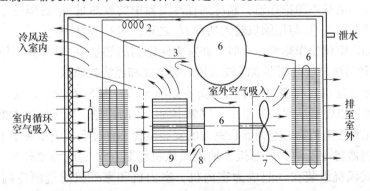

图 5-13　窗式空调器的内部结构图

1—温度开关　2—毛细管　3—排风机　4—全封闭压缩机　5—风机电机
6—室外侧换热器　7—轴流风机　8—吸风门　9—离心风机　10—室内侧换热器

如果在冷风型窗式空调器的制冷系统中装一只四通换向阀，使压缩机排出的高温制冷剂

首先进入室内侧换热器（此时作为冷凝器用），则室内侧的循环空气将变为热空气，使室内得到热量，而冷空气将通过室外侧换热器（此时作蒸发器用）排向大气。这就成为热泵型空调器。

图 5-14 表示热泵型空调器在作热泵运行，向室内供热时的制冷剂流程，由图可知，制冷系统中的四通换向阀（实际上远小于压缩机，为了清楚起见，现已扩大）由两部分组成：即电磁阀和四通阀。当电磁阀接通电源后，由于线圈产生磁场，吸引衔铁和阀芯 A 向右移动，阀芯 B 下面的小孔关闭，而阀芯 A 下面的小孔并启。压缩机排出的高压气体进入四通阀后，将有极少量气体经活塞 1 的节流小孔进入 D 管，由于该状态下 D 管通过 E 管直接与吸气管相通，因此活塞 1 两侧产生压差。而通过 2 的节流小孔气体压力逐渐上升（因为 C 管已堵塞），活塞两侧的压力平衡，这样，

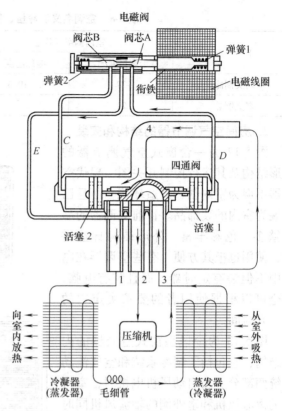

图 5-14　热泵型空调器供热时的原理图

活塞将带动滑块向右移动，压缩机排出气体将通过滑块外侧和管 1 进入室内侧换热器，使室内供给热空气，而制冷剂冷凝液经毛细管节流后在室外侧换热器中吸热汽化，然后再经管 3 和四通阀中的滑块内侧进入压缩机，而通过室外侧换热器的冷空气将直排进入大气。显然，当切断电磁阀的电源时，电磁线圈磁场消失，阀芯右移，此时 D 管堵塞，C 管开启，四通阀中的活塞和滑块左移，压缩机排出的高压气体进入室外侧换热器，而压缩机将从室内换热器吸气，空调器将作制冷工况运行，向室内供应冷气。

根据制冷循环的基本理论知道，制冷剂在冷凝器中的放热量 Q_k 近似等于它在蒸发器中的制冷量（即吸热量）Q_0 与压缩机输入功率 N_e 之和，即 $Q_k \cong Q_0 + N_e$。

由上式可知，空调器作热泵运行时，在室内侧得到的热量 Q_k 总是大于压缩机的输入功率 N_e，这就是利用热泵型空调器取暖较电热取暖节能和经济的原因。

房间空调器（窗机）在墙上和室内的安装如图 5-15、图 5-16 所示。安放空调器的底板应向外稍有倾斜，以便凝结水向外溢出。撑脚牢固，以防共振。四周应用木框或硬制海绵密封，室外侧应无直接阻挡物。空调器在室内的安装位置不宜过低，应稍高于工作区。

分体式空调器将冷凝器、压缩机、轴流式风机组装在一起成为室外机，而将蒸发器、过滤网、贯流式风机组装在一起成为室内机，室内机和室外机通过制冷剂管路、电线和控制线联合为整体。这样减少了机组的震动和噪声，安装时室内机应注意滴水盘的方向和位置；室外机应平稳牢固，防止对周围环境的热污染。一般由制冷空调技术工人根据不同机组的要求，负责安装到位。分体式空调器的基本结构和工作原理可见本书第 11 章 11.2.1 部分。

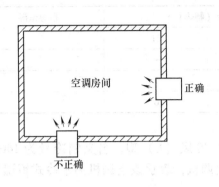

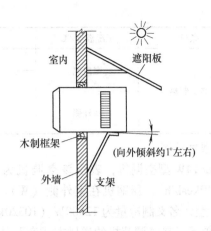

图 5-15 空调器在室内安装的平面位置　　　　图 5-16 空调器的安装示意图

5.4.2 单元式空气调节机

　　单元式空气调节机的制冷量较大，通常在 7000W（6020kcal/h）以上，它不但能为室内创造舒适的环境温度，而且能为生产工艺和科学研究创造恒温恒湿的环境条件。因此，单元式空调机的形式和品种较多，见表 5-9、表 5-10。

表 5-9 空调机的形式

代号	形式	结构
L	水冷式冷风型	—
LD	水冷式冷风电热型	—
LF	风冷式冷风型	压缩机在室内侧
		压缩机在室外侧
LFD	风冷式冷风电热型	压缩机在室内侧
		压缩机在室外侧
RF	风冷式热泵型	压缩机在室内侧
		压缩机在室外侧
H	水冷式恒温恒湿型	—
HF	风冷式恒温恒湿型	压缩机在室内侧
		压缩机在室外侧

表 5-10 空调机名义制冷量、制热量的规定工况

条件	工况温度/℃		制冷（制热）	恒温恒湿
名义制冷量	室内侧	干球	27	23
		湿球	19.5	17
	室外侧	干球	35	35
		湿球	24	24
		进水	30	30
		出水	35	35

（续）

条件	工况温度/℃		制冷（制热）	恒温恒湿
名义制热	室内侧	干球	21	
		湿球	—	
	室外侧	干球	7	
		湿球	0	

型号示例:

LF14W 型空调机，表示该空调机为风冷（F）冷风（L）型，名义制冷量为 14000W（12040kcal/h），压缩机在室外侧（W）。H12 型空调机，表示该空调机为水冷式恒温恒湿（H）型，名义制冷量为 12000W（10320kcal/h）。

单元式空气调节机的送风方式有两种，即直接向室内吹冷风或热风、通过风管向各个房间送入冷风或者热风。当空调机为外接风管型时，制造厂必须注明它在额定风量时的剩余静压，供设计人员平衡风管阻力。

图 5-17 为风冷分体式空调机的安装图，室内机通常包括蒸发器、膨胀阀和离心机（电加热器、加湿器）等，室外机包括压缩机、冷凝器和轴流风机等。在现场安装时，还须连接压缩机的吸气管和膨胀阀的供液管，安装和调试应由熟练的制冷空调技术工人承担。

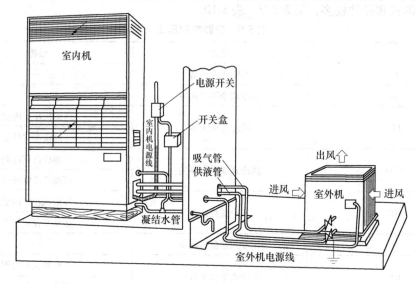

图 5-17   风冷分体式空调机的安装

图 5-18 为水冷整体式空调机的安装图，冷凝器的冷却水用水泵和冷却塔循环冷却使用。当循环水流量正常后，若空调机无意外故障，用户即可按照制造厂的使用说明书要求操作运行。

图 5-19 为外接风管空调机的安装示意图。当这种空调机投入运行时，应对送风系统进行调整，使风量基本保持在设计状态，各空调房间的温、湿度达到设计要求。

由于空调机的制冷量和输入功率随室内侧的风量和进风湿球温度以及室外侧的风量和进风干球温度变化（水冷式应为水量和进水温度），制造厂应为用户提供变工况时的性能曲线，以配合选用。图 5-20 为某风冷式冷风型空调机的变工况性能曲线。

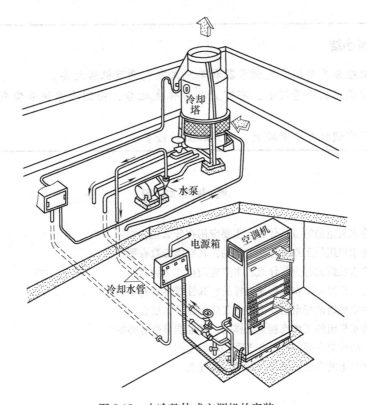

图 5-18　水冷整体式空调机的安装

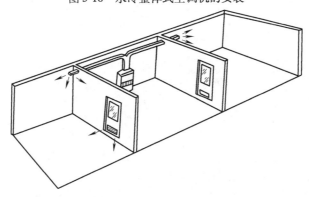

图 5-19　外接风管空调机的安装示意图

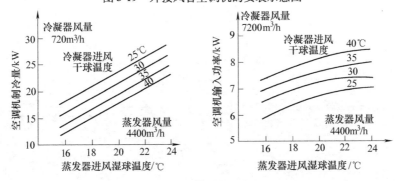

图 5-20　风冷式冷风型空调机的性能曲线

空调机组小结

1. 空调机组分为房间空气调节器和单元式空气调节机两大类。

2. 房间空调器制冷量较小，有窗式和分体式之分，由制冷系统和空气流动系统组成。

3. 单元式空调机制冷量较大，形式和品种较多。

思考与练习

5-1 活塞式冷水机组的特点是什么？主要应用在什么场合？

5-2 活塞式冷水机组的工作流程是怎样的？其性能参数有哪些？

5-3 螺杆式冷水机组的特点是什么？主要应用在什么场合？

5-4 螺杆式冷水机组的工作流程是怎样的？其性能参数有哪些？

5-5 离心式冷水机组的特点是什么？主要应用在什么场合？

5-6 离心式冷水机组的工作流程是怎样的？其性能参数有哪些？

5-7 空调机组的种类有哪些？适合于哪些场所使用？

5-8 常见空调机组的安装要求及注意事项是什么？

第6章 水 系 统

本章目标：

1. 了解水系统的类型、特点。
2. 掌握水系统的作用、基本组成。
3. 学会水系统的常用设备及选型方法。
4. 掌握水系统的基本设计流程。

　　集中的冷冻站对分散的空调用户供应冷量时，常以水作为传递冷量的介质，通过泵和管道将制冷系统产生的冷量输送给空调用户。使用后的回水又经过管道（泵）和构筑物返回蒸发器中，如此循环，构成一个冷冻水系统。此外，对于水冷式的制冷机需要利用冷却水将制冷机吸取的热量散发出去，而冷却水通过冷却水系统，循环使用，以节约用水，减少空调设备的运行费用。本章着重介绍冷冻水系统和冷却水系统，以及基本设计方法。

6.1 冷却水系统

6.1.1 冷却水系统的分类及组成

　　空调冷却水系统是指利用江、河、湖、海水等地表水、地下水或自来水对制冷系统的冷凝器等设备进行冷却的水系统。

1. 冷却水系统的分类

　　根据供水方式不同，可将冷却水系统分为直流供水系统和循环供水系统。

　　（1）直流供水系统　直流供水系统也称为天然水冷却系统。自来水、地下水、湖泊、江河或水库中的水对于空调冷却水系统来说，都是优良的冷源，水从水源用泵输送到相关设备中吸收热量。经过设备后，水也不会被污染，可以直接排入下水道或用于农田灌溉。直流供水系统全部采用新鲜水一次使用，使用效果好，但水耗量大，必须在水源充足，水温适宜，排水问题能解决时才能采用。

　　（2）循环供水系统　循环供水系统中冷却水反复使用，对水在热交换时吸收的热量，采用凉水装置使其散发，只需补充少量水。利用循环水进行冷却的系统如图6-1所示。从冷水机组冷凝器送出的冷却水，经冷却水泵送至冷却塔，经布水器将水喷洒下来，与空气接触进行热湿交换，温度降低。冷却后的水进入冷却塔底部的水槽，通过连接管道及循环水泵抽回冷水机组冷凝器，完成循环。这种供水系统适用于水源水量较少及干燥的

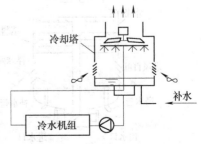

图6-1　循环供水系统示意图

地方区。目前民用建筑集中式空调中，大量采用的是循环冷却水系统。之所以如此，是因为城市的水资源缺乏，而冷却水的用量比较大，采用直流供水系统将造成自来水极大的浪费。如在北京市，市政管理部门就明文规定：凡是集中式空调的冷却水都必须采用循环水。

2. 循环冷却水系统的组成

循环冷却水系统主要由冷却塔、冷却水泵、水处理设备和冷水机组冷凝器等设备及管道组成，其工作流程如图6-2所示。冷却水在冷水机组的冷凝器里面吸收制冷剂放热的热量，温度

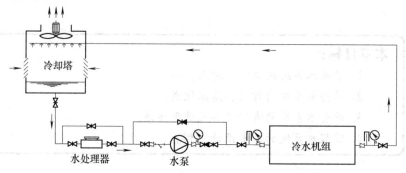

图6-2 冷却水系统工艺流程图

升高（一般为37℃），在冷却水泵提供的动力下进入冷却塔，在冷却塔中水的温度被降低（一般降为32℃），然后再回到冷水机组冷凝器继续吸收热量，如此不断循环。

（1）冷却塔 冷却塔是冷却水系统的重要设备，在塔中空气与冷却水交换热量使冷却水降温，从而可以循环使用。因此，冷却塔的性能对整个系统的正常运行有着重要的影响。目前，工程上常见的冷却塔有逆流式、横流式、喷射式和蒸发式4种类型。

1）逆流式冷却塔。它的构造如图6-3所示。在风机的作用下，空气从塔下部进入，顶部排出。空气与水在冷却塔内竖直方向逆向而行，热交换效率高。当处理水量在100t/h（单台）以上时，宜采用逆流式冷却塔。从外形上来看，逆流式冷却塔一般有圆形和矩形两种。根据结构不同，可分为通用型、节能低噪声型和节能超低噪声型。按照集水池（盘）的深度不同有普通型和集水型。

2）横流式冷却塔 横流式冷却塔工作原理与逆流式冷却塔相同，其构造如图6-4所示。空气从水平方向横向穿过填料层，然后从冷却塔顶部排出，水从上至下穿过填料层，空气与水的流向垂直，热交换效率不如逆流式。横流式冷却塔气流阻力较小，布水设备维修方便，冷却水阻力不大于0.05MPa。根据水量大小，设置多组风机。塔体的高度低，配水比较均匀，相对来说，噪声较低。当处理水量在100t/h（单台）以下时，采用横流式冷却塔较为合适。

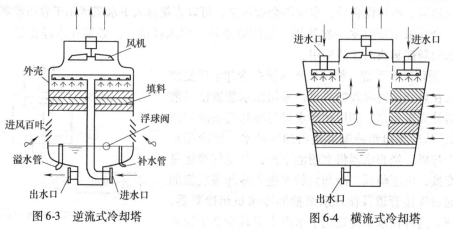

图6-3 逆流式冷却塔　　　　　　　图6-4 横流式冷却塔

3）喷射式冷却塔。它的工作原理与前面两种不同，不用风机而利用循环泵提供的扬程，让水以较高的速度通过喷水口射出，从而引射一定量的空气进入塔内与雾化的水进行热交换，使水得到冷却，其构造如图 6-5 所示。由于没有风机等运转设备，与其他类型的冷却塔相比，喷射式冷却塔可靠性高，稳定性好，噪声低，但设备尺寸偏大，造价相对较高。同时，由于射流流速的要求，它需要较高的进塔水压。

4）蒸发式冷却塔。蒸发式冷却塔也称为闭式冷却塔，类似于蒸发式冷凝器，它的结构如图 6-6 所示。当冷却水进入冷却塔中的盘管后，循环管道泵同时运行抽取集水池的水，经布水口均匀地喷淋在冷却盘管表面，室外空气在冷却风机作用下送至塔内，使盘管表面的部分水蒸发而带走热量。空气温度较低时，本身也可以和盘管进行热交换而带走部分盘管的热量，从而使盘管内的冷却水得到冷却。蒸发式冷却塔中，冷却水系统是全封闭系统，不与大气相接触，不易被污染。在室外气温较低时，利用制备好的冷却水作为冷水使用，直接送入空调系统中的末端设备，以减少冷水机组的运行时间。在低湿球温度地区的过渡季节里，可利用它制备的冷却水向空调系统供冷，收到节能的效果。

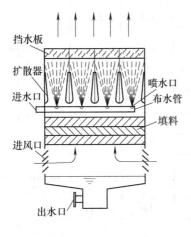

图 6-5　引射式冷却塔

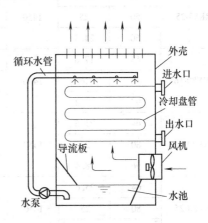

图 6-6　蒸发式冷却塔

（2）冷却水循环水泵　冷却水循环水泵提供冷却水在系统内循环所需的动力，是冷却水系统中必不可少的设备。目前在集中式空调系统中使用的冷却水循环水泵主要是单级单吸离心水泵，它能提供的流量范围为 $4.5 \sim 400\text{m}^3/\text{h}$，扬程范围为 $8 \sim 1500\text{m}$。按轴的位置不同，离心水泵可分为卧式和立式两大类。

水泵的性能参数主要包括流量、扬程、转速、轴功率、气蚀余量等，表 6-1 中列出了某公司生产的 RK 型单级单吸空调循环泵的部分型号及其型号参数，可供系统设计时进行选择。

表 6-1　RK 型水泵产品标准性能表

泵型号	流量 /（m³/h）	扬程 /m	转速 /（r/min）	效率 /（%）	轴功率 /kW	电机功率 /kW	必需气蚀余量/m	泵口径进 /出/mm	泵整机重量/kg
80RK32-12.5	25	13	1450	60	1.5	3	3.4	80/65	232
	32	12.5		65	1.6				
	55	10		64	2.3				

（续）

泵型号	流量 / (m³/h)	扬程 /m	转速 / (r/min)	效率 (%)	轴功率 /kW	电机功率 /kW	必需气蚀余量/m	泵口径进/出/mm	泵整机重量/kg
80RK32-16	25	16.5	1450	57	2.0	3	3.4	80/65	252
	32	16		62	2.3				
	50	14		67	2.9				
80RK32-25	25	25.5	1450	56	3.1	5.5	3.4		332
	32	25		62	3.52				
	72	21		77	5.4				
80RK50-16	40	16.5	1450	61.5	2.9	4	3.5		258
	50	16		68	3.2				
	60	15.3		69	3.6				
80RK50-25	40	25.5	1450	56.5	4.9	7.5	3.5		345
	50	25		63	5.4				
	60	24.3		64	6.2				
100RK80-16	63	17.6	1450	71	4.3	7.5	3.6		419
	80	16		73	4.8				
	97	14.2		69	5.5				
100RK80-20	64	21.6	1450	67	5.6	7.5	3.7	100/80	427
	80	20		72	6.1				
	96	18.4		72	6.7				
100RK80-25	64	25.6	1450	64.8	6.9	11	3.7		482
	80	25		72	7.8				
	96	23.8		70.8	8.8				
100RK80-32	64	33.3	1450	61	9.5	15	3.8		600
	80	32		67	10.4				
	100	28.8		65	12.1				
125RK120-16	95.8	17	1450	70	6.3	7.5	3.8		490
	120	16		77	6.8				
	144	13.6		74	7.2				
125RK120-20	96	21.7	1450	72.3	7.8	11	3.8	125/100	509
	120	20		75	8.7				
	169	16.2		71.6	10.4				
125RK120-25	80	28	1450	69.5	8.8	15	3.8		558
	120	25		74	11.1				
	144	23.3		74.8	12.3				
125RK120-32	96	32.5	1450	69.5	12.2	18.5	2.9		567
	120	32		73.5	14.6				
	144	30		74	15.9				

（续）

泵型号	流量 /（m³/h)	扬程 /m	转速 /（r/min)	效率 (%)	轴功率 /kW	电机功率 /kW	必需气蚀 余量/m	泵口径进 /出/mm	泵整机重 量/kg
150RK180-20	144	21.1	1450	73.5	11.3	15	4.0		623
	180	20		78	12.6				
	216	17.8		79.4	13.2				
150RK180-25	144	27.4	1450	72.5	14.8	22	4.0		671
	180	25		77	16.1				
	216	22.4		76.6	17.2			150/125	
150RK180-32	144	33	1450	69	18.8	30	4.0		800
	180	32		76	20.6				
	258	28		77	25.6				
150RK180-40	144	41	1450	69	23.3	30	4.0		826
	180	40		74	26.5				
	250	33		78	28.8				
200RK280-25	224	27.2	1450	77.6	21.4	30	4.2		906
	280	25		81	24.2				
	336	22.4		77	26.6				
200RK280-32	224	34.5	1450	78.2	26.9	37	4.2		926
	280	32		80	30.5				
	336	28.9		78.5	33.7				
200RK280-40	224	42	1450	75.8	33.8	55	4.4		1148
	280	40		79	38.6				
	360	35.2		77.3	44.6				
200RK280-50	224	52.6	1450	74.4	43.1	75	4.4	200/150	1309
	280	50		77	49.5				
	400	42.3		74.2	62.1				
200RK400-32	320	34.5	1450	76	39.6	55	5.0		1226
	400	32		82	42.5				
	480	27.3		79.3	45				
200RK400-40	320	41	1450	76	47.0	75	5.0		1413
	400	40		81	53.8				
	480	33.5		75	58.4				
200RK400-50	320	51.7	1450	74	60.8	90	5.0		1520
	400	50		80	68.1				
	480	46.2		79	76.4				

（3）水处理设备　在集中式空调水系统中，要使用大量的循环水，如冷却水、冷媒水和热媒水等。这些水的水质必须符合一定的水质标准，否则，不合格的水会给水系统带来结

垢、腐蚀、污泥和藻类等问题，严重影响系统的使用效果，降低设备的能力。冷却水对水质的要求幅度较宽。水中有机物和无机物，不一定要求完全去除，但应控制数量，同时要防止微生物的生长，以避免冷凝器及管道系统的积垢和堵塞。冷却水的水质指标，目前尚无完整资料，主要应从冷却水对设备的腐蚀、积垢、堵塞以及设备清洗难易等情况考虑。

目前常用的水处理设备是电子水处理仪，它是通过高频电磁场技术对水进行处理，使原缔合链状大分子断裂成单个水分子，水中溶解盐的正负离子（垢分子）被单个水分子包围，同时由于水分子偶极增大，极性增强，使它与盐类正负离子吸引力加强，从而使管壁上的老垢脱落，并且

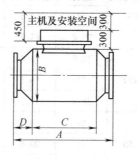

图 6-7 电子水处理仪

不再结垢，因而同时具有防垢、除垢效果。溶解在水中的氧分子经高频电磁场处理后成为惰性氧，抑制铁锈的生成，使红锈还原成黑锈。高频电磁场具有的极强杀菌力切断了微生物进行生命反映所需的氧的来源，达到了防腐、杀菌、灭藻的功能。电子水处理仪应装在水系统的主干水管上，安装时应设旁通阀。电子水处理仪如图 6-7 所示，表 6-2 中列出了它的基本性能参数，可供设计时选用。

表 6-2　YTD 系列电子水处理仪性能规格参数表

型号	公称直径 /mm	流量 /（T/h）	输入功率 /W	A /mm	B /mm	C /mm	D /mm	重量 /kg
YTD-25F	25	4.9	25	600	159	360	120	35
YTD-32F	32	8	25	600	159	360	120	35
YTD-40F	40	12	25	600	159	360	120	35
YTD-50F	50	19	25	600	159	360	120	35
YTD-65F	65	28	25	600	159	360	120	50
YTD-80F	80	50	50	750	219	510	120	50
YTD-100F	100	80	50	750	219	510	120	50
YTD-125F	125	125	70	750	275	510	120	60
YTD-150F	150	180	70	830	325	570	130	60
YTD-200F	200	320	80	900	377	600	150	80
YTD-250F	250	490	120	950	426	650	150	90
YTD-300F	300	710	210	1000	478	700	150	120
YTD-350F	350	1000	250	1100	530	780	160	130
YTD-400F	400	1400	330	1150	600	830	160	150
YTD-450F	450	1600	410	1240	650	900	170	200
YTD-500F	500	1970	500	1330	700	930	210	260

（4）过滤器　为防止水管系统阻塞、保证各类设备和阀件的正常功能，在管路中应安

装水过滤器（也称为排污器），用以清除和过滤水中的杂物和粘混水垢。一般情况下，水过滤器安装在水泵的吸入管和热交换设备的进水管上。

水过滤设备有多种形式，在现场应用较多有 Y 形过滤器，其优点是外形尺寸较小、安装方便。缺点是如不安装旁通管和阀，就只能在水系统停止运行时才能拆下清洗。目前，有许多厂家生产了不停泵就能自动排污的过滤器，可供在设计中选用。图 6-8 是 Y 形过滤器的构造示意图，它是利用过滤网

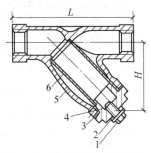

图 6-8 Y 形过滤器结构示意图
1—螺栓 2、3—垫片 4—封盖 5—阀体 6—网片

阻留杂物和污垢。过滤网为不锈钢金属网，过滤面积约为进口管面积的 2 ~ 4 倍。Y 形过滤器有螺纹连接和法兰连接两种，小口径过滤器为螺纹连接。Y 形过滤器有多种规格（$DN15$ ~450mm）。使用时应定期将过滤网卸下清洗。Y 形过滤器只能安装在水平管道中，介质的流动方向必须与外壳上标明的箭头方向相一致。

（5）阀门 阀门是重要的管道附件，其作用是接通、切断和调节水或其他流体的流量。空调水系统中常用的阀门形式有截止阀、闸阀、蝶阀、止回阀、调节阀、安全阀等。

止回阀是装于冷冻水水泵或冷却水水泵出口的一种单向阀，其目的是防止水泵停机后水倒流使水泵损坏。在并联水泵系统中，当只有部分水泵运行时，它也可以使运行泵中的水逆流，对于开式水系统还要防止水锤。止回阀有很多种，常用的有对开式。

在主机的供回水管、水泵的供回水管上及分水器、集水器的各分支管上均要安装蝶阀或电动蝶阀，也可安装闸阀，它们主要起开关的作用。由于闸阀所占的安装位置大，故目前多用蝶阀。

（6）管材 空调水系统中，常用的管材有焊接钢管、无缝钢管、镀锌钢管及 PVC 塑料管几种。空调冷、热水管一般采用焊接钢管和无缝钢管，当公称直径 $DN < 50mm$ 时，采用普通焊接钢管；当 $DN \geq 50mm$ 时，采用无缝钢管；$DN \geq 250mm$ 时，采用螺旋焊接钢管。管道在使用之前，应进行除锈及刷防锈漆处理，然后必须进行保温。空调水系统中常用的无缝钢管规格见表 6-3。

表 6-3 空调水系统中常用的一般无缝钢管规格表

公称直径/mm	外径/mm	壁厚/mm	重量/（kg/m）
10	14	3.0	0.814
15	18	3.0	1.11
20	25	3.0	1.63
25	32	3.5	2.46
32	38	3.5	2.98
40	45	3.5	3.58
50	57	3.5	4.62

公称直径/mm	外径/mm	壁厚/mm	重量/（kg/m）
65	76	4.0	7.10
80	89	4.0	8.38
100	108	4.0	10.26
125	133	4.0	12.73
150	159	4.5	17.15
200	219	6.0	31.54
250	273	7.0	45.92
300	325	8.0	62.54
400	426	9.0	92.55
500	530	9.0	105.50

6.1.2 冷却水系统设计

1. 冷却塔的选型

（1）确定冷却塔的形式 凡是水冷式的冷水机组都必须配置冷却塔。从外形上看，冷却塔有矩形和圆形的两种。按其进出口温差，冷却塔又分为普通型（进水温度37℃，出水温度32℃）、中温型（进水温度40℃，出水温度32℃）和高温型（进水温度60℃，出水温度32℃）。按其噪声大小分为普通型、低噪型和超低噪型。在进行冷却塔选型前，应该根据冷却塔的安装条件、冷水机组的冷却水进出口温差要求、噪声要求、放置冷却塔的建筑结构承载能力等因素，确定冷却塔的形式。

（2）确定冷却塔型号、规格 确定冷却塔型号、规格的主要依据是冷却水流量。原则上冷却塔处理的冷却水流量应大于冷水机组的冷却水流量。因此可以在已选冷水机组样本中冷却水流量的基础上附加10%~20%的附加系数，再从冷却塔样本中选择符合要求的冷却塔。注意：如果当地湿球温度与冷却塔名义工况湿球温度相差较大，应按样本修正曲线进行校核。

（3）确定冷却塔台数 根据冷水机组的台数确定冷却塔台数，一般应与主机的台数相同，即"一塔对一机"，不设置备用冷却塔。当采用多台冷却塔时，冷却塔宜采用相同的型号。

2. 冷却水泵的选型

（1）确定冷却水泵形式、台数 由于现在机房的位置有限，大多采用单吸立式离心泵。冷却水泵台数可根据水系统的形式、冷水机组台数、冷却塔台数确定，水泵一般考虑备用。

（2）确定冷却水泵流量

水泵流量 $L = $（1.1 或 1.2）$L_{max}$

1.1 或 1.2 为附加系数，单台泵工作取1.1，多台泵工作取1.2，L_{max} 为设计最大流量，单位为 m^3/s 或 m^3/h。L_{max} 取值应根据机房水系统方案，冷却水泵流量与主机所需冷却水量大致相同，冷冻水泵流量与主机所供冷冻水量大致相同。

（3）确定冷却水泵扬程

水泵扬程 $P = (1.1 \sim 1.2) H_{\max}$

$H_{\max}$ 为管网中最不利环路总阻力损失，单位为 mH_2O（米水柱）。对于冷却水管网，应该勾画出最不利环路草图，然后进行阻力损失计算。最不利环路指从冷却水泵出口到最远点的冷却塔，再回到冷却水泵吸入口的一个循环水通路。冷却水系统一般采用开式系统，阻力损失计算方法如下：

$$H_{\max} = h_f + h_d + h_m + h_s + h_0$$

式中　h_f——最不利环路上沿程阻力损失，单位为 mH_2O，一般可按 $80 \sim 120Pa/m$ 估算；

　　　h_d——最不利环路上局部阻力损失，单位为 mH_2O，一般可按 $80 \sim 120Pa/m$ 估算；

　　　h_m——冷凝器的阻力损失，单位为 mH_2O，根据已选冷水机组中的参数确定；

　　　h_s——冷却塔中水的提升高度（冷却塔盛水池到喷嘴的高度差），一般为 $5mH_2O$，可根据已选冷却塔样本中的参数获得；

　　　h_0——冷却塔喷嘴的喷雾压力，一般为 $5mH_2O$。

（4）选水泵　根据流量 L 和扬程 P，查阅水泵产品样本选择水泵。

3. 水处理设备和过滤器的选型

水处理设备通常按照管径或流量来选型，水过滤器一般是按连接管管径选定的。连接管的管径应该与干管的管径相同。在选定水过滤器时应重视它的耐压要求和安装检修的场地要求。除污器和水过滤器的前后应该设置闸阀，供它们在定期检修时与水系统切断之用（平时处于全开状态）；安装时必须注意水流方向；在系统运转和清洗管路的初期，宜把其中的滤芯卸下，以免损坏。

4. 冷却水系统设计过程中需要注意的几个问题

（1）冷却塔的设置位置　冷却塔的设置位置应通风良好，远离高温或有害气体，避免气流短路以受建筑物高温高湿排气或非洁净气体对冷却塔的影响。同时，也应避免所产生的飘逸水影响周围环境。冷却塔内的填料多为易燃材料，应防止产生冷却塔失火事故。工程上常见的冷却塔设置位置大体上有以下 3 种：

1）制冷站设在建筑物的地下室，冷却塔设在通风良好的室外绿化地带或室外地面上。

2）制冷站为单独建造的单层建筑时，冷却塔可设置在制冷站的屋顶上或室外地面上。

3）制冷站设在多层建筑或高层建筑的底层或地下室时，冷却塔设在高层建筑裙房的屋顶上。如果没有条件这样设置时，只好将冷却塔设在高层建筑主（塔）楼的屋顶上，应考虑冷水机组冷凝器的承压在允许范围内。

（2）冷却水泵的安装要求　水泵安装方法基本上大同小异，其主要安装要求是：

1）当泵房设置在地面上，可用地脚螺栓直接固定在混凝土基础上。如泵房设在楼板上，则可以将水泵安装在减振装置上。当泵房设在高层建筑地下室时，可以不装配地脚螺栓，而在水泵的四角填垫减振垫，较大的水泵可在水泵的中部加两块减振垫。减振时，除可以配装橡胶减振垫外，也可以配装弹簧减振器。

2）水泵的进出口管端必须安装橡胶软接头，并且要在进水管上安装过滤器和阀门，在出水管上安装止回阀和闸阀，进出水管必须固定。

3）为使水泵保持最佳运行性能，应在水泵进出口处配装扩散管，以减少阻力损失。扩散管口的流速应为：吸水管不大于 $1.3m/s$，出水管不大于 $2m/s$。

4）水泵的出水管上还应装有压力表和温度计，以利检测。压力表和温度计应被安装在便于观察和维修的位置上，并注意周围对其测量的准确度有影响的环境条件。

（3）管径和管内流速的确定　空调水系统水管管径 d 可由下式确定：

$$d = \sqrt{\frac{4L}{3.14v}}$$

式中　L——水流量，m^3/s；

　　　v——水流速，m/s。

进行水力计算时，无论是局部阻力还是沿程阻力，都与水流速度有关。流速过小，尽管水阻力过小，对运行及控制较为有利，但在水流量一定时，其管径将要加大，既带来投资（管道及保温等）的增加，又占用了较大的空间；流速过大，则水流阻力加大，运行能耗增加。当流速超过 $3m/s$ 时，还将对管件内部产生严重的冲刷腐蚀，影响使用寿命。因此，必须合理地选用管内流速。水系统中管内水流速可以按表6-4或表6-5中的推荐值选用，经试算来确定其管径，或者也可以按表6-6根据流量确定管径。

表6-4　不同管段管内流速推荐值

管段	水泵吸水管	水泵出水管	一般供水干管	室内供水立管
流速/（m/s）	1.2～2.1	2.4～3.6	1.5～3.0	0.9～3.0

表6-5　不同管径闭式系统和开式系统管内水流速推荐值　　　　（单位：m/s）

管径/mm	15	20	25	32	40	50	65	80
闭式系统	0.4～0.5	0.5～0.6	0.6～0.7	0.7～0.9	0.8～1.0	0.9～1.2	1.1～1.4	1.2～1.6
开式系统	0.3～0.4	0.4～0.5	0.5～0.6	0.6～0.8	0.7～0.9	0.8～1.0	0.9～1.2	1.1～1.4

管径/mm	100	125	150	200	250	300	350	400
闭式系统	1.3～1.8	1.5～2.0	1.6～2.2	1.8～2.5	1.8～2.6	1.9～2.9	1.6～2.5	1.8～2.6
开式系统	1.2～1.6	1.4～1.8	1.5～2.0	1.6～2.3	1.7～2.4	1.7～2.4	1.6～2.1	1.8～2.3

表6-6　水系统的管径和单位长度阻力损失

钢管管径/mm	闭式水系统		开式水系统	
	流量/（m³/h）	kPa/100m	流量/（m³/h）	kPa/100m
15	0～0.5	0～60	—	—
20	0.5～1.0	10～60	—	—
25	1～2	10～60	0～1.3	0～43
32	2～4	10～60	1.3～2.0	11～40
40	4～6	10～60	2～4	10～40
50	6～11	10～60	4～8	—
65	11～18	10～60	8～14	—
80	18～32	10～60	14～22	—
100	32～65	10～60	22～45	—
125	65～115	10～60	45～82	10～40
150	115～185	10～47	82～130	10～43
200	185～380	10～37	130～200	10～24

（续）

钢管管径/mm	闭式水系统		开式水系统	
	流量/（m³/h）	kPa/100m	流量/（m³/h）	kPa/100m
250	380~560	9~26	200~340	10~18
300	560~820	8~23	340~470	8~15
350	820~950	8~18	470~610	8~13
400	950~1250	8~17	610~750	7~12
450	1250~1590	8~15	750~1000	7~12
500	1590~2000	8~13	1000~1230	7~11

（4）冷却水补充水量　在开式机械通风冷却塔冷却水循环系统中，需要不断补充冷却水。这是因为冷却水在塔内处理过程中不断蒸发造成水量损失，冷却塔出口风速较大带走部分水量，冷却塔排污也会造成冷却水量减少。系统必需的补水量即为以上各种水量损失的总和，一般情况下，如果概略估算，冷却水补水率为2%~3%。使用经过水处理的软水作为补给水是冷却水系统最理想的水源。如果现场不具备上述条件，为了改善水质指标可以采用下述简易方法，即调节冷却塔底池的排污阀在某一开度，使维持连续少量的排水，借以使冷却水系统内水的硬度保持在极限值以下。

> **冷却水系统小结**
>
> 1. 冷却水系统的作用是将制冷机吸取的热量散发出去，它主要由冷却塔、冷却水泵、水处理设备和冷水机组冷凝器等设备及管道组成。
> 2. 冷却塔的作用是为从制冷机吸热出来的冷却水降温，使得冷却水可以循环使用，它有逆流式、横流式、喷射式和蒸发式等四种类型，其型号主要依据工作温度条件和冷却水流量来选择。
> 3. 冷却水泵主要依据流量和扬程来进行选择。
> 4. 水处理设备和水过滤器主要依据连接管的管径来选型。
> 5. 冷却水系统需要补水，一般补水率为2%~3%。

6.2　冷冻水系统

6.2.1　冷冻水系统的分类及组成

冷水机组制备出的冷冻水，由冷水循环泵通过供水管路输送到空气处理设备中，而释放出冷量后的冷水经回水管路返回冷水机组，这就是冷冻水系统。整个冷冻水循环环路可分为冷源侧环路和负荷侧环路两部分。冷源侧环路是指从集水器（回水集管）经过冷水机组到分水器（供水集管），再由分水器经旁通环路（定流量系统可不设旁通管）进入集水器，该环路负责冷冻水的制备。负荷侧环路是指从分水器经空调末端设备（冷水在那里释放冷量）返回集水器这段管路，该环路负责冷冻水的输送。本书将主要对冷冻水冷源侧环路系统进行介绍。

1. 冷冻水系统的分类

（1）按循环方式分类　按循环方式，冷冻水系统可分为开式循环系统和闭式循环系统。

开式循环系统（图6-9）的下部设有回水箱（或蓄冷水池），它的末端管路是与大气相通的。空调冷水流经末端设备（例如风机盘管机组等）释放出冷量后，回水靠重力作用集中进入回水箱或蓄冷水池，再由循环泵将回水打入冷水机组的蒸发器，经重新冷却后的冷水被输送至整个系统。开式循环系统的特点是：水泵扬程高（除克服环路阻力外，还要提供几何提升高度和末端资用压头），输送耗电量大；循环水易受污染，水中总含氧量高，管路和设备易受腐蚀；管路容易引起水锤现象；该系统与蓄冷水池连接比较简单（当然蓄冷水池本身存在无效耗冷量）。

闭式循环系统（图6-10）的冷水在系统内进行密闭循环，不与大气接触，仅在系统的最高点设膨胀水箱（其功用是接纳水体积的膨胀，对系统进行定压和补水）。闭式循环系统的特点是：水泵扬程低，仅需克服环路阻力，与建筑物总高度无关，故输送耗电量小；循环水不易受污染，管路腐蚀程度轻；不用设回水池，制冷机房占地面积减小，但需设膨胀水箱，膨胀水箱的补水有时需要另设加压水泵。

图6-9　开式循环系统示意图

图6-10　闭式循环系统示意图

空调冷冻水系统宜采用闭式循环系统。

（2）按运行调节的方法分类　按运行调节的方法，可将冷冻水系统分为定流量系统和变流量系统。

定流量系统中循环水量为定值，负荷变化时，改变供、回水温度以改变制冷量。定流量系统简单、操作方便，不需要复杂的自控设备，但是系统水量是按照最大空调冷负荷来确定的，因此循环泵的输送能耗处于最大值，特别是空调系统处于部分负荷时运行费用大。定流量系统一般适用于间歇性使用建筑（如体育馆、展览馆、影剧院、大会议厅等）的空调系统，以及空调面积小，只有一台冷水机组和一台循环水泵的系统。高层民用建筑尽可能少采用这种系统。

变流量系统是指系统中供、回水温差保持不变，当空调负荷变化时，通过改变供水量来适应。变流量系统管路内流量随系统负荷的变化而变化，因此水泵的能耗也随着负荷的减少而降低，在配管设计时可考虑同时使用系数，管径可相应减小，降低水泵和管道系统的初投资；但是需要采用供、回水压差进行流量控制，自控系统较复杂。设置两台或两台以上冷水机组和循环泵的空调水系统，应能适应负荷变化而改变系统流量。变流量系统适用于大面积的高层建筑空调全年运行的系统。

（3）按循环泵的配置方式分类　按循环泵的配置方式，可将冷冻水系统分为单式泵系统和复式泵系统。

单式泵系统（图 6-11）冷（热）源侧与负荷侧合用一组循环水泵。单式泵系统简单，初投资少，但是不能调节系统流量，在低负荷时不能减少系统流量以节约能耗。其常用于小型建筑物的空调系统中，不能适应供水半径相差悬殊的大型建筑物的空调系统。

复式泵系统（图 6-12）冷（热）源测与负荷侧分别配备循环水泵。复式泵系统可实现水泵变流量（冷热源侧设置定流量，负荷侧设置二次水泵，可调节流量），节约输送能耗。其能够适应空调分区的负荷变化，适用于大型的空调系统。

图 6-11　单式泵系统示意图

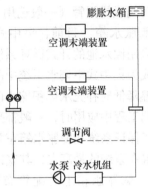

图 6-12　复式泵系统示意图

2. 冷冻水系统的组成

冷冻水循环系统主要由冷冻水泵、集水器、分水器、空调末端设备、膨胀水箱、水过滤器及管道组成，其典型工作流程如图 6-13 所示。

（1）冷冻水泵　冷冻水在空调系统末端设备吸热后，温度升高，冷冻水泵将其重新送入冷水机组放热，完成循环过程。冷冻水泵常根据循环水量选择多台水泵并联，且布置成一机对一泵的形式，即一台机组对应一台水泵。冷冻水泵与冷却水泵形式基本相同，选用水泵制造厂专为空调、制冷行业设计制造的单级离心泵。一般选用单吸泵，当流量大于 $500\mathrm{m}^3/\mathrm{h}$ 时宜选用双吸泵。同时，在设计高层建筑空调水系统时，应明确提出

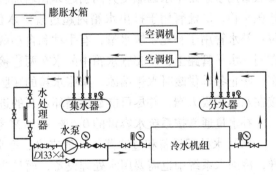

图 6-13　冷冻水系统工作流程图

对水泵的承压要求。为了降低噪声，一般选用转速为 $1450\mathrm{r}/\mathrm{min}$ 的水泵。

（2）分水器和集水器　在空调水系统中，为了便于连接通向各个空调分区的供水管和回水管，设置分水器和集水器，它不仅有利于各空调分区的流量分配，而且便于调节和运行管理，同时在一定程度上也起到均压的作用。分水器用于冷冻水的供水管路上，集水器用于回水管路上。

集水器和分水器实际上是一个大管径的管子，在其上按设计要求焊接上若干不同管径的

管接头。在分水器和集水器之间，还连接一根旁通管，并装设压差旁通调节阀。分水器和集水器为受压容器，应按压力容器进行加工制作，其两端应采用椭圆形的封头。各配管的间距，应考虑阀门的手轮或扳手之间便于操作来确定。图 6-14 为分水器和集水器的结构示意图。分水器和集水器一般选用标准的无缝钢管（公称直径 DN200 ~ DN500），在分水器和集水器上的各管路均应设置调节阀和压力表，底部应设置排污阀或排污管（一般选用 DN40）。

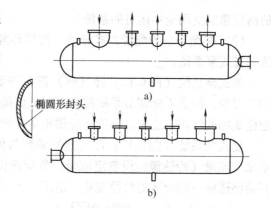

图 6-14 分水器和集水器的结构
a）分水器 b）集水器

（3）膨胀水箱 目前，集中式空调水系统中很少采用回水池的开式循环系统，因此膨胀水箱已成为集中式空调水系统中的主要部件之一，其作用是水温升高时容纳水膨胀增加的体积和水温降低时补充水体积缩小的水量，同时兼有放气和稳定系统压力的作用。

在空调工程中应用时，一般都采用开启式膨胀水箱。为了保证系统和膨胀水箱正常工作，膨胀水箱一般设置在系统的最高点，其底部高出出水管最高点 1.5m。膨胀水箱上的配管布置如图 6-15 所示。膨胀水箱上配管主要有膨胀管、信号管、补水管、溢流管、排污管和循环管等。膨胀水箱的箱体应作保温处理，并设有盖板，盖板上有通气管，通气管一般可以选用公称直径为 100mm 的钢管制作。膨胀管用于系统中水因温度升高引起体积增加转入

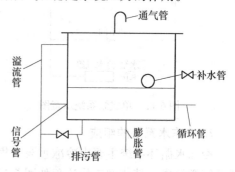

图 6-15 膨胀水箱上配管示意图

膨胀水箱；溢流管用于排出水箱内超过规定水位的多余水量；信号管用于监督水箱内的水位；补水管用于补充系统水量，有手动和自动两种方式；排污管用于排污；循环管与膨胀管在同一水平管路上，使膨胀水箱中的水在两连接管接点压差的作用下始终处于缓慢的流动状态，防止冬季供暖时水箱结冰。膨胀水箱的膨胀管和循环管均接在水系统回水管上，膨胀管接在水泵的吸入端，并尽可能靠近循环水泵的进口，以免泵吸入口内气体液化造成气蚀。

补水量通常按系统水容量的 0.5% ~ 1% 来考虑。

（4）水处理设备和过滤器 一般来说，空调冷冻水系统较为干净，但和冷却水系统一样，冷冻水系统中也需要用水处理设备，而且为避免施工中管道内残留物进入机组和水泵，应在冷冻水泵入口设过滤器。

6.2.2 冷冻水系统设计

1. 集水器和分水器管径（D）、管长（L）的确定

分水器和集水器的筒身直径，可按各个并联接管的总流量通过筒身时的断面流速确定，并应大于最大接管开口直径的 2 倍，可按下式计算：

$$D = 1000 \times \sqrt{\frac{4 \cdot \Phi}{3600 \cdot \pi \cdot v}}$$

式中 Φ——冷冻水总流量，m^3/h，可由已选好的冷水机组参数中获得；

   v——冷冻水在分水器、集水器中的断面流速，$0.5\sim1.0m/s$。

采用上式确定管径时应注意，这样计算出来的 D 并不是最终管径，应根据 D 值，查阅管子规格，选取比 D 稍大的管径，这才真正确定出集水器、分水器的管径。

筒身直径也可按经验公式估算，即 $D=(1.5\sim3.0)d_{max}$，其中 d_{max} 为各支管中的最大管径。

分水器和集水器的管长，根据各配管的管径和配管间距计算。分水器和集水器上各配管的间距可参照图 6-16 确定。

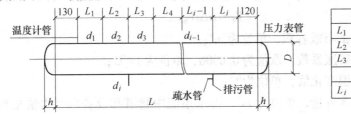

分水器和集水器的管长：$L=130+L_1+L_2+L_3+\cdots+L_i+120$

图 6-16   水器和集水器配管管径、间距示意图

2. 冷冻水泵的选型

冷冻水泵的选型方法和冷却水泵的选型方法类似。

（1）确定冷冻水泵形式、台数   冷源侧冷冻水泵的配置，应与冷水机组相对应，采取"一泵对一机"的方式，并考虑备用。

（2）确定冷冻水泵流量   冷冻水泵流量确定方法可参考冷却水泵流量确定方法，根据冷水机组性能参数获得。

（3）确定冷冻水泵扬程

$$水泵扬程 P=(1.1\sim1.2)H_{max}$$

H_{max} 为管网中最不利环路总阻力损失，单位为 mH_2O（米水柱）。对于冷冻水管网，应该勾画出最不利环路草图，然后进行阻力损失计算。最不利环路指从冷冻水泵出口到最远点的冷冻水用户，从该用户再回到冷冻水泵吸入口的一个循环水通路。根据初选出的冷水机组、空调设备、水泵台数、空调方案、水系统方案初步画出最不利环路的简图，即进行水管路系统初步设计。在冷冻水管网中，管路阻力损失计算方法如下：

$$H_{max}=h_f+h_d+h_m$$

式中 h_f——最不利环路上沿程阻力损失，单位为 mH_2O；

   h_d——最不利环路上局部阻力损失，单位为 mH_2O；

   h_m——设备的阻力损失，单位为 mH_2O，可从设备样本中给定的参数获得。

在实际工程设计中，冷冻水管路阻力损失 H_{max} 还可以用以下方法进行估算：

$$H_{max}=\Delta P_1+\Delta P_2+0.05L(1+K)$$

式中 ΔP_1——冷水机组蒸发器的水压降，单位为 mH_2O。

   ΔP_2——最不利环路中并联的空调末端装置中水压损失最大者的水压降，单位为 mH_2O。

   L——该最不利环路的管长，单位为 m。

   K——最不利环路中局部阻力当量长度总和与直管总长的比值，当最不利环路较长

时 K 值取 $0.2 \sim 0.3$，最不利环路较短时 K 值取 $0.4 \sim 0.6$。

对于大多数多层和高层建筑来说，空调冷冻水系统主要为闭式循环系统，冷冻水泵的流量较大，但扬程不会太高。据统计，一般情况下，20 层以下的建筑物，空调冷冻水系统的冷冻水泵扬程大多在 $16 \sim 28 mH_2O$（$157 \sim 274 kPa$）之间，乘上 1.1 的安全系数后最大也就是 $30 mH_2O$（$294 kPa$）。

（4）选水泵 根据流量 L 和扬程 P，查阅水泵产品样本选择水泵。

3. 膨胀水箱选型

膨胀水箱的容积根据系统的水容量和最大的水温变化幅度来确定，可用下式计算：

$$V_P = \alpha \Delta t V_S$$

式中 V_P——膨胀水箱的有效容积，单位为 m^3；

α——水的体积膨胀系数，取值为 0.0006，单位为 L/℃；

Δt——最大的水温变化值，单位为℃；

V_S——系统内的水容量，单位为 m^3，即水系统中管道和设备内存水量总和，可按表 6-7 确定。计算时注意单位换算。

表 6-7 系统的单位水容量 ［单位：L/m^2（建筑面积）］

项 目	全空气空调系统	空气—水空调系统
供冷时	$0.40 \sim 0.55$	$0.70 \sim 1.30$
供热时	$1.25 \sim 2.00$	$1.20 \sim 1.90$

根据上式得出膨胀水箱的有效容积，即可从《全国通用采暖通风标准图集》进行配管的管径选择，从而确定膨胀水箱的规格型号。表 6-8 是该标准图集中的有关资料，可供选用参考。

表 6-8 膨胀水箱的规格尺寸及配管的公称直径

水箱形式	型号	公称容积/m^3	有效容积/m^3	外形尺寸/mm 长×宽（或内径）$L \times B$（或 d_0）	高 H	溢流管	排水管	膨胀管	信号管	循环管	水箱自重/kg	采暖通风标准图集图号
方形	1	0.5	0.61	900×900	900	40	32	25	20	20	156.3	T905（一）
	2	0.5	0.63	1200×700	900	40	32	25	20	20	164.4	
	3	1.0	1.15	1100×1100	1100	40	32	25	20	20	242.3	
	4	1.0	1.20	1400×900	1100	40	32	25	20	20	255.4	
圆形	1	0.3	0.35	900	700	40	32	25	20	20	127.0	T905（二）
	2	0.3	0.33	800	800	40	32	25	20	20	119.4	
	3	0.5	0.54	900	1000	40	32	25	20	20	153.6	
	4	0.5	0.59	1000	900	40	32	25	20	20	163.4	
	5	0.8	0.83	1000	1200	50	32	32	20	25	193.0	
	6	0.8	0.81	1100	1000	50	32	32	20	25	193.8	
	7	1.0	1.10	1100	1300	50	32	32	20	25	238.4	
	8	1.0	1.20	1200	1200	50	32	32	20	25	253.1	

4. 水过滤器、水处理仪选型

水过滤器和水处理仪的选型方法参考冷却水系统设计部分。

5. 冷冻水系统设计过程中需要注意的几个问题

（1）管径和管内流速的确定 冷冻水系统管径和管内流速的确定方法和冷却水系统相同。

（2）管道保温 为了减少管道的能量损失，防止冷冻水管道表面结露以及保证进入空调设备和末端空调机组的供水温度，冷冻水管道及其附件应采用保温措施。空调制冷站内，冷冻水系统的供、回水管、分水器、集水器、阀门等，均需以保温材料进行保温。目前，空调工程中经常使用的保温材料是柔性泡沫橡塑和玻璃棉，而水管最常采用橡塑保温。保温层经济厚度的确定与很多因素有关，如材料的热物理特性，材料和保温结构的投资及其偿还年限、能价（还应包括上涨率因素）、系统的运行小时数等，需要详细计算时可以查阅有关技术资料。根据采暖通风与空气调节设计规范，保温层厚度可以参照表6-9选用，也可以根据产品样本来确定。

表 6-9　空气调节供冷管道最小保温厚度（介质温度≥5℃）　　　（单位：mm）

保温位置	保温材料							
	柔性泡沫橡塑管壳、板				玻璃棉管壳			
	Ⅰ类地区		Ⅱ类地区		Ⅰ类地区		Ⅱ类地区	
	管径	厚度	管径	厚度	管径	厚度	管径	厚度
房间吊顶内	DN15~25	13	DN15~25	19	DN15~40	20	DN15~40	20
	DN32~80	15	DN32~80	22	≥DN50	25	DN50~150	25
	≥DN100	19	≥DN100	25			≥DN200	30
地下室机房	DN15~50	19	DN15~40	25	DN15~40	25	DN15~40	25
	DN65~80	22	DN50~80	28	≥DN50	30	DN50~150	30
	≥DN100	25	≥DN100	32			≥DN200	35
室外	DN15~25	25	DN15~32	32	DN15~40	30	DN15~40	30
	DN32~80	28	DN40~80	36	≥DN50	35	DN50~150	35
	≥DN100	32	≥DN100	40			≥DN200	40

注：1. 表中Ⅰ类地区包括北京、天津、重庆、武汉、西安、杭州、郑州、长沙、南昌、沈阳、大连、长春、哈尔滨、济南、石家庄、贵阳、昆明、台北；Ⅱ类地区包括上海、南京、福州、厦门、广州及广东沿海城市、成都、南宁、香港、澳门；未包括的城市和地区，可参照临近城市选用。

2. 保温材料的导热系数 λ：柔性泡沫橡塑：$λ = 0.03375 + 0.000125t_m$；玻璃棉：$λ = 0.031 + 0.00017t_m$。其中，$t_m$ 为保温层的平均温度。

常用的保温结构由防腐层（一般刷防腐漆）、保温层、防潮层（包括油毡、油纸或刷沥青）和保护层组成。保护层随敷设地点和当地材料不同可采用水泥保护层、铁皮保护层、玻璃布或塑料布保护层、木板或胶合板保护层等。

📘**冷冻水系统小结**

1. 冷冻水系统的作用是将制冷机制取的冷量传递给空调用户，它主要由冷冻水泵、集水器、分水器、空调末端设备、膨胀水箱、水过滤器及管道组成。

2. 分、集水器利于各空调分区的流量分配，而且便于调节和运行管理，它们实际上是一个大管径的管子，在其上按设计要求焊接上若干不同管径的管接头。

3. 膨胀水箱可以容纳水温升高时水膨胀增加的体积和水温降低时补充水体积缩小的水量，同时兼有放气和稳定系统压力的作用，其容积根据系统的水容量和最大的水温变化幅度来确定。

4. 冷冻水泵根据冷冻水流量和扬程来选型。

5. 冷冻水系统需要进行保温。

思考与练习

6-1 水系统的作用是什么？

6-2 冷却塔的作用是什么？有哪些类型？

6-3 冷却塔应如何选型？

6-4 冷却水系统的基本组成是什么？

6-5 冷却水系统设计的基本流程是什么？

6-6 水泵的进出口接管有哪些附件？

6-7 开式循环和闭式循环水系统各有什么优缺点？

6-8 分水器和集水器的作用是什么？

6-9 膨胀水箱的作用是什么？水箱上有哪些配管？

6-10 冷冻水系统设计的基本流程是什么？

第7章 空调制冷站设计

本章目标：

1. 了解空调制冷站设计的一般步骤。
2. 学会冷水机组型号、台数的确定方法。
3. 了解空调制冷站布置的基本原则和要求。
4. 明确设计说明书的基本编写方法。
5. 掌握空调制冷站图样的基本绘制方法。

空调制冷站作为空调系统的冷源部分，承担着为空调系统提供冷冻水的任务。空调制冷站主要由冷水机组、冷冻水系统、冷却水系统和管路附件等组成，它的设计是整个中央空调系统设计很重要的组成部分。

7.1 空调制冷站设计的一般步骤

7.1.1 明确设计任务，收集原始资料

原始资料是设计工作的重要依据。在进行空调制冷站设计之前，应进行一系列的调查研究，收集有关的原始资料。设计者主要掌握的资料有以下方面：

1. 冷负荷资料

冷负荷资料是确定冷水机组容量的重要条件，是设计工作中一项重要的原始资料。空调制冷站的冷负荷一般通过空调系统设计人员在工程计算中得出。

2. 当地的气象资料

气象资料指工程所在地的夏季空调室外计算干球温度和湿球温度，冬季空调室外计算干球温度和湿球温度，大气压，全年主导风向等。通过查阅有关手册可获得当地的气象资料。

3. 水质资料

水质资料指确定使用的冷却水及冷冻水水源的水质资料，其主要指标有：水中含铁量、水的碳酸盐硬度和酸碱度（pH值）等，以便为冷却水、冷冻水的处理提出要求。

4. 地质资料

地质资料包括工程所在地的大孔性土壤等级、土壤酸碱度、土壤耐压能力、地下水位、地震裂度等，主要由土建专业掌握。

5. 有关空调工程设计规范、制图标准图集、设计辅助资料等

6. 各种设备的样本资料

各种设备样本资料包括冷水机组样本、水泵样本、冷却塔样本、水处理器和水过滤器样

本、各种管件和阀门样本等。

7.1.2 确定冷水机组的型号、台数

冷水机组型号、台数的选择计算主要依据制冷系统总制冷量的大小确定，具体步骤如下：

1. 确定总制冷量

制冷系统的总制冷量，应包括用户实际所需要的制冷量，以及制冷系统本身和供冷系统的冷量损失，可按下式计算：

$$Q_0 = (1 + A) Q$$

式中　Q_0——制冷系统的总制冷量，单位为 kW；

　　　Q——用户实际所需要的制冷量，单位为 kW；

　　　A——冷损失附加系数。一般对于间接供冷系统，当空调工况制冷量小于 174kW 时，取 $A = 0.15 \sim 0.2$；当空调工况制冷量为 174 ～ 1744kW，取 $A = 0.1 \sim 0.15$；当空调工况制冷量大于 1744kW 时，取 $A = 0.07 \sim 0.1$。对于直接供冷系统，取 $A = 0.05 \sim 0.07$。

2. 确定冷水机组类型

根据制冷量大小、冷冻水水温要求、国家能源政策和当地能源条件、当地水源条件、空调工程初投资及运行费用等多方面情况，确定冷水机组类型。常用冷水机组类型有活塞式、螺杆式、离心式、溴化锂吸收式等，各种冷水机组的介绍可参考本书第 5 章制冷机组部分。一般来讲，制冷量在 116kW 以下的宜选用水冷或风冷的小型活塞式或涡旋式机组，制冷量在 116 ～ 350kW 之间的宜选用中小型的螺杆式冷水机组；制冷量在 350 ～ 580kW 之间的宜选用中型的螺杆式或溴化锂吸收式冷水机组；制冷量在 580 ～ 1163kW 之间的宜选用较大型的螺杆式、离心式或溴化锂吸收式机组；制冷量在 1163kW 以上的，宜选用大型的离心式或吸收式制冷机组。

3. 确定冷水机组台数

对空调用冷水机组，除离心机组和溴化锂机组外，一般应选用两台或两台以上；即使是选用溴化锂机和离心机，当所需较大冷量（如 1160kW 以上）时，也宜选用两台或多台。只有在很特殊的情况下，如工程较小、机房面积不够或投资有困难时，才可以考虑只设一台机组，但仍注意选用性能优良、生产厂商服务良好的机型。这样做具有以下优点：

1）低负荷运转时，可通过运行台数的多少来达到既满足冷量的需求，又达到节能、节电和降低运行费用的目的。

2）如对不同部门需要供给不同温度的冷水时，两台或多台机组可实现分区供冷，这有利于提高制冷机运行的热效率。

3）选用两台或多台冷水机组时，从机房布置、零部件的互换和检修方便的观点出发，应选用同型号同冷量的制冷机组为好。当然，同一单位中不同部门所需制冷量相差较大时，也可选用不同制冷量的制冷机。

4. 确定冷水机组型号

查阅冷水机组产品样本，根据制冷量选择机组型号。确定型号时需要注意以下问题：

1）选择机组型号时，需要注意查看产品样本中冷水机组各种参数是在何种工况下测得的。如果其工况和设计工况一样，则直接根据制冷量选型即可。如果其工况和设计工况不一

样，则需要进行换算，将设计工况下的制冷量换算成产品标注工况下的制冷量后，再进行选型。

2）选择冷水机组时，制冷量必须满足设计要求。冷水机组在设计工况下的制冷量不是只要稍大于或远大于总制冷量，一般可以考虑10%～20%的裕量为宜，以免导致调节过程中冷量不足或产生大量浪费。

3）冷水机组型号确定后，应记录所选冷水机组的各项参数，包括性能参数和尺寸等。

7.1.3　冷却水系统设计

冷却水系统的设计包括冷却塔的选型、冷却水泵的选型、水处理设备的选型等，具体方法见本书第 6 章 6.1.2 冷却水系统设计。

7.1.4　冷冻水系统设计

冷冻水系统的设计见本书第 6 章 6.2.2 冷冻水系统设计。

7.1.5　空调制冷站设备布置

空调制冷站应靠近冷负荷中心，可以设置在建筑物的地下室、设备层或屋顶上。当由于条件所限不宜设在地下室时，也可设在裙房中或与主建筑分开独立设置。

1. 技术要求

1）制冷机房应有良好的通风，以便排出冷（热）水机组、变压器、水泵等设备运行时产生的大量余热、余湿。

2）机房应考虑噪声与振动的影响。冷水机组的噪声，不管是电动型机组或溴化锂吸收式机组，一般均在80dB（A）以上。若主机房在地面上，噪声会通过窗户、门缝、通风口等隔声薄弱环节向外传出，即使主机房位于半地下室，噪声也会通过采光窗户传出去。此外，冷水机组以及水泵的振动都会通过建筑物围护结构向室内传递。所以，必须重视噪声与振动对建筑物外部与内部环境的影响，事先应做出影响评估，施工时采取有效的减振、降噪措施。

3）机房应有排水措施。机房中的许多设备在运行、维修过程中都会出现排水或漏水现象。为使房间内保持干燥与清洁，应设计有组织排水。通常的做法是在水泵、冷水机组等四周做排水沟，集中后排出。在地下室常设集水坑，再用潜水泵自动排出。

4）机房的工作环境一般较差，尤其是地下室内配置溴化锂吸收式冷水机组的机房，由于机体的部分表面温度很高，故散热量很大。如果对这些散热量估计不足，或因通风量加大有困难，或室外空气温度高于通风温度的持续时间较长，就会造成机房室温过高，甚至超过40℃。因而机房应设置良好的排热设施。如有条件可在机房屋顶上开设排热天窗，或安装屋顶排风机；若无条件可在外墙上的较高位置设置带有活动百叶窗的排风扇。

2. 建筑布局要求

机房面积、净高和辅助用房等应根据系统的集中和分散、冷源设备类型等设置。

1）机房面积的大小应保证设备安装有足够的间距和维修空间。同时，机房面积大小的确定，应了解机房不同时期的发展规划，考虑机房扩建的余地。

2）制冷机房的净高（地面到梁底）应根据制冷机的种类和型号而定，机房高度应比制

冷机高出 1~2m。一般来讲，对于活塞式制冷机、小型螺杆式制冷机，其机房净高控制在 3
~4.5m；对于离心式制冷机，大中型螺杆式制冷机，其机房净高控制在 4.5~5.0m；对于
吸收式制冷机原则上同离心式制冷机，设备最高点到梁下不小于 1.5m，设备间的净高不应
小于 3m。

3）大、中型机房内的主机宜与辅助设备及水泵等分区布置，不能满足要求的应按设备
类型分区布置。大、中型机房内应设置值班室、控制间、维修间和卫生设施以及必要的通信
设施。

3. 设备安装设计

空调制冷站的设备布置和管道连接，应符合工艺流程，流向应通畅，连接管路要短，便
于安装，便于操作管理，并应留有适当的设备部件拆卸检修所需要的空间。尽可能使设备安
装紧凑，并充分利用机房的空间，以节约建筑面积，降低建筑费用。管路布置应力求简单、
符合工艺流程、缩短管线、减少部件，以达到减少阻力、泄漏及降低材料消耗的目的。设备
及辅助设备（泵、集水器、分水器等）之间的连接管道应尽量短而平直，便于安装。制冷
设备间的距离应符合要求。

1）制冷机突出部分到配电盘的通道宽度不应小于 1.5m；制冷机突出部分之间的距离不
应小于 1.0m；制冷机与墙壁之间的距离和非主要通道的宽度不应小于 0.8m；主要通道和操
作走道宽度为 1.5~2m。

2）大、中型冷水机组（离心式制冷机、螺杆式制冷机和吸收式制冷机）间距为 1.5~
2.5m（控制盘在端部可以小些，控制盘在侧面可以大些），其换热器（蒸发器和冷凝器）
一端应留有检修（清洗或更换管簇）的空间，其长度按厂家要求确定。

3）大型制冷机组的制冷机房上部最好预留起吊最大部件的吊钩或设置电动起吊设备。

4）主机与辅助设备之间连接管道的布置应注意留有安装管路附件的位置（如水泵进出
口软接头、止回阀、压力表、温度计、主机进出口的阀门、水流量开关等），还要注意仪表
应安装在便于观察的地方。阀门高度一般离地 1.2~1.5m，高于此高度时，应设工作平台。

5）管路布置应便于装设支架，一般管路应尽可能沿墙、柱、梁布置，而且应考虑便于
维修，不影响室内采光、通风及门窗的启闭。管道的敷设高度应符合要求，机房内架空管道
通过人行道时，安装高度应大于 2m。

6）机房设备布置应与机房通风系统、消防系统和电气系统等统筹考虑。

4. 设备的隔振与降噪

1）机房冷水机组、水泵和风机等动力设备均应设置基础隔振装置，防止和减少设备振
动对外界的影响。通过在设备基础与支撑结构之间设置弹性元件来实现。

2）设备振动量控制按有关标准规定及规范执行，在无标准可循时，一般无特殊要求可
控制振动速度 $V \leqslant 10mm/s$（峰值），开机或停机通过共振区时 $V \leqslant 15mm/s$（峰值）。

3）当设备转速小于或等于 1500r/min 时，宜选用弹簧隔振器；设备转速大于 1500r/min
时，宜选用橡胶等弹性材料的隔振垫块或橡胶隔振器。

4）选择弹簧隔振器时，应符合下列要求：

① 设备的运转频率与弹簧隔振器垂直方向的自振频率之比，应大于或等于 2。

② 弹簧隔振器承受的荷载，不应超过工作荷载。

③ 当共振振幅较大时，宜与阻尼大的材料联合使用。

5）选择橡胶隔振器时，应符合下列要求：

①　应考虑环境温度对隔振器压缩变形量的影响。

②　计算压缩变形量宜按制造厂提供的极限压缩量的 1/3～1/2 采用。

③　设备的运转频率与橡胶隔振器垂直方向的自振频率之比，应大于或等于 2。

④　橡胶隔振器承受的荷载，不应超过允许工作荷载。

⑤　橡胶隔振器应避免太阳直接辐射或与油类接触。

6）符合下列要求之一时，宜加大隔振台座质量及尺寸：

①　当设备重心偏高时。

②　当设备重心偏离中心较大，且不易调整时。

③　当隔振要求严格时。

7）冷热源设备、水泵和风机等动力设备的流体进出口，宜采用软管同管道连接。当消声与隔振要求较高时，管道与支架间应设有弹性材料垫层。管道穿过围护结构处，其周围的缝隙，应用弹性材料填充。

8）机房通风应选用低噪声风机，位于生活区的机房通风系统应设置消声装置。

5. 设备、管道和附件的防腐和保温

1）为了保证机房设备、管道和附件的有效工作年限，机房金属设备、管道和附件在保温前须将表面清除干净，涂刷防锈漆或防腐涂料作防腐处理。

2）如设计无特殊要求，应符合：

①　明装设备、管道和附件必须涂刷一道防锈漆，两道面漆。如有保温和防结露要求应涂刷两道防锈漆；暗装设备、管道和附件应涂刷两道防锈漆。

②　防腐涂料的性能应能适应输送介质温度的要求；介质温度大于 120℃时，设备、管道和附件表面应刷高温防锈漆；凝结水箱、中间水箱和除盐水箱等设备的内壁应刷防腐涂料。

③　防腐油漆或涂料应密实覆盖全部金属表面，设备在安装或运输过程被破坏的漆膜，应补刷完善。

3）机房设备、管道和附件的保温可以有效的减少冷（热）损失。设备、管道和附件的保温应遵守安全、经济和施工维护方便的原则，设计施工应符合相关规范和标准的要求，并满足：

①　制冷设备和管道保温层厚度的确定，要考虑经济上的合理性。最小保温层厚度，应使其外表面温度比最热月室外空气的平均露点温度高 2℃左右，保证保温层外表面不发生结露现象。

②　保温材料应使用成形制品，具有导热系数小、吸水率低、强度较高，允许使用温度高于设备或管道内热介质的最高运行温度、阻燃、无毒性挥发等性能，且价格合理，施工方便的材料。

③　设备、管道和附件的保温应避免任何形式的冷（热）桥出现。

7.1.6　制图

空调制冷站的设计制图应包括制冷系统工艺流程图、空调制冷站平面布置图、空调制冷站剖面图或空调制冷站安装系统图等。绘图前应熟悉暖通空调绘图标准，选择大小合适的图纸及比例。

表 7-1 空调制冷站系统常用设计图例

序号	名称	图 例	附 注
1	阀门（通用）、截止阀	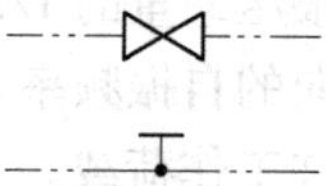	1. 没有说明时，表示螺纹连接 法兰连接时  焊接时  2. 轴测图画法 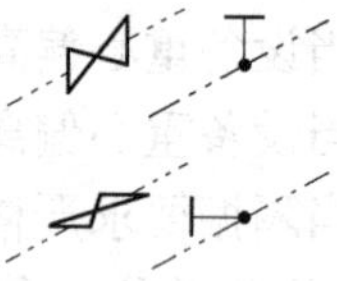
2	闸阀		
3	手动调节阀		阀杆为垂直 阀杆为水平
4	球阀、转心阀		
5	蝶阀	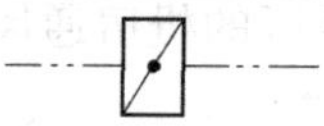	
6	角阀	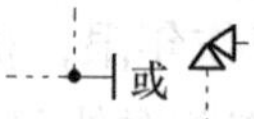 或	
7	平衡阀		
8	三通阀	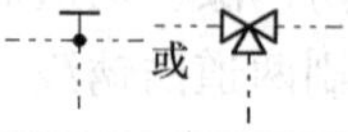 或	
9	四通阀	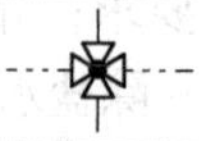	
10	节流阀		
11	膨胀阀	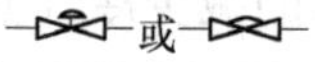 或	也称"隔膜阀"
12	旋塞	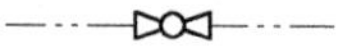	
13	快放阀		也称快速排污阀
14	止回阀	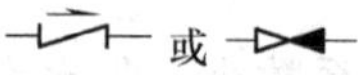 或	左图为通用，右图为升降式止回阀，流向同左。其余同阀门类推
15	减压阀	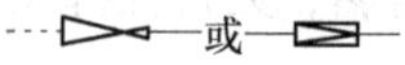 或	左图小三角为高压端，右图右侧为高压端。其余同阀门类推
16	安全阀		左图为通用，中为弹簧安全阀，右为重锤安全阀
17	疏水阀	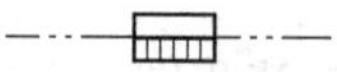	在不致引起误解时，也可用  ○ 表示也称"疏水器"
18	浮球阀	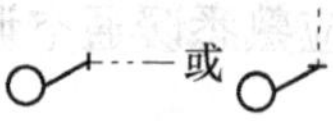 或	

（续）

序号	名称	图 例	附注
19	集气罐、排气装置		左图为平面图
20	自动排气阀		
21	除污器（过滤器）		左为立式除污器，中为卧式除污器，右为 Y 型过滤器
22	节流孔板、减压孔板		在不致引起误解时，也可用表示
23	补偿器		也称"伸缩器"
24	矩形补偿器		
25	套管补偿器		
26	波纹管补偿器		

　　制冷系统工艺流程图应绘出全部设备、连接管路、阀门等其他附件，同时图上设备要编号、管路应标明流向，还应附有图例、设备明细表。绘制时可不按比例，但图面布置应清爽、管路通畅，尽量避免管路过多交叉，且图中设备的相对大小要有区分。表 7-1 列出了空调制冷站系统常用的图例，可供绘图时参考。

　　平面布置图中应按比例绘制，图中包括设备安装位置及管道设置。机房平面布置图中，应强调的是设备的布置及水管线，因此，建筑部分用最细实线勾画出主要墙及分隔墙即可，尺寸线也用最细实线标示；设备用较粗实线绘制；水管线用最粗实线绘制；管线上附件用较细实线绘制。将各设备用水管线连接，绘图时应按投影原理，对于管子上弯、下弯、交叉等情况要依绘图标准上的符号绘制。应标出设备及管路定位尺寸及水管管径公称直径，局部表示不下的可引出标示。图中应将设备编号，并将图中所用图例及符号在图上画出。另外，还要画出剖切符号，以便在剖面图中进一步表达。

　　绘制机房布置剖面图时，应根据剖切位置所要表达内容的多少，决定绘制比例及选择大小合适的图纸。剖面图应尽量将在平面图上未表达完的或未表达的内容全部表达出来。一次剖切不能表达清楚的要多次剖切。绘制剖面图仍依据投影原理，设备用较粗的实线，管件及阀门用较细实线，管子上弯、下弯、交叉等情况仍严格按绘图标准绘制。另外，还要注意将平面图上的设备编号在剖面图上对应标出，并标注定位尺寸及水管直径、标高等。

　　安装系统图应按比例绘制。图中包括各种设备、阀件、主要管路、制冷站外形轮廓。各种设备和管道要有定位尺寸和标高。

　　图纸的边框大小和图标应严格按照标准来绘制。

7.1.7 编写设计说明书

　　设计说明书应按设计程序编写，主要包括以下一些内容：

1. 前言

2. 目录

3. 设计任务

4. 原始资料

5. 设计步骤

设计步骤包括方案的确定、冷水机组的型号、规格、台数、单机制冷量及选型要求；冷却水、冷冻水系统的设计步骤，水泵型号、规格、数量，冷却塔型号、规格、数量，并注明选型的有关要求。

6. 设备布置及管路设计

除了设备、管路布置外，还应包括冷水机组及水系统安装、施工方面的要求、减振防噪措施、水管保温方面的要求等。

7. 设备及材料明细表

编写设备明细表的目的是将空调制冷站设计中所选用的设备、主要管路附件的型号、规格、数量等情况用表格的方法排列出来，方便查阅及工程概算和购买设备。一般明细表的格式见表7-2。

表7-2 设备明细表

序号	设备及材料名称	规格型号	单位	数量	备注

8. 参考文献

7.2 空调制冷站设计实例

设计题目：西安市某商场（建筑面积为 $10000m^2$）空调用制冷机房设计，已知空调冷负荷 1500kW，冷冻水出水温度7℃，回水温度12℃。

7.2.1 原始资料

1. 地点

西安市（北纬 $34°18'$，东经 $108°56'$，海拔 396.9m）。

2. 室外气象参数

夏季空调室外计算干球温度35.2℃，夏季空调室外计算湿球温度26℃，冬季空调室外计算干球温度 -8℃，冬季空调室外计算相对湿度66%，冬季大气压力978.7kPa，夏季大气压力959.2kPa。

3. 冷负荷

经计算，空调冷负荷1500kW，冷冻水出水温度7℃，回水温度12℃。

4. 建筑资料

本制冷站为单独建造的单层建筑，建筑平面图由土建专业提供。

7.2.2　确定冷水机组的型号、台数

本设计用户实际所需制冷量是1500kW，冷损失附加系数取0.1，得到制冷系统的总制冷量 $Q_0 = (1 + 0.1) \times 1500\text{kW} = 1650\text{kW}$。

综合考虑，从产品样本中选用两台型号为 LSBLG860/M 的螺杆式冷水机组（参考表5-4），不考虑备用。其主要技术参数见表7-3。

表7-3　LSBLG860/M 螺杆式冷水机组主要技术参数

机组型号		LSBLG860/M
制冷量		859kW
蒸发器	水流量	148m³/h
	水压降	65kPa
	进出水管接口尺寸	DN150mm
冷凝器	水流量	179m³/h
	水压降	41kPa
	进出水管接口尺寸	DN150mm
机组尺寸	长	3620mm
	宽	1460mm
	高	1700mm

7.2.3　冷却水系统设计

1. 冷却塔型号、台数的确定

冷水机组冷却水流量为 $179\text{m}^3/\text{h}$，考虑1.2富余系数，冷却塔设计处理水量为：$L = 179\text{m}^3/\text{h} \times 1.2 = 214.8\text{m}^3/\text{h}$。

根据处理水量，以及当地室外湿球温度、水温处理要求，从冷却塔样本中选型，选用两台 DBNT-200 型冷却塔，不考虑备用，其性能参数见表7-4。

表7-4　DBNT-200 型冷却塔性能参数

冷却塔型号		DBNT-200
流量		231m³/h
风量		112000m³/h
进水压力		30100Pa
外形尺寸	总高度	5194mm
	最大直径	5700mm

2. 冷却水泵型号、台数的确定

根据选型原则，选择三台冷却水泵（两用一备）。

冷水机组的冷却水流量为 $179\text{m}^3/\text{h}$，确定1.2的附加系数，则水泵流量 $L = 1.2 \times 179\text{m}^3/\text{h} = 214.8\text{m}^3/\text{h}$。

绘制最不利环路草图，最不利环路总长度约为 50m。水泵扬程 $P = (1.1 \sim 1.2) H_{max}$，取 1.2 富余系数，则水泵最小扬程 $P = 1.2 \times (h_f + h_d + h_m + h_s + h_o)$。其中，最不利环路上沿程阻力损失：$h_f = 100 \times 50 = 0.5 mH_2O$；最不利环路上局部阻力损失：$h_d = 100 \times 50 = 0.5 mH_2O$；冷凝器的阻力损失由冷水机组参数知：$h_m = 4.1 mH_2O$；冷却塔中水的提升高度：$h_s = 5 mH_2O$；冷却塔喷嘴的喷雾压力：$h_o = 3.01 mH_2O$。经计算得水泵扬程 $P = 1.2 H_{max} = 1.2 \times 12.11 mH_2O = 14.53 mH_2O$。

根据流量和扬程，查阅水泵产品样本（参考表 6-1）选择三台 150RK180-20 型水泵，其流量为 216m³/h，扬程为 17.8m，两用一备。

3. 冷却水系统各管段管径确定

本系统属于开式系统，根据表 6-5 中管径和流速推荐值进行试算，从而确定出冷却水系统各管段管径大小。

以冷水机组冷却水出口水管管径为例，冷水机组冷却水出口流量为 179m³/h，假设机组出口水管管径取 150mm，则管内流速 $v = 179 \div 3600 \div (3.14 \times 0.15^2 \div 4)$ m/s $= 2.82$m/s，远远超出开式系统管径 150mm 对应的推荐流速 1.5~2.0m/s。若将机组出口水管管径选取为 200mm，则管内流速 $v = 179 \div 3600 \div (3.14 \times 0.2^2 \div 4)$ m/s $= 1.58$m/s，非常接近开式系统管径 200mm 的推荐流速 1.6~2.3m/s。因此，冷水机组冷却水出口水管管径定为 200mm。

以此类推，对冷却水系统各管段管径进行确定，详细管径大小见工艺流程图、管道平面布置图和剖面图。

4. 水处理设备的确定

根据输水管径和处理水流量 358m³/h，从产品样本中（参考表 6-2）选用一台 YTD-250F 型电子水处理仪，其输水管径为 250mm，处理流量为 490t/h。

7.2.4　冷冻水系统设计

1. 集水器和分水器管径、管长的确定

根据已知冷冻水总流量 $\Phi = 296$m³/h，冷冻水在分水器、集水器中的断面流速 $v = 0.5$m/s，计算集水器和分水器管径：$D = 1000 \times \sqrt{\dfrac{4 \times 296}{3600 \times 3.14 \times 0.5}}$mm $= 458$mm。

查阅管子规格，拟选用 DN500 无缝钢管。

设该冷水机组给两个空调分区供应冷冻水，则 $d_1 = 200$mm，$d_2 = 150$mm，$d_3 = 125$mm，$d_4 = 150$mm。

根据配管间距表确定管长：$L = 130 + L_1 + L_2 + L_3 + L_4 + L_5 + 120 = 2280$mm。

2. 冷冻水泵型号、台数的确定

根据选型原则，选择三台冷冻水泵（两用一备）。

冷水机组的冷冻水流量为 148m³/h，确定 1.2 的附加系数，则水泵流量 $L = 1.2 \times 148$m³/h $= 177.6$m³/h。

根据估算，冷冻水系统扬程为 30mH₂O，查阅水泵产品样本（参考表 6-1）选择三台 150RK180-32 型水泵，其流量为 180m³/h，扬程为 32m，两用一备。

3. 冷冻水系统各管段管径确定

本系统属于闭式系统，根据表 6-5 中管径和流速推荐值进行试算，从而确定出冷冻水系统各管段管径大小。

同样以冷水机组冷冻水出口水管管径为例，冷水机组冷冻水出口流量为 148m³/h，假设机组出口水管管径取 150mm，则管内流速 $v = 148 \div 3600 \div (3.14 \times 0.15^2 \div 4)$ m/s = 2.33m/s，与闭式系统管径 150mm 对应的推荐流速 1.6 ~ 2.2m/s 有些偏离。如果将机组出口水管管径选取为 200mm，此时管内流速 $v = 148 \div 3600 \div (3.14 \times 0.2^2 \div 4)$ m/s = 1.31m/s，与闭式系统管径 200mm 的推荐流速 1.8 ~ 2.5m/s 偏离较大。因此，冷水机组冷冻水出口水管管径定为 150mm。

以此类推，对冷冻水系统各管段管径进行确定，详细管径大小见工艺流程图、管道平面布置图和剖面图。

4. 膨胀水箱选型

采用开式膨胀水箱，其有效容积 $V_p = \alpha \cdot \Delta t \cdot v_s = 0.0006 \times (35.2 - 7) \times (10000 \times 0.5)$ m³ = 0.0846m³。因膨胀水量较小，而一般膨胀水箱有效容积为 0.5 ~ 1.0m³，则本系统的膨胀水箱有效容积可取 0.5m³，从表 6-8 中选取型号为 1 的方形膨胀水箱。

5. 水处理设备的确定

根据输水管径和处理水流量 296m³/h，从产品样本中（参考表 6-2）选用一台 YTD-200F 型电子水处理仪，其输水管径为 200mm，处理流量为 320t/h。

7.2.5 制冷机房布置

根据制冷机房布置原则，进行制冷机房布置，冷却塔放置在机房屋顶。设备及管道具体布置情况见图样。

冷冻水供、回水管、分水器、集水器、冷冻水系统的阀门选用柔性泡沫橡塑材料进行保温。根据表 6-9，$DN100$ 及以上的，保温层厚度为 25mm；$DN65 ~ DN80$ 的，保温层厚度为 22mm；$DN50$ 及以下的，保温层厚度为 19mm。保温结构严格按照国家标准图集制作。

7.2.6 设备明细表

主要设备明细表见表 7-5。

表 7-5 主要设备明细表

序号	名称	数量	单位	备注
1	LSBLG860/M 型冷水机组	2	台	
2	150RK180-32 型冷冻水泵	3	台	两用一备
3	150RK180-20 型冷却水泵	3	台	两用一备
4	DBNT-200 型冷却塔	2	台	
5	YTD-250F 型电子水处理仪	1	台	
6	YTD-200F 型电子水处理仪	1	台	
7	分水器	1	个	
8	集水器	1	个	
9	1 号方形膨胀水箱	1	个	

7.2.7 设计图样

西安市某商场空调用制冷机房设计图样如图 7-1 ~ 图 7-4 所示。

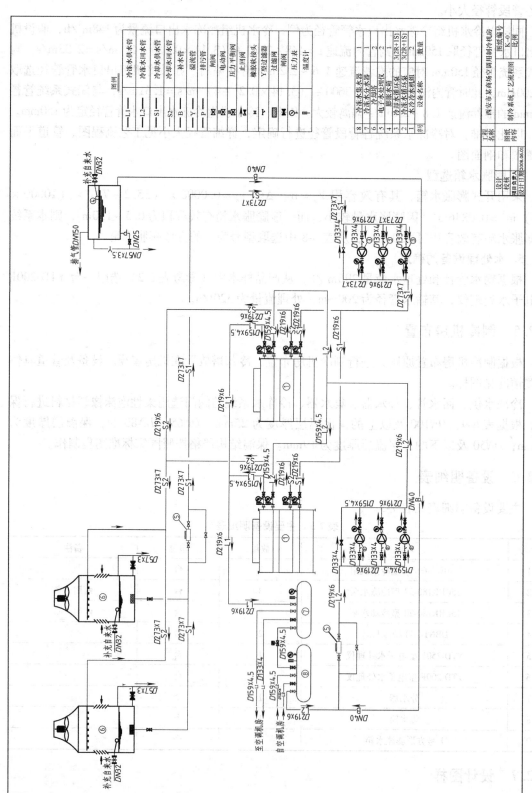

图 7-1 制冷系统工艺流程图

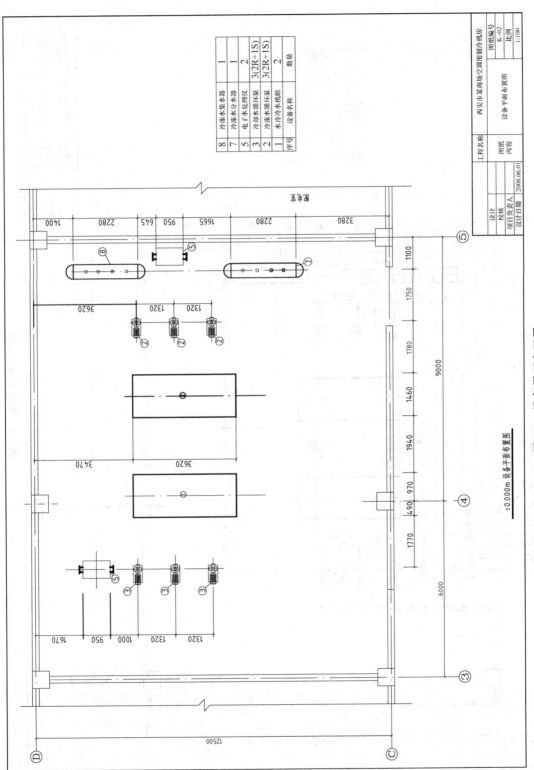

序号	设备名称	数量
8	冷冻水集水器	1
7	冷冻水分水器	1
5	电子水处理仪	2
3	冷却水循环泵	3(2R+1S)
2	冷冻水循环泵	3(2R+1S)
1	水冷冷水机组	2

工程名称	西安市某商场空调用制冷机房		图纸编号	K-02
图纸内容	设备平面布置图		比例	1:100
设计		校核		
项目负责人		设计日期	2008.06.01	

±0.000m 设备平面布置图

图7-2 设备平面布置图

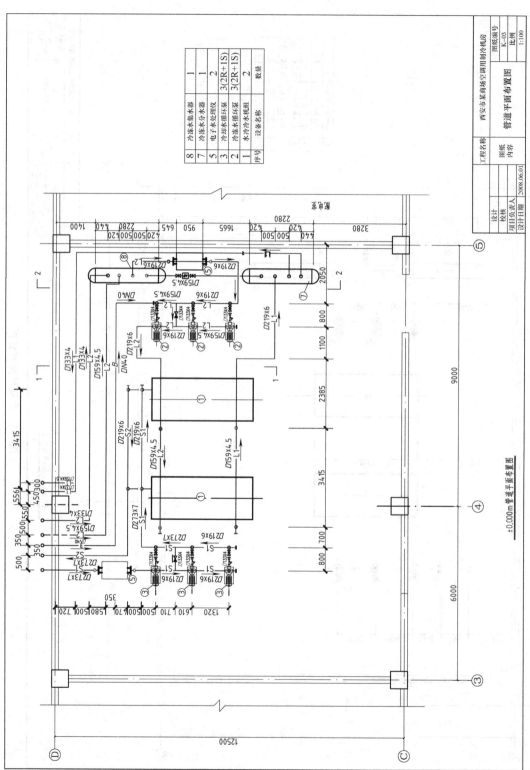

图 7-3　管道平面布置图

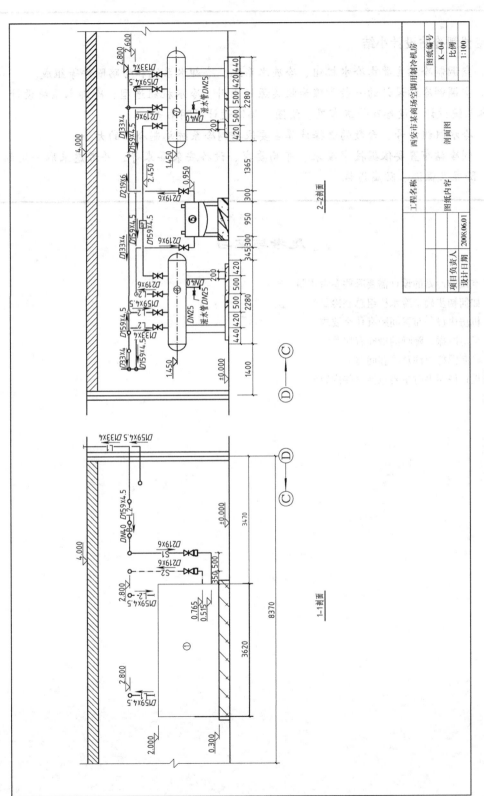

图 7-4　剖面图

空调制冷站设计小结

1. 空调制冷站主要由冷水机组、冷冻水系统、冷却水系统和管路附件等组成。

2. 空调制冷站设计的一般步骤为收集原始资料、冷水机组选型、冷却水系统设计、冷冻水系统设计、设备及管道布置、绘图、编写设计说明书等。

3. 冷水机组型号、台数的选择计算主要依据制冷系统总制冷量的大小。

4. 制冷站布置要依据技术要求、布局要求、设备安装要求等，并考虑采取一定的隔振、降噪及保温、防腐措施。

思考与练习

7-1　空调制冷站的设计需要哪些参考资料？

7-2　如何初步确定冷水机组总制冷量？

7-3　机房中设备布置间距有什么要求？

7-4　机房减振、降噪的措施有哪些？

7-5　绘制图样应注意哪些问题？

7-6　设计说明书时主要包括哪些内容？

第8章 蒸气压缩式制冷系统运转前期工作

> **本章目标：**
> 1. 了解制冷系统运行前的准备工作。
> 2. 学会系统吹污方法。
> 3. 学会系统气密性试验操作（压力试漏、真空试漏、冷剂试漏）。
> 4. 学会制冷剂充注操作方法。
> 5. 学会制冷系统试运转操作，清楚开机停机步骤。
> 6. 明确系统调节参数及调节方法。

为了保证制冷系统的正常运行，制冷系统的机器和设备安装结束、整个系统管道焊接完毕后，需要对施工后的制冷系统按照国家标准、机械设备工程的施工安装及验收规范，进行试运转和系统调试。

制冷系统的试验及试运转通常包括单体试运转、系统试验和系统试运转三部分。对于压缩机成单体安装的制冷装置，通常应进行单机试运转、系统试验和试运转；分体组装或整体组装的制冷装置，若出厂时已充注规定压力的氮气，且机组内压力无变化时，可只做系统实验中的真空试验，充注制冷剂及系统试运转；整体组装式制冷装置，若出厂时已充注制冷剂，且机内压力无变化时，可只做系统试运转。

8.1 单体试运转

制冷系统运行前期准备，首先必须进行机器的单体试机，如风机、水泵是否可以正常运转，对设备应进行单体试压试漏，查找各压力容器的出厂合格证并存入技术档案。压力容器一般进行 $30MPa/cm^2$ 水压试验，确保其强度和 $16 \sim 20MPa/cm^2$ 气压试验检查是密闭性的。压力容器有出厂合格证不必进行水压试验。

对于压缩机是单体，通常要做单机试运转试验。压缩机的空负荷试运转、空气负荷试运转、抽真空试验是压缩机负荷试运转前应进行的重要试运转内容。通过这些试运转能尽早发现存在的问题，并加以解决，为压缩机投入负荷试运转创造良好的条件。中、小型开启式压缩机，出厂前应经过上述试运转检验，安装时应检查核实有无上述试运转的记录；对无上述试运转记录的压缩机，为保证试运转质量，则应按本条规定进行试运转。大型的或解体出厂的压缩机，上述试运转出厂前均未进行，故应按本条要求进行各项试运转。用于氟利昂系统的半封闭压缩机，因出厂试验要求及内部残留水分要求都很高，现场安装时一般不进行上述运转检验。压缩机的抽真空试验是指压缩机本机的抽真空试验。压缩机试运转要求有以下内容：

1）单体试车前，对系统内各机器、设备、仪表、电气、阀门等的安装、调试，检查合格，均满足试车条件要求，并做好记录。

2）无负荷试运转应不少于2h。

3）空负荷试运转，在排气压力为0.25MPa条件下，不少于4h。

4）机组油位应正常，油压比低压侧气体压力高0.15～0.29MPa。

5）气缸套冷却水的进水温度，应低于35℃，出水温度应低于45℃。

6）排气温度不应超过130℃。

7）油温及各摩擦部位的温度应符合各类机器的技术文件要求。

8）制冷机的单机试运转应符合技术文件的规定。

8.2　制冷系统试验

应按设计要求和管道安装试验技术条件的规定，对制冷系统进行吹污、气密性试验、真空试验以及充注制冷剂检漏试验，并为制冷系统的试运转做好各项准备工作。

8.2.1　制冷系统吹污

制冷系统应是一个密闭的、洁净而干燥的系统。制冷设备和管道在安装之前，虽然都进行了单体除锈和吹污工作，但是，在系统安装过程中，难免会有一些污物留在系统内部，如焊渣、钢屑、铁锈、氧化皮等。这些污物会造成膨胀阀、毛细管及过滤器的堵塞，一旦这些污物被压缩机吸入到气缸内，则会造成气缸或活塞表面的划痕、拉毛等事故，使制冷系统不能正常运行。因此，在系统试运转以前必须进行吹污工作，彻底洁净系统，以保证制冷系统的安全运行。

一般情况下吹污工作的气源采用空气压缩机或氮气瓶，也可用制冷压缩机，但应尽量另外用空压机进行。吹污的介质为干燥空气，氟利昂系统可用干氮气。吹污的压力应为0.58MPa。

吹污工作可按机器设备、管段或按系统进行。操作一般选择大口径处大批量排污，污物落在容器底部时可选择低位置处进行排放。排污口通常选在系统最低点，以使污物顺利排出。吹污时，要将所有与大气相通的阀门关紧，其余所有阀门（除安全阀）应处于开启状态；将所需吹污的一段排污口用木塞堵上。给需吹污的一段系统用干燥的压缩空气或氮气加压，加压至0.58MPa。加压过程中用榔头轻轻敲打吹污管，以使附着在管壁上的污物与壁面脱离，迅速打开排污口，高速的气流就会将污物带出；反复进行多次，直至系统洁净为止。

吹污结果检查，一般采用观察距排污口300～500mm处放置的白布。系统吹污结果，要使在排污口处的白布板上5min内没有油渍、灰尘才算系统为合格。

排污时要注意保持自动化元件干净无损，系统吹污合格后，应将排污系统上的各过滤器重新清洗，主要是阀件清洗，应将阀门的阀芯取出后彻底清理干净，重新装配。

8.2.2　气密性试验

制冷系统的气密性试验是用来检查系统是否有泄漏现象，也称为压力试漏。

制冷系统中的制冷剂具有很强的渗透性，如系统有不严密处就会造成制冷剂的泄漏，一方面会影响制冷系统的正常工作，另一方面，有些制冷剂对人体具有一定的毒性，并且污染大气。所以在系统吹污工作结束后，应对系统进行气密性试验，目的在于检查系统的安装质量，检验系统在压力状态下的密封性能是否良好。

制冷系统气密性试验的压力，应按表 8-1 中的规定。

表 8-1　系统气密性试验的压力　　　　　　　　　　（单位：MPa）

系统压力	活塞式制冷机			离心式制冷机
	R717	R22	R12	R11
低压系统	1.18		0.91	0.091
高压系统	1.77		1.57	0.091

气密性试验的试验时间要求保压 24h，前 6h 内，由于系统内的气体温度下降允许压力有所下降，允许压力降见下式：

$$P_2 = P_1\left(1 - \frac{273 + t_2}{273 + t_1}\right)$$

式中　P_1、t_1——试验开始系统内气体的压力（MPa）和温度（℃）；

　　　P_2、t_2——某一时刻系统内气体的压力（MPa）和温度（℃）。

一般压力降不应大于 0.03MPa；后 18h 内，压力无变化为合格（除去因环境温度变化而引起的压力差，如果存在环境温度变化，其引起的压降仍可用上式计算）。若试验终了的压力差大于上式所计算的压力，说明系统不严密，应进行全面检查，找出漏点加以修补，并重新试压，直到合格为止。

氨制冷系统的试压工作应尽可能用空气压缩机，如条件不允许，也可指定一台制冷压缩机。氟利昂制冷系统多采用氮气（也可采用压缩空气，但必须干燥）。气密性试验的具体操作如图 8-1 所示，压力试漏以充氮为例，其步骤如下：

1) 由于氮气瓶压力很高，可达 15MPa，所以氮气瓶上应接减压阀后再与充气孔相连。

2) 将所有与大气相通的阀关闭。由于压缩机出厂前做过气密性试验，所以可将其吸、排气截止阀关闭。若需复试，可按低压系统的试验压力进行。油分离器的回油阀关闭，打开其余阀门。

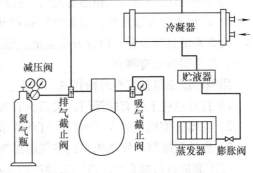

图 8-1　制冷系统气密性试验示意图

3) 打开氮气瓶阀门，将氮气充入系统。为节省氮气，可将压力先升至 0.3 ~ 0.5MPa 进行检查。如无大的泄漏继续升压，待系统压力达到低压段的试验压力时，如无泄漏则关闭节流阀前的截止阀，继续对高压段加压直至试验压力。

4) 关闭氮气瓶阀门，对整个系统进行检漏。

压力试漏应注意：

1) 试压时应将有关设备的控制阀关闭，以免损坏，如氨泵、浮球阀、液位器等。

2) 若有泄漏点需进行补焊时，须将系统泄压，并与大气相通，决不可带压焊接，补焊次数不得超过两次，否则应将该处管段换掉重新焊接。

3) 检漏工作必须认真、仔细，可用肥皂水但不宜过稀。将渗漏点做好标记，待全部检查完毕之后进行补漏。

氟利昂系统用高压氮气对系统进行清洗时，还具有去除氟利昂系统内的水分或水汽的作用。即使如此，还需在氟利昂系统的干燥器内放入硅胶，这就是系统干燥处理。在试运转中应验查硅胶减色，如发现有水分、必须烘干硅胶或将新硅胶换入，若发现系统水分较多时，也可用氯化钙并及时换掉，直至氟利昂系统内无水分或只有极少量水分，以防止冰堵现象，影响制冷装置的正常运行。

8.2.3　真空试验

制冷系统抽真空试验的目的，一是为了进一步检查系统的严密性（因此也称为真空试漏），二是消除系统中残留的空气和水分，为充灌制冷剂做好准备。真空试验以剩余压力表示，保持24h。氨系统的试验压力，不高于0.0080MPa，24h后压力应基本无变化；氟利昂系统的试验压力不高于0.0053MPa，24h后压力回升不大于0.0005MPa为合格。

真空试漏是在系统吹污、压力试漏合格的前提下进行的。对于小型系统如电冰箱、空调器，可用真空泵进行；对于大型制冷系统，可用系统压缩机自身抽真空，也可用压缩机把系统的大量空气抽走，然后用真空泵把剩余的气体抽净。

用真空泵抽真空操作如下：

1）将真空泵吸入口与系统抽气口接好，抽气口可以是压缩机排气口的多用通道或排空阀，也可以是制冷剂注入阀。

2）关闭系统中与大气相通的阀门，打开其他阀门。

3）启动真空泵抽真空，当真空度超过97.3kPa时，关闭抽气口处阀门，停止真空泵工作，检查系统是否泄漏。检查方法是把点燃的香烟放在各焊口及法兰接头处，如发现烟气被吸入，即说明该处有漏点。

用制冷压缩机抽真空时操作基本同上：

1）打开系统上所有的阀门，关闭所有与大气相通的阀门。

2）关闭压缩机上的高压阀门，打开低压阀门和压缩机上的排气堵头。

3）启动压缩机，使系统内的空气由排气堵头排出，按规定抽真空。

用压缩机进行抽真空时应注意油压的大小。随着系统真空度的提高会使油泵的工作条件恶化，导致机器运动部件的损坏，所以油压（指压差）不得小于27kPa，否则应停车。

8.2.4　充注制冷剂

1. 充注制冷剂检漏目的

在压力试漏和真空试漏合格后，就可以对制冷系统充注制冷剂。但在充注制冷剂的同时，应对系统再一次进行检查试漏，称为制冷剂试漏。其目的是为了进一步检查系统的严密性，同时为系统的正常运转做准备。

首先给系统充入适量制冷剂，并给系统适当加压，用检漏仪器检漏，确认无渗漏时，继续充注至设计要求。充注时，应防止空气和杂质进入。因为空气中的水分进入系统后会加速金属的腐蚀，而且氟利昂系统还会造成"冰塞"故障，氨系统也会产生蒸发压力、温度升高、冷冻水温不易下降、冷量下降、功耗增加等不良影响。

2. 充注制冷剂的要求和步骤

充灌制冷剂，应遵守下列规定：

1）制冷剂应符合设计的要求。

2）应先将系统抽真空，其真空度应符合设备技术文件的规定，然后将装制冷剂的钢瓶与系统的注液阀接通，氟利昂系统的注液阀接通前应加干燥过滤器。在充灌过程中按规定向冷凝器供冷却水或向蒸发器供载冷剂。

3）当系统内的压力升至 0.1~0.2MPa（表压）时，应进行全面试漏检查，无异常情况后，再继续充制冷剂。

4）当系统压力与钢瓶压力相同时，方可开动压缩机，加快制冷剂充入速度。

5）制冷剂充入的总量应符合设计或设备技术文件的规定。

3. 充注制冷剂检漏的方法

（1）充氨检漏　氨制冷系统要进行充氨检漏，在系统真空状态下将制冷剂加入系统，待系统中压力达 0.2MPa（表压）时停止，对系统进行检漏。氨系统常采用酚酞试纸（也可用 pH 试纸）检漏。将酚酞试纸用水浸湿后放在检漏部位，若有泄漏则试纸变红，因氨气溶于水呈弱碱性，酚酞试纸遇碱变红。在检漏时应注意酚酞试纸不要与被检表面接触，因为被检地方均涂过肥皂水，因肥皂水也呈弱碱性所以也会使酚酞试纸变红。

已查明的渗漏处应做好标记，待将有漏氨部位的局部抽空，用压缩空气吹净，经检查无氨后才允许更换附件。

需修焊的附件应将系统内的氨排尽后再作焊接，否则应在制冷机房外面进行修焊。

（2）充氟检漏　氟利昂制冷系统要进行充氟检漏。充氟检漏时，可在系统内充入少量氟利昂气体，使系统内压力达到 0.2~0.3MPa，然后开始检漏。为了避免系统中含水量过高，要求氟液的含水量按重量计不应超过 0.025%，而且氟利昂必须经过干燥器干燥后才能进入系统。向系统充注氟利昂时，可利用系统真空度，使之进入系统。

氟利昂系统检漏方法可以用肥皂水、烧红的铜丝、卤素喷灯或卤素检漏仪。前两种方法很容易理解，用肥皂水是漏处冒泡、用烧红的铜丝则是铜丝变色；后两种方法则是利用仪器中的火焰颜色的变化来判别泄漏的大小。如卤素喷灯是一种有特殊烧嘴的酒精灯，在喷灯的内胆内贮存乙醇或甲醇（有毒）。使用卤素喷灯时，先把酒精盆里的乙醇点燃，用来加热灯体和喷嘴。热量从灯体传给内胆，并将内胆中的乙醇加热使其汽化，增大其压力。待酒精盆里的乙醇烧尽时，就微开阀杆使乙醇蒸气从喷嘴喷出，并连续燃烧。当乙醇蒸气以高速通过喷嘴时，使喷射区的压力低于大气压力，这样外部空气就从吸气软管吸入。检漏时，只要将吸气软管的管口靠近制冷系统各个管接头的焊缝处，吸气软管就吸入氟利昂蒸气，经燃烧，火焰就会发出绿色或蓝色的亮光。颜色越深则说明氟利昂渗漏得越多。

氟利昂燃烧产生的光气对人体有毒，如发现火焰呈现紫绿色和亮蓝色时，宜改用肥皂水作进一步试漏。

发现渗漏时，将氟利昂排尽后，再用压缩空气吹扫后，即可更换连接件或进行补焊。

在确保整个制冷系统完全不漏的情况下，再进行设备、管道的隔热保温和隔气防潮处理，油漆后方可进行系统制冷剂的灌注和系统的试运转，在这过程中逐步进行制冷装置整个系统的调整。

4. 充注制冷剂

（1）充注制冷剂的目的　按要求向系统充注一定数量的制冷剂，为负荷试运转和验收使用作准备。

（2）系统充注量的估算　制冷系统注制冷剂的多少，可根据制造厂使用说明书的规定量充注，分别算出各设备及管道的充液容积。

对大型冷库，系统总的充氨量可按贮液器总容积的 80% 来充灌；对小型氟利昂系统，其充氟量可按 1kW 制冷量来估算。空调用制冷系统取 2.0 ~ 2.5kg/kW；冷藏用制冷系统取 1.5 ~ 2.0kg/kW。

（3）充注制冷剂的要求和步骤

1）做好准备工作，如准备好制冷剂钢瓶、台架、磅秤、接管、橡皮手套、防毒面具和急救药等。

2）对氨及大中型氟利昂系统，从高压贮液器出液管上接出的加液口向系统充制冷剂；对小型氟利昂系统可采用气充法，由压缩机吸入阀上的"多用口"向系统充注氟利昂。

3）从加液口向系统充氟利昂时，应在加液口接入干燥器以确保充入系统内氟利昂的干燥度。

4）记录制冷剂充灌前后的制冷剂钢瓶质量，累计制冷剂注入量。

5）可用浸过温水的布或棉纱覆盖在钢瓶上或用低于 40℃ 的水淋激钢瓶，以加快制冷剂的充灌速度。

6）为避免事故，不可一次充灌过量。当制冷剂的充注量达设计充注量的 80% ~ 90% 时，应暂停充注，进行系统试运转，在试运转中如表明充注量不足，再继续充注。

5. 制冷系统充氨

制冷系统充氨过程如图 8-2 所示。

1）在充注前，称出装有制冷剂的氨瓶的重量，充注后，再称出空瓶的重量。

2）将氨瓶放置在具有倾斜度（一般 $\alpha = 30° ~ 40°$）的氨瓶架上，氨瓶嘴向下。

3）系统初次充氨时可将系统抽成真空，利用系统和氨瓶内的压力差把氨液注入系统。当充氨系统管路出现白霜并有流动声音时，说明氨液正在流入系统。待系统压力升高到 0.4MPa 左右时

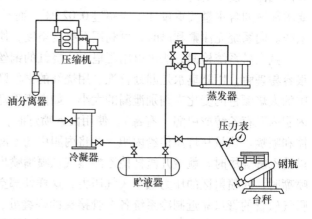

图 8-2　制冷系统加氨示意图

关闭调节阀，使系统高压部分与低压部分切断，开动压缩机使低压部分压力降低后继续充氨，这样可加快充氨速度。

4）氨瓶和加氨站的连接应采用高压橡胶管用铁丝绑扎牢固，稍微开启氨瓶阀，将橡胶管中的空气排出。充氨开始时微开氨瓶阀，检查系统连接是否牢固，有无泄漏，确认系统连接牢固后将加氨站阀全部打开，并逐渐开氨瓶阀，将氨液充入系统。

5）瓶内的氨液快要充完时，氨瓶底部出现白霜，这时先关闭氨瓶阀，再关闭加氨站阀，卸出氨嘴，更换氨瓶，继续充氨。

6）系统内氨量达到需要量的 50% ~ 60% 时，暂停充氨工作，整个系统便可投入试运转，

如无异常现象时，可根据使用情况再进行充加。

7）充氨过程中，高压部分的压力不得超过 1.4MPa。

8）系统中如装有浮球式节流阀，加氨时应将手动调节阀打开，保护节流阀。

6. 制冷系统充氟

大型氟利昂系统的充氟位置与连接和氨相同，可参照充氨操作。一些中小型氟利昂系统或装置，一般不设专用充注制冷剂的阀门，制冷剂通常以压缩机吸排气的多用孔道充入系统。通常有两种方法：

方法一：从压缩机排气阀多用孔道直接充入制冷剂液体。如图 8-3 所示，其优点是充注速度快，适用于抽真空后首次充注，操作方法如下：

1）首先将制冷剂钢瓶置于磅秤上称重，做好记录。

2）将制冷剂钢瓶置于钢瓶架上，接压力表，瓶口向下与地面约成 30% 倾斜。

3）用事先准备好的充剂接管与制冷剂钢瓶连好，稍开制冷剂钢瓶的阀门，随即关闭，用制冷剂蒸气冲净充剂管内的空气。

4）开足压缩机的排气阀，旋下排气阀的多用孔道塞，然后迅速拧紧排气多用孔道接头螺母。用事先准备好的充剂接管将制冷剂钢瓶和压缩机排气阀多用孔道连通，同时接入干燥过滤器。

5）将排气阀顺时针关 2~3 圈，使多用孔道与钢瓶连通，逐渐开启钢瓶出液阀，瓶内制冷剂借助瓶内与系统的压差进入系统。

6）当系统内压力高于 0.3MPa 时应停止从高压侧充注制冷剂。如果系统内充液量不够，则应改在压缩机吸气侧进行充注。

注意：从高压侧充注液体时，切不可启动压缩机，以防发生事故。

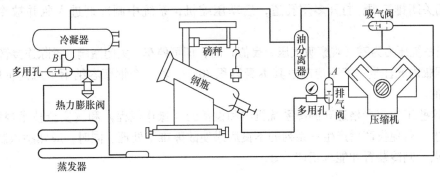

图 8-3　制冷系统高压侧充氟示意图

方法二：从压缩机吸气多用孔道充注制冷剂。如图 8-4 所示，这种方法适用于系统补充添加制冷剂。其特点是制冷剂不是以液体状态进入，而是以气态进入系统。其操作步骤如下：

1）把制冷剂钢瓶立于磅秤上称重并做好记录。

2）在吸气阀的多用孔道与钢瓶之间接管，其操作步骤同方法一的 2）、3）、4）。

3）开启冷凝器的冷却系统，开启压缩机的排气阀门，关闭蒸发器的供液阀。

4）启动压缩机，开启制冷剂钢瓶阀门。

5）将吸气阀顺时针关半圈左右，多用孔道与钢瓶接通，钢瓶内的制冷剂蒸气被压缩机吸人。此时应密切注意压缩机的情况,以防出现液击。当机器完全正常时,再把吸气阀顺时针转 $1 \sim 2$ 圈。

6)当磅秤指示已达到规定充注量时,先关闭钢瓶阀门,再关闭压缩机吸气阀的多用孔道(即开足吸气阀)停止压缩机运转,卸下充剂接管,将吸气阀多用孔道螺塞旋上拧紧。

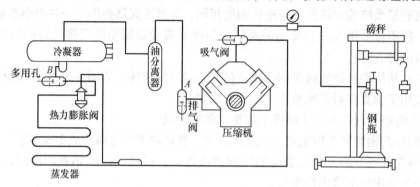

图 8-4 制冷系统低压侧充氟示意图

7. 制冷剂的抽取

(1)抽取制冷剂的目的 当系统运行或检漏时发现泄漏需要检修或其他原因,需将制冷剂从系统中取出,存入钢瓶中,以免放空造成浪费。

(2)要求和步骤

1)抽取工作可由系统本身的压缩机,也可借用另外一台制冷压缩机来完成。

2)关闭压缩机排气阀,连接空钢瓶与压缩机排气口的管道。

3)排除连接管道内的空气,用冷却水不断浇淋钢瓶。

4)仍关闭排气阀,打开多用孔道,启动压缩机,系统中制冷剂进入瓶并被冷却成液体。

5)当系统压力为零(观察吸气压力表值)时,即可停车,关闭瓶阀,拆除连接管即可。

6)钢瓶内充注量一般不应超过其本身容积 80%。若一个钢瓶容纳不下总的抽取量时,可换瓶再抽。

以上这些工作应严格遵守制冷系统机器和设备的《操作规程》和《安全技术规程》,严禁草率从事,避免投产后产生一系列的不良后果使故障难于处理。同时,应熟悉该制冷系统各部位特点,制冷装置才能真正调整好。

8.3 制冷系统试运转

制冷系统试运转的目的是检验压缩机的装配质量,并使机器的各运动部件进行初步的磨合,以保证机器正常运行时的良好机械状态。

制冷系统试运转时,机房内应清理干净。准备好试运转所用的工器具、材料和试运转记录、表格等,并做好下列工作:

1)供电系统的安全保护装置齐全,电气应符合运行要求。

2)加入的冷冻油油量和油的规格应符合设计要求或有关技术文件的规定。

3)检查压缩机冷却水套及附属设备的给水排水情况,水路系统均应畅通。

4）检查所有的安全设备、防火防毒设备、卫生救护设备等，均应有正常的工作效能。

由于制冷装置的类型较多、机器设备品种不一、自动化、半自动化和手动器等设计组成不同，因此，应按照制造厂家的产品说明书，根据不同的机器设备性能或遵照设计文件中的试运转要求进行运转工作，对具体制冷装置必须按具体的制冷系统编制试运转规程，并在实际试运行中加以补充修订，成为今后正式的制冷装置操作规程，和操作人员操作依据并存入技术档案，供今后不断修改。

制冷系统试运转前，应首先启动冷凝器的冷却水及蒸发器的冷冻水泵或风机，并检查供水量、风量均应满足要求；凡是有油泵的机器设备，应先启动油泵，检查各项指标均应符合要求；检查压缩机电机转向正确等，确认无误方可运转。

试运转时间不少于 8h，在此期间，检查油温、油压、水温等，均应符合要求。带制冷剂的负荷试车与单体试车不同，对于不同的制冷剂，其排气温度的控制值也不同。如制冷剂为 R717、R22 时排气温度不得超过 150℃，若不小心有可能造成事故。

系统试运转结束的停车，应先停制冷机、油泵（离心式制冷系统，应在主机停车 2min 后停油泵），再停冷冻水泵、冷凝水泵。

试运转结束后，应清洗滤油器、滤网，必要时应更换新润滑油；对于氟利昂系统应更换干燥过滤器的硅胶。整修完毕，将装置调至准备启动的状态，待投入使用。

一般的制冷系统试运转分为三个过程：

（1）无负荷试车　无负荷试车也称为不带阀无负荷试车，也就是指试车时不装吸、排气阀和气缸盖。无负荷试车的目的之一是检查吸、排气之外的制冷压缩机的各运动部件装配质量，如活塞环与气缸套、连杆大头轴承与曲轴、连杆小头轴承与活塞销等的装配间隙是否合理。目的之二是检查压缩机润滑系统供油情况和各运动部件润滑情况是否正常，如各摩擦部件工作温度、运动声音以及耗油量，一般要进行 4~6h 的磨合期，以提高各摩擦部件配合的密封性、摩擦面光洁度及硬度。如果油压差不建立，即不上油时，应及时查找原因、排除故障，避免发生"抱轴"、"拉缸"等事故，新机器油压可调高些。试车前，应对电气系统、自动控制系统、电机空载试运转试验完毕，冷却水管路正常投入使用，曲轴箱内已加入规定数量的润滑油之后方可进行试车。试车步骤如下：

1）将气缸盖拆下，取下缓冲弹簧及排气阀座，在气缸壁均匀涂上润滑油。

2）手动盘车无异常现象后，通电，观察电机旋转方向是否正确，如不正确进行调整。

3）启动压缩机，进行试运转，试运转应间歇进行，间歇时间为 5min、15min、30min。间歇运转中调节油压，检查各摩擦部件温升，观察气缸润滑情况及轴封的密封状况，并进行相应的调整处理。一切正常后连续运转 2h 以上，以进一步磨合运动部件。

（2）空气负荷试车　空气负荷试车也称为带阀有负荷试车。该项试车应装好吸、排气阀和缸盖等部件。空气负荷试车的目的是进一步检查压缩机在带负荷时各运动部件的装配正确性及各运动部件的润滑情况及温升。该项试车是在无负荷试车合格后进行的。试车前应对制冷压缩机进行进一步的检查并做好必要的准备工作。操作步骤如下：

1）将吸气过滤器的法兰拆下，用浸油的洁净纱布包好，对进入机器的空气加以过滤，防止灰尘及杂物被压缩机吸入。

2）检查曲轴箱油位。

3）打开气缸冷却水阀门。

4）选定一个通向大气的阀门，调节其开度以控制系统压力。

5）启动制冷压缩机，调节选定的阀门，使系统压力保持在0.35MPa下连续运转4h。同时检查排气温度：R717、R22的排气温度不得超过135℃；运转过程中，油压应较吸气压力高0.15~0.3MPa；油温不应超过70℃；气缸套冷却水进口温度不高于35℃，出口温度不应超过45℃；同时，运转声音正常，不得有其他杂音；各运动部件的温升符合设备技术文件的规定；各连接部位、轴封、气缸盖、填料和阀件无漏水、漏气和漏油现象。空气负荷试车合格后，应拆洗制冷压缩机的吸、排气阀、气缸、活塞、油过滤器等部件，更换曲轴箱内的润滑油。

（3）制冷剂负荷试车　制冷剂负荷试车的目的是检查压缩机在正常运转条件下的工作性能和维修装配质量是否符合规定，测定制冷装置的制冷效果，并通过调试达到制冷装置设计的要求。对于新安装和大修后的压缩机，都需拆卸、清洗、检查测量、重新装配之后进行负荷试运转，以鉴定机器安装及大修后的质量和运转性能，是整个制冷系统交付验收使用前对系统设计、安装质量的最后一道检验程序。压缩机启动前应检查以下内容：

1）压缩机的排气截止阀是否开启，除与大气相通的阀门外系统中其余的各个阀门是否处于开启状态。

2）打开冷凝器的冷却水阀门，启动水泵。若为风冷式冷凝器，则应开启风机，并检查水泵及风机工作是否正常。

3）检查压缩机曲轴箱油面是否处于正常位置，一般应保持在油面指示器的中心线上；若有两块示油镜，应在两块示油镜中心线以内。

4）检查控制线路。控制线路应预先单独进行试验，检查供电线路是否正常。

5）用手盘动压缩机曲轴数圈或对制冷压缩机进行点动，检查是否有运动阻碍，并注意压缩机旋转方向是否正确。

6）蒸发器若为冷却液体载冷剂的，则应启动载冷剂系统。

经上述检查，认为没有问题后，即可启动压缩机进行试运转。

8.4　制冷系统运行及参数调试

8.4.1　制冷系统运行操作

1. 制冷压缩机的启动

（1）开机前的检查和准备工作

1）压缩机各部位正常就位；曲轴箱内油面高度正常；各压力表的表阀应全部打开并指示正常；检查和打开吸、排气截止阀及其他控制阀门，自动保护装置；检查气缸冷却水套供水管路。

2）检查高、低压系统的有关阀门开关得当。

3）检查高、低压贮液器的液面。

4）检查氨泵、水泵、盐水泵和风机。

（2）制冷压缩机的启动操作

1）运行冷却水系统。打开冷却水系统的阀门，启动冷却水水泵和冷却塔风机。若系冷凝器为风冷式冷凝器，则启动风机。

2）运行载冷剂系统。打开蒸发器冷冻水进、出口水阀或启动直接蒸发式空气冷却器的风机；启动蒸发器的搅拌器和水泵。

3）将制冷压缩机能量调节手柄调至最小容量档。

4）将补偿器手柄调至启动位置，按电动机启动按钮。当电动机达到正常转速时，将手柄移至运行位置，启动电机同时迅速打开压缩机排气阀门。

5）微开压缩机的吸气阀，若发现有液击声，立即关闭吸气阀。待运转声音正常后再缓慢打开吸气阀，观察吸气压力和油压，缓慢打开吸气阀，直至全开。

6）压缩机运转正常后根据蒸发器负荷逐渐调整节流阀，调节制冷压缩机的能量调节装置，逐渐加载到所要求的工况。

压缩机启动后还要特别注意排气压力表、吸气压力表、油压表和电机电流表的读数，同时要密切注意吸气温度和排气温度以防可能出现的湿行程先兆。

2. 制冷压缩机的停机操作

（1）正常停机

1）停机前 $10 \sim 30 \text{min}$ 关闭节流阀或蒸发器的供液阀、截止阀，适当降低蒸发压力。对小型制冷系统应将蒸发器中液体全部抽回冷凝器。

2）将压缩机的吸气阀关闭，使曲轴箱内的压力降至 $0.03 \sim 0.05 \text{MPa}$。

3）切断电源，迅速关闭排气阀。

4）将能量调节手柄移至最小容量档。

5）压缩机停机 $10 \sim 30 \text{min}$ 后，停止冷却水泵或冷凝器风机的运行，再关闭蒸发器负荷。

（2）紧急停机　紧急停机是制冷装置在运行过程中遇到紧急情况所采取的应急措施。由于事故的情节和危害的程度不同，操作人员应沉着而迅速地采取有效措施，谨防事故蔓延和扩大。一般情况下，紧急停机有以下几种情况：

1）突然停电停机：立即关闭供液阀。

2）突然停水停机：立即切断电源，再关闭供液阀、压缩机吸排气阀。

3）遇火警停机：立即断电，开启紧急泄氨阀、贮液器和蒸发器的放液阀。

4）设备故障停机：局部故障可关闭相应的阀门；严重故障则立即切断电源。

5）压缩机故障停机。

8.4.2　制冷系统运行参数的调试

表征制冷装置运转状况的参数是很多的，如温度、压力、流量、流速、湿度、液位以及电流、电压和功率等。

制冷装置的运行工况参数好坏，对制冷装置工作的经济性和安全性影响很大，其中比较重要的运行参数有：

t_0、P_0——蒸发温度、蒸发压力（℃、MPa/cm^2）；

t_k、P_k——冷凝温度、冷凝压力（℃、MPa/cm^2）；

t_{zj}、P_{zj}——中间温度、中间压力（℃、MPa/cm^2）；

t_{gr}、$t_{排}$——压缩机吸、排气温度（℃）；

t_{gl}——节流阀前液体制冷剂的过冷温度（℃）；

$t_{油}$——曲轴箱内冷冻油温度（℃）。

在设计制冷装置时，正确地选择和规定上述运行参数是十分重要的。制冷系统主要参数调整的目的，是要控制各个参数，使其在最经济最合理的条件下运行，以求达到耗功量少、制冷量最大和保证安全运行的目的。

在制冷装置实际运行中，由于决定主要参数的因素是不断变化的，因此各个参数也是相应变化的。例如，外界气温的变化、机器和设备能力的变化、被冷却物体温度的变化、库房负荷变化以及冷却水量和水温的变化等。因此，实际运行时的参数，不可能与设计计算的参数完全相同，需要根据实际条件和系统变化的特点，不断调整和控制，以便制冷装置在经济合理参数数值下运行，从而达到设计要求和设计标准。

1. 蒸发温度 t_0 和蒸发压力 P_0

蒸发温度可通过装在压缩机吸气截止阀端的压力表所指示的蒸发压力而反映出来。蒸发温度和蒸发压力是根据空调系统的要求确定的，偏高不能满足空调降温需要，过低会使压缩机的制冷量减少，运行的经济性较差。

蒸发温度是通过调节供液量来调整的，实际操作就是调节膨胀阀的开启度。供液量增大，蒸发温度与被冷却介质温度之间的温差增大，则传热效果好、降温快。但温差过大，就要使蒸发温度降低，制冷量减少；由于冷量不足，反而使被冷却介质温度降不下去，这是得不偿失的做法。而温差取得太小，则降低传热速度。因此，应根据制冷设备的不同形式合理地选调温差，以此操纵膨胀阀的开启度。

2. 冷凝温度 t_k 和冷凝压力 P_k

制冷剂的冷凝温度可根据冷凝器上压力表的读数求得。冷凝温度的确定与冷却剂的温度、流量和冷凝器的形式有关。在一般情况下，冷凝温度比冷却水出水温度高 3～5℃，比强制通过的冷却空气进口温度高 10～15℃。

冷凝温度下降可提高制冷效果，但这要受到环境条件的限制，增加冷却介质的流量可降低一些冷凝温度，一般都是采用这种方法。但不能片面提高冷却水的流量，因为增大冷却水量需增加水泵功耗，故应全面综合考虑。

3. 压缩机的吸气温度

压缩机的吸气温度是指从压缩机吸气截止阀前面的温度计读出的制冷剂温度。为了保证压缩机的安全运转，防止产生液击现象，吸气温度要比蒸发温度高一点。在设回热器的氟利昂制冷装置里，保持15℃的吸气温度是合适的；对氨制冷装置，吸气过热度一般取 10℃左右。

应避免吸气温度过高或过低。过热度偏大，将使压缩机排气温度升高，影响润滑油作用，当排气温度与润滑油闪点接近时，还会使部分润滑油炭化并积聚在吸、排气阀口，影响阀门的密封性；吸气温度过低，则说明制冷剂在蒸发器中汽化不完全，压缩机吸入湿蒸汽就有可能形成液击。

4. 压缩机的排气温度

压缩机排气温度可以从排气管路上的温度计读出。它与制冷剂的绝热指数、压缩比 p_k/p_0 及吸气温度有关。吸气温度越高，p_k/p_0 越大，排气温度就越高，反之亦然。

吸气压力不变，排气压力升高；或排气压力不变，吸气压力降低，都会造成排气温度升高，且均为压缩比 p_k/p_0 增大引起的，使经济性降低。

5. 节流前的过冷温度

节流前的液体过冷可以提高制冷效果。过冷温度可以从节流阀前液体管道上的温度计测得。一般情况下它较过冷器冷却水的出水温度高 1.5~3℃。

蒸气压缩式制冷系统试运转前期工作小结

1. 制冷系统试运转前，必须先进行单体试运转。压缩机负荷试运转前应进行压缩机的空负荷试运转、空气负荷试运转、抽真空试验。

2. 制冷系统试验包括系统吹污、气密性试验、真空试验、充注制冷剂。

3. 制冷系统试运转一般分为三个过程：无负荷试车、空气负荷试车和制冷剂负荷试车。

4. 制冷装置的运行工况参数好坏，对制冷装置影响很大。制冷系统主要参数调整的目的，就是要控制各个参数，使其在最经济最合理的条件下运行。

思考与练习

8-1　制冷系统运行前要做什么准备工作？

8-2　制冷系统为什么要进行气密性试验？它分为几个阶段？

8-3　什么是压力试漏？它有什么目的？

8-4　真空试漏有什么作用？它有哪几种方法？

8-5　充氟有哪几种方法？各有何特点？

8-6　制冷系统能否直接开压缩机？为什么？

8-7　氟利昂系统试漏后还应注意什么问题？

8-8　制冷系统运行调节参数主要有哪些？

第9章 双级和复叠式蒸气压缩制冷

本章目标：

1. 理解采用双级蒸汽压缩式制冷的原因。
2. 认识双级蒸汽压缩式制冷系统的常见形式及选择。
3. 掌握一次节流中间完全冷却和中间不完全冷却的双级蒸汽压缩式制冷的工作流程。
4. 了解双级蒸汽压缩式制冷中间压力的确定。
5. 了解双级蒸汽压缩式制冷中间冷却器的结构。
6. 理解采用复叠式蒸汽压缩制冷的原因。
7. 掌握复叠式蒸汽压缩制冷的原理。

无论是食品冷藏库还是工业冷却装置或是空气调节装置，由于产品的性质不同导致它们对温湿度的要求也各不相同。为了满足生产工艺的要求，往往需要制冷循环能获得较低的蒸发温度。单级蒸气压缩式制冷循环所能达到的最低蒸发温度因压缩机的工作原理和制冷剂的种类不同而有所差异。例如常用的单级活塞式制冷压缩机，在使用氨制冷剂时，所能达到的最低蒸发温度一般不超过 $-30℃$。为了获得更低的蒸发温度，同时保证制冷循环的效率不至于下降，就需要采用双级或复叠式蒸气压缩式制冷循环。

9.1 双级蒸气压缩制冷

9.1.1 双级蒸气压缩制冷的原因、组成及常见形式

1. 采用双级蒸气压缩制冷的原因

空调用的制冷技术，单级蒸气压缩制冷就可以满足，在单级蒸气压缩式制冷循环中，当制冷剂确定之后，其冷凝压力、蒸发压力、冷凝温度和蒸发温度也随之而定。单级蒸气压缩制冷机所能达到的蒸发温度主要取决于它的冷凝压力及压缩比，而制冷剂的冷凝压力则由环境介质（如空气或水）的温度决定，可是冷却剂的温度受地区和季节的制约，因此，由自然条件所确定的冷凝温度有一定的范围，在通常的气温条件下，各种制冷剂的冷凝压力在 $0.8 \sim 1.6MPa$ 范围内。当冷凝压力一定时，要想达到较低的蒸发温度，其蒸发压力也降低，而蒸发温度则由制冷装置的用途决定，如食品的冷藏、水果、蔬菜通常的冷藏温度为 $0℃$ 左右，要求相应的蒸发温度在 $-10℃$ 左右；而鱼类，肉类的冷藏温度常为 $-18℃$ 左右，相应的蒸发温度为 $-28℃$ 左右。当蒸发温度降低时则蒸发压力也会随之降低，从而导致压缩比增大，压缩比是指气体压缩后的绝对压力与压缩前的绝对压力之比，在制冷机中常以冷凝压力与蒸发压力之比代替。有时为了获取低温，要求蒸发温度很低，蒸发压力就很低，蒸发温度很低时压缩比可能会很大，这样，制冷压缩机的工作效率就会受工作工况的直接影响。在比

较恶劣的工况下单级蒸气压缩就显得非常不经济，对于单级活塞式制冷压缩机来说，压缩比不宜过大，当压缩比过大时，就会带来一系列问题，具体如下：

1）当冷凝温度升高或蒸发温度降低时压缩机的压缩比增大，压缩比越大，余隙容积内气体膨胀至吸气压力时所占有的体积越大，从而使压缩机的输气系数 λ 也大大降低。当压缩比增大到一定数值之后（压缩比 $\geqslant 20$）时，$\lambda = 0$ 此时压缩机不再吸气，制冷机虽在运行但不制冷。

2）压缩机的单位制冷量和单位容积制冷量都大为降低。

3）压缩机的功耗增加，整个制冷机的制冷系数下降。

4）若压缩比过大，排气压力及排气温度过高，这使得润滑油变稀，润滑条件恶化，要改善润滑条件则必须采用高着火点的润滑油，因为润滑油的黏度随温度的升高而降低。

5）被高温过热蒸气带出的润滑油增多，增加了分油器的负荷，且降低了冷凝器的传热性能。

6）蒸发压力过低还会使空气渗入系统，造成系统的故障，另外蒸发压力过低还会造成压缩机的吸气压力过低，当吸气压力为 $10 \sim 16\text{kPa}$ 时压缩机就难以正常工作。

综上所述，当压缩比过高时，采用单级压缩循环，不仅是不经济的，甚至是不可能的，所以对于活塞式压缩机的压力比不宜过大。通过大量的实验发现，单级压缩机制冷其蒸发温度只能达到 $-25 \sim -30℃$ 左右，而在冷库制冷中，当结冻间的库房温度要求保持 $-23℃$ 时，其蒸发温度必须达到 $-33℃$ 左右。在单级活塞式制冷系统中，当氨制冷系统中 $p_k/p_0 \leqslant 8$ 时最低蒸发温度为 $-25℃$；而在氟利昂（R22）制冷系统中，当 $p_k/p_0 \leqslant 10$ 时最低蒸发温度为 $-37℃$。因此，为了获得更低的蒸发温度（$-40 \sim -70℃$），同时又能使压缩机的工作压力控制在一个合适的范围内，就要采用多级压缩循环。

采用多级压缩可以从根本上改善制冷循环的性能指标，多级压缩制冷循环的基本特点是分级压缩并进行中间冷却。采用多级压缩后，每一级的压缩比减小，这样就会提高了压缩机的输气系数和指示效率，同时由于排气温度降低，润滑情况有了很大改善，保障了压缩机的运行安全。从理论上讲，级数越多，节省的功也越多，制冷系数也就越大。如果是无穷级数，则整个压缩过程越接近等温压缩。然而，实际上并不采用过多的级数，因为每增加一级都需要增添设备，提高成本，也提高了技术复杂性。另外，由于压缩机不能保持很低的蒸发压力，在应用中温制冷剂时，三级压缩循环的蒸发温度范围与双级压缩循环相差不大，所以制冷循环中采用三级压缩循环很少，一般均采用双级压缩循环。

2. 双级蒸气压缩制冷循环的组成

单级蒸气压缩制冷循环压缩比一般不超过 $8 \sim 10$，在这样的条件下，经过大量的实验发现对于常用的制冷剂，单级活塞式压缩机的蒸发温度最低只能达到 $-20 \sim -40℃$，而这对于普通制冷来说，温度范围已经很宽。如果需要获得更低的蒸发温度及高的制冷效率，就需要采用双级压缩。但在实际应用中，并非在任何情况下采用双级压缩制冷都是有利的，经过大量的实验可知：只有当氨制冷系统压缩比大于等于 8 时，氟利昂制冷系统压缩比大于等于 10 时，采用双级压缩较单级压缩更为经济合理。

双级蒸气压缩制冷循环是指来自蒸发器的制冷剂蒸气要经过低压与高压压缩机两次压缩后，才进入冷凝器。并在两次压缩中间设置中间冷却器。它的实质是压缩过程分两阶段进行，蒸发压力→中间压力→冷凝压力。双级压缩制冷循环系统可以是由两台单级压缩机组成的双机双级系统（其中一台为低压级压缩机，另一台为高压级压缩机），如图9-1所示；也可以是由一台双级压缩机组成的单机双级系统，如图9-2所示，其中一个或两个气缸作为高压缸，其余几个气缸作为低压缸，其高、低压气缸输气量比一般为1:3或1:2。

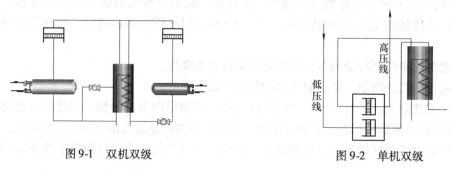

图9-1　双机双级　　　　　　　　　　图9-2　单机双级

3. 双级蒸气压缩制冷循环的常见形式

从上面可知，压缩机的冷凝温度取决于环境温度及冷凝器的传热温差，蒸发温度取决被冷却物体的需要温度及蒸发器的传热温差。当冷凝温度过高、蒸发温度过低时，压力差就会增大，压缩比也会增大，压缩机的输气系数减小，排气温度升高，制冷系数减小。根据压缩机的使用情况和实际工况，确定压缩比，以此来判断是用单级还是双级。

双级蒸气压缩制冷循环系统的特点是压缩过程分两个阶段进行，并在高压级与低压级之间设有中间冷却器。双级蒸气压缩制冷循环根据节流方式和中间冷却程度不同而有不同的循环方式，有一次节流和两次节流之分；有中间完全冷却和中间不完全冷却等多种处理方式。

首先分析节流次数。节流次数越多，节流损失就越小，制冷循环的制冷系数就高。但利用多次节流循环所组成的制冷系统相当复杂。两次节流是指制冷剂从冷凝器出来要先后经过两个膨胀阀再进入蒸发器，即先由冷凝压力节流到中间压力，再由中间压力节流到蒸发压力；而一次节流只经过一个膨胀阀，大部分制冷剂从冷凝压力直接节流到蒸发压力。相比之下，一次节流系统比较简单，且可以利用其较大的压力差实现远距离或高层冷库的供液。另外多次节流系统由于过多的节流阀件也给实际操作带来许多不便。例如，对于两次节流的双级压缩系统，中间冷却器中制冷剂的流量必须等于蒸发器的蒸发量，而且这个流量也必须随蒸发器负荷量的变化而变化，为了适应负荷的不断变化，必须不断改变两个节流阀件的开启度。当两个节流阀件的开启度相互影响、相互制约时，则很难恰到好处地赶上和适应负荷的变化，当然采用人工控制则更加困难。对于这样的系统为了降低中间冷却器液面波动幅度，以确保较好的中间冷却，必须采用较大容积的中间冷却器，从而增加了制冷装置建造的一次投资。因此，采用一次节流循环的优点要多于两次节流及多次节流，因此实践中采用的基本上都是一次节流双级蒸气压缩制冷循环系统。

其次再分析中间冷却方式。至于采用哪一种中间冷却方式，由选用制冷剂的种类来决定。对于双级压缩来说，选用何种中间冷却方式至关重要，而冷却方式的选取主要取决于排气温度的高低。在某一工况下工作的制冷压缩机其排气温度由所采用制冷剂的绝热指数、压缩机的吸气温度、压缩机的气缸冷却效果及压缩机的效率四个方面决定。对于某一台制冷压缩机来说，如果能够保证气缸的冷却效果和压缩机的效率，则排气温度的高低由制冷剂的绝热指数和压缩机的吸气温度决定。氨制冷剂的绝热指数是目前常用的几种制冷剂中最高的，这必然导致压缩机有较高的排气温度。例如 R717、R22、R12 三种制冷剂，压缩机在相同的工况下工作（$t_0 = -20℃$、$t_k = 40℃$、压缩机吸气无过热、节流阀入口液体无过冷），它们的排气温度分别是 $t_{PR717} = 138℃$、$t_{PR22} = 80℃$、$t_{PR12} = 43℃$。为了降低排气温度，通过降低吸气温度解决是很有效的，所以，采用绝热指数大的制冷剂，双级蒸气压缩制冷系统应采用中间完全冷却方式以确保较低的高压级吸气温度；采用绝热指数大的制冷剂，中间冷却可放宽尺度。

综上所述，氨双级蒸气压缩制冷系统应采用一次节流中间完全冷却方式，而双级蒸气压缩的氟利昂制冷系统，则常采用一次节流中间不完全冷却方式。

9.1.2　一次节流中间完全冷却的双级压缩式制冷循环

1. 系统组成

一次节流中间完全冷却的双级压缩循环由低压级压缩机、中间冷却器、高压级压缩机、冷凝器、节流阀和蒸发器组成。其适用于氨双级压缩制冷系统。

2. 系统的工作过程

以一次节流中间完全冷却的双机双级压缩制冷循环系统为例，来看该系统的工作过程，图 9-3 即为其原理图及压焓图。它的特点是在中间冷却器中使来自低压级压缩机的过热蒸气完全冷却至饱和状态，故称为中间完全冷却。这样则可以减少过热损失、降低耗功量，同时又能利用中间冷却器使经过膨胀阀的液态制冷剂再冷，以减少节流损失。

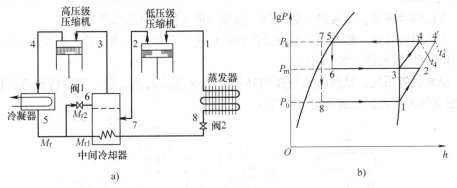

图 9-3　一次节流中间完全冷却的双级压缩制冷循环原理图及 p-h 图

a) 原理图　b) p-h 图

一次节流中间完全冷却的双级压缩制冷循环工作过程为：从蒸发器来的低温低压的制冷剂蒸气 1 在低压级压缩机中压缩至中间压力 p_m，然后排入到中间冷却器中，被其中的液体制冷剂冷却成中间压力 p_m 下的饱和蒸气 3，再进入高压级压缩机中被压缩到冷凝压力 p_k，然后进入冷凝器中被冷却成饱和液体 5 或过冷液体 7，从冷凝器出来的液体分成两路，一路经节流阀节流至中间压力，进入中间冷却器，利用它的蒸发来充分冷却低压级压缩机的排气 2 和盘管内的高压制冷剂液体，中间冷却器中蒸发出来的制冷剂饱和蒸气 3 作为高压级压缩机的吸入蒸气经高压级压缩后变成过热蒸气 4；另一路则在中间冷却器的盘管内被进一步冷却（过冷，增大制冷量）后变成过冷液体 7，再经节流阀直接节流至蒸发压力 8，再送入蒸发器中汽化制冷，最后变回干饱和蒸气 1。

从图 9-3 可以看出，循环 3-4-5-6-3 在中间冷却器里产生冷量，用于另一个循环中饱和液体的过冷（过程5-7）和低压级压缩机排出的过热制冷剂蒸气的完全冷却（过程2-3）。而另一个循环1-2-3-4-5-7-8-1则是用来制取低温冷量用的制冷循环，其制冷剂蒸气经过了高、低压级两次压缩、一次节流、中间完全冷却。整个制冷系统有三个压力：4-5-7为冷凝压力p_k，也称为高压段；8-1为蒸发压力p_0段；2-6-3为中间压力p_m段，它既是低压级的排气压力，又是高压级的吸气压力。

3. 系统特点

此系统的特点是选用了完全中间冷却器。它起两个作用，其一是相当于两次节流的中间液体分离器，其二是利用一小部分液体的吸热蒸发作用，对低压级的排气进行完全中间冷却。这种形式的制冷循环系统，只适用于R717的双级压缩制冷循环系统中。另外，为了防止从中间冷却器出来的饱和液体在管路中闪发成蒸气，通常要求中间冷却器与蒸发器之间的距离要近。

4. 一次节流中间完全冷却的双级压缩氨制冷装置

以氨为制冷剂的双级压缩制冷循环系统一般采用一次节流、中间完全冷却、节流前液体过冷的双级压缩制冷循环。经高压级压缩机压缩的制冷剂蒸气进入冷凝器中冷凝，冷凝后的制冷剂液体分为两部分，一路经第一个节流阀将p_k节流为p_m进入中间冷却器，与低压级压缩机的排气混合，完全冷却为中间压力下的饱和蒸气，然后进入高压级压缩机；另一路制冷剂液体在中间冷却器的蛇行盘管内冷却成为过冷液体，再进入第二个节流阀将p_k节流为p_0后进入供液系统。

1）直接供液系统，氨液进入蒸发器，蒸发后进入低压级压缩机。

2）重力供液系统，氨液进入氨液分离器后再进入蒸发器，蒸发后先回氨液分离器气液分离，其中氨气再回低压级压缩机。

3）氨泵供液系统，氨液进入低压循环桶后由氨泵送入蒸发器，蒸发后回低压循环桶，分离出的氨气再进入低压级压缩机吸气管。

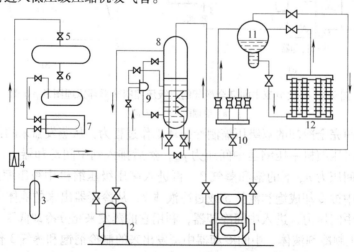

图9-4 一级节流中间完全冷却双级压缩氨制冷系统

1—低压级压缩机 2—高压级压缩机 3—油分离器 4—单向阀 5—冷凝器
6—高压贮存器 7—过冷器 8—中间冷却器 9—浮球调节阀 10—调节分站
11—气液分离器 12—蒸发器管组

图9-4为一次节流中间完全冷却的双级压缩重力供液氨制冷装置系统图。它由两台单级压缩氨制冷机组成高压级和低压级压缩（也可用一台多缸单机氨制冷压缩机代替双级压缩），系统中高压级压缩机的排气在进入冷凝器之前，先经过油分离器，将制冷剂中夹带的油滴分离出来，以免进入冷凝器和蒸发器后影响传热效果。在油分离器出口处有一只单向阀，避免压缩机突然停车时高压蒸气倒流进压缩机，它应有足够的容量保证蒸发器的供液需要。中间冷却器采用浮球调节阀供液，自动控制中间冷却器中的液位。制冷用的氨液经调节分站分配到各个制冷蒸发器管组。分站后设有气液分离器，其作用是防止低压蒸气中液滴带到压缩机中引起液击。

9.1.3　一次节流中间不完全冷却的双级压缩式制冷循环

1. 系统组成

一次节流中间不完全冷却双级压缩式制冷循环由低压级压缩机、中间冷却器、高压级压缩机、冷凝器、节流阀、蒸发器和回热器组成。其主要适用于氟利昂制冷装置，采用回热循环。

2. 系统的工作过程

图9-5为一次节流中间不完全冷却的双级压缩制冷循环系统的原理图及压焓图。这种循环系统的特点是：制冷剂主流先经盘管式中间冷却器过冷，再经回热器进一步冷却；且低压级压缩机的吸气有较大的过热度；此外，低压级的排气没有完全冷却到饱和状态。

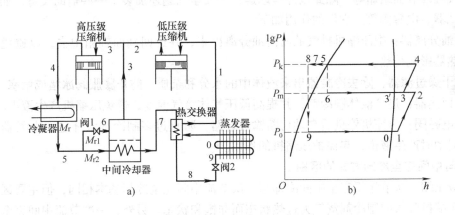

图9-5　一次节流中间不完全冷却的双级压缩制冷循环原理图及 *p-h* 图

a) 原理图　b) *p-h* 图

其工作过程为：从蒸发器出来的低温低压制冷剂蒸气经回热器过热后在1点被低压级压缩机吸入，压缩到中间压力2并与中间冷却器出来的中间压力下制冷剂饱和蒸气在管路中进行混合，理论循环认为从中间冷却器出来的制冷剂状态为干饱和蒸气3′，因此与低压级排气混合后得到的蒸气具有一定的过热度3，但此过热度比低压级排出的过热蒸气的过热度要小。被冷却后的过热蒸气进入高压级压缩机，经压缩到冷凝压力4后进入冷凝器，冷凝后的高压制冷剂液体5分两路，一路进入了中间冷却器的蛇形盘管进行再冷却7，然后进入回热器与从蒸发器出来的低温低压蒸气0进行热交换，使从中间冷却器蛇形盘管中出来的过冷液体再一次得到冷却变为过冷液体8，最后经节流阀进入蒸发器吸热蒸发；另一路经节流阀节流至中间压力6，进入中间冷却器。从图中可以看出，循环3′-3-4-5-6-3′在中间冷却器产生冷量，用于另一个循环饱和液体的过冷（过程5-7）及低压级过热蒸气的不完全冷却（过程2-3）。而循环1-2-3-4-5-7-8-9-1是制取低温冷量的制冷循环，其制冷剂蒸气经过高低压级压缩、一级节流、中间不完全冷却。整个制冷系统有三个压力：4-5-7-8段为冷凝压力 p_k 段，也称为高压段；9-1为蒸发压力 p_0 段，也称为低压段；6-3′-3-2段为中间压力 p_m 段，它既是低压级的排气压力，又是高压级的吸气压力。

3. 系统特点

这种循环系统的特点是制冷剂主流先经盘管式中间冷却器过冷，再经热交换器进一步冷却；且低压级压缩机的吸气有较大的过热度；此外，低压级的排气没有完全冷却到饱和状态。这种循环系统，只适用于R22等氟利昂双级制冷循环系统中，决不能用于氨制冷系统中。这是因为：虽然高、低压级吸入蒸气的过热度都比较大，但是因为氟利昂的绝热指数 K 值比氨要小，故压缩机的排气温度不高。

4. 一次节流中间不完全冷却的双级压缩氟利昂制冷装置

图9-6为 SD_2-4F10A 型双级压缩氟利昂制冷系统，它是按图9-5设计的一次节流中间不完全冷却的双级压缩制冷机。系统中增设了回热器10，不但可使高压液体得到冷却，使单位制冷量增大，更主要的是为了提高低压级压缩机的吸气温度，以改善压缩机的润滑条件，并避免气缸外表面结霜等。除此以外考虑运行中安全问题还加装了一些辅助设备，如油分离器、过滤器、电磁阀等。它们的作用如下：

1）油分离器：把压缩机排气的润滑油分离出来，并返回到曲轴箱中去，以避免油进入各种换热器影响传热。

2）干燥过滤器：除去冷凝器出来液体中的水分和杂质，防止膨胀阀冰堵或堵塞。

3）回热器：过冷液体制冷剂，并提高低压气体蒸气温度，避免压缩机产生液击。

4）电磁阀：压缩机停机后自动切断输液管路，防止过多制冷剂液体进入蒸发器，以免压缩机启动时产生液击，起保护压缩机的作用。

5. 与中间完全冷却方式的区别

双级压缩一次节流不完全中间冷却与一次节流中间完全冷却基本相同，但主要区别在于高压级压缩机吸入的制冷剂蒸气为过热状态而非饱和状态。另外，一次节流中间完全冷却是将低压级压缩机的排气引入中间冷却器，利用中间冷却器中的中压液体制冷剂蒸发而吸收其过热量，从而使其变成饱和蒸气，这样，既可增加高压级压缩机制冷剂流量，又不致造成排气温度过高。一次节流不完全中间冷却双级压缩具体表现为：

1）低压级压缩机的排气不是直接进入中间冷却器冷却，而是和中间冷却器出来的中温制冷剂蒸气在管道中混合被冷却，然后进入高压级压缩机压缩。

2）系统中设有回热器，保证低压级压缩机的过热度。

3）供液的制冷剂液体两次过冷。

综上分析可知，采用双级压缩制冷循环，不但降低了高压机的排气温度，改善了压缩机的润滑条件，而且由于各级压缩比都较小，压缩机的输气系数大大提高。此外，采用双级压缩循环的功耗也比单级压缩循环的功耗降低。

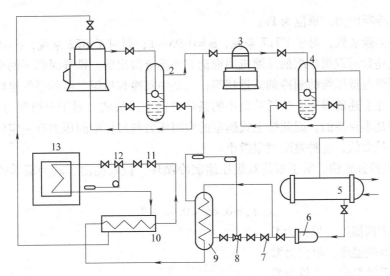

图 9-6　SD$_2$-4F10A 一级节流中间不完全冷却双级压缩制冷系统

1—低压压缩机　2、4—油分离器　3—高压压缩机　5—冷凝器　6—干燥过滤器

7、11—电磁阀　8、12—节流阀　9—中间冷却器　10—回热器　13—蒸发器

9.1.4　双级压缩的中间压力与中间温度的确定

双级蒸气压缩制冷循环的热力计算，与单级蒸气压缩制冷循环相似，也是首先需要选定制冷剂和循环的形式，以及确定循环的工作参数。对于双级蒸气压缩制冷来说，冷凝温度和蒸发温度是根据环境介质的温度和被冷却对象需要达到的温度以及所选取的传热温差确定，其方法与单级蒸气压缩制冷相同，这样，当已知冷凝温度、蒸发温度和所采用的制冷剂以后，就可以得出冷凝压力 p_k 和蒸发压力 p_0，至于中间压力的确定，则是双级压缩制冷所特有的问题。

双级压缩制冷循环的中间压力 p_m 或中间温度 t_m 对循环的制冷系数和压缩机的制冷量、功耗以及结构都有直接的影响，因此合理地选择中间压力 p_m 或中间温度 t_m 是双级压缩制冷循环的一个重要问题。中间压力的确定有两种情况，一种是从选定的循环出发去选配压缩机，或者说为压缩机的设计提供数据，另一种是根据已选定的压缩机去确定中间压力。

1. 选配压缩机时中间压力的确定

选配压缩机时，中间压力 p_m 的选择，可以根据制冷系数最大这一原则去选取，这一中间压力 p_m 又称为最佳中间压力。确定最佳中间压力 p_m 常用的方法有公式法和图解法。

（1）公式法　常用的公式法有比例中项公式法和拉塞经验公式法两种。

1）比例中项公式法。在一般情况下应以制冷系数最大作为原则来确定中间压力，通常也有以高低压缩机压缩比相等作为原则，求出双级压缩制冷循环的中间压力，这样得出的结果，虽然制冷系数与最大值并不吻合，但可以使双级压缩的耗功最小，且压缩机气缸工作容积的利用程度较高，具有实用价值。这样得出的中间压力称为最佳中间压力，它的计算式为：

$$p_m = \varphi \sqrt{p_0 p_k}$$

式中　p_m——中间压力，单位为 Pa；

p_0——蒸发压力，单位为 Pa；

p_k——冷凝压力，单位为 Pa；

φ——实验系数，对于 R717 来说，$\varphi = 0.95 \sim 1$；而对于 R22 来说，$\varphi = 0.9 \sim 0.95$。

这一公式是针对双级压缩的压缩机用理论方法推导得出的。推导时作了两个假设：一是压缩机的高压级与低压级的制冷剂流量相等；二是中间冷却后第二级的吸气温度等于第一级的吸气温度。在上述前提下，按耗功最小的条件导出上述公式。对于双级制冷压缩机来讲，上述两个条件是不存在的，因此按上式确定的中间压力与最佳中间压力有一定的差距，但只要蒸发温度不是太低，这种差距就很微小。

2）拉塞经验公式法。对于氨的双级压缩制冷循环，拉塞提出了较为简单的最佳中间温度计算公式：

$$t_m = 0.4t_k + 0.6t_0 + 3$$

式中　t_m——中间温度，单位为℃；

　　　t_k——冷凝温度，单位为℃；

　　　t_0——蒸发温度，单位为℃。

在 $-40 \sim 40$℃的温度范围内，上式对 R717、R40、R12 等制冷剂都是适用的。

（2）图解法　图解法的步骤为：

1）根据确定的蒸发压力 p_0 和冷凝压力 p_k，先求得一个中间压力 p_m 近似值。

2）在 p_m（t_m）值的上下，按一定间隔选取若干个中间温度 t_m 值。

3）根据给定的工况和选取的各个中间温度 t_m 分别画出双级压缩循环的 lg$p$-h 图，确定循环的各状态点的参数，计算出相应的制冷系数 ε。

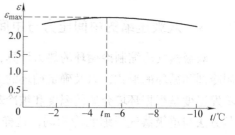

图 9-7　选配压缩机中间压力确定图

4）绘制 $\varepsilon = f(t_m)$ 曲线，找到制冷系数最大值 ε_{max}，由该点对应的中间温度 t_m，即为循环的最佳中间温度 t_m，其对应的饱和压力即为最佳中间压力，如图 9-7 所示。

2. 既定压缩机中间压力的确定

在实际工作中，常常是压缩机已经选定好，此时高、低压级的容积比已确定，即 ξ 值一定，这时可采用容积比插入法求出中间压力。

容积比插入法的具体步骤是：先按一定的温度间隔（例如 $\Delta t = 2 \sim 5$℃）选取不同的几个中间温度 t_m，再根据给定的工况和选取的各个中间温度分别画出双级压缩循环的 lg$p$-h 图，确定循环各状态点的参数，计算出相应的容积比 ξ。然后将这几组数值画在以 ξ 和 t_m 为坐标的图上。连接这些点，形成一条曲线，找出实际容积比 ξ 所对应的中间温度，即为所求的中间温度，其对应的饱和压力即为所求的中间压力。由于在给定冷凝温度、蒸发温度条件下的实际中间温度 t_m 与压缩机容积比 ξ 基本呈线性关系，因此往往可以简化选取两个中间温度点即可求出中间温度 t_m 与容积比 ξ 之间的关系直线，并由此插入得出实际中间温度 t_m，如图 9-8 所示。

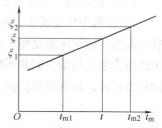

图 9-8　既定压缩机中间压力的确定

中间温度的数值一般比冷凝温度和蒸发温度的平均值低，容积比越小，中间温度越低。容积比插入法求中间温度时也应注意所选温度点的范围。

9.1.5 双级压缩热力计算

双级压缩制冷循环的热力分析计算包括制冷剂与循环形式的确定、循环工作参数的确定及循环热力性能的计算分析。

1. 制冷剂与循环形式的确定

双级压缩制冷循环通常应使用中温制冷剂。这是因为受到在低温情况下制冷系统中蒸发压力不能太低，以及在常温下能够液化且冷凝压力又不能过高的限制。在双级压缩的制冷装置中，目前广泛使用的制冷剂是 R717、R22 和 R502。根据制冷剂的热力性质，R717 常采用一次节流中间完全冷却形式，R22、R502 常采用一次节流中间不完全冷却形式。

2. 循环工作参数的确定

1）容积比的选择。所谓容积比是指高压级压缩机的理论输气量 q_{vtg} 与低压级压缩机的理论输气量 q_{vtd} 的比值，用符号 ξ 来表示

$$\xi = \frac{V_{hg}}{V_{hd}} = \frac{M_{Rg}}{M_{Rd}} \cdot \frac{v_g}{v_d} \cdot \frac{\lambda_g}{\lambda_d}$$

式中　V_{hg}——高压级理论输气量，单位为 m^3/s；

V_{hd}——低压级理论输气量，单位为 m^3/s；

M_{Rg}——高压级制冷剂的质量流量，单位为 kg/s；

M_{Rd}——低压级制冷剂的质量流量，单位为 kg/s；

v_g——高压级吸气比体积，单位为 m^3/kg；

v_d——低压级吸气比体积，单位为 m^3/kg；

λ_g——高压级输气系数；

λ_d——低压级输气系数。

根据我国冷藏库的生产实践，当蒸发温度 $t_0 = -28 \sim -40℃$ 范围内时，容积比 ξ 的值通常取 0.33 ~ 0.5 之间，即 $V_{hg} : V_{hd} = 1:3 \sim 1:2$。在长江以南地区宜取大些，如 0.5 左右。这是因为南方地区盛夏炎热，冷凝温度升高很多，在蒸发温度不变的条件下，高压级压力比就会增大。容积比选大些，使高压级压力比减小，从而减轻高压级的负荷，并可提高中间压力，以便于操作。

合理容积比的选择还应结合考虑其他经济指标。配组双级压缩机的容积比可以有较大的选择余地。如果采用单机双级压缩机，则它的容积比是既定的，容积比 ξ 的值通常只有 0.33 和 0.5 两种。

2）中间压力与中间温度的确定。具体详见 9.1.4 双级压缩的中间压力与中间温度的确定。

3）高压级压缩机吸气温度的确定。由于 R717 采用中间完全冷却方式，所以 R717 高压级压缩机的吸气温度即为中间温度 t_m，吸气状态为中间压力 p_m 下的干饱和蒸气。采用中间不完全冷却循环的氟利昂制冷剂，其高压级吸气温度取不大于 $-15℃$，吸气状态为中间压力 p_m 下的过热蒸气，该状态点的确定是由低压级排气点状态和流量，与中间节流进入中冷器的状态及流量，通过混合计算而来的。

4）节流前液体制冷剂温度的确定。蒸发器供液，由于使用中间冷却器中的冷却盘管进

行降温过冷，因此节流前的制冷剂液体温度比中间冷却器内的制冷剂温度（中间压力下饱和温度）高 3~7℃。

因为氨制冷系统不使用回热装置，则 R717 节流前制冷剂液体的温度即为中间冷却器盘管的出液温度。对于氟利昂制冷系统，往往采用回热循环，因此在其双级制冷系统中，其过冷度取值仍要由回热器的热量平衡关系式计算求得。

3. 制冷循环的热力计算

根据已知的循环工作参数，画出循环的 $\lg p$-h 图，查找出各状态点的有关参数，然后进行热力计算。下面以图 9-9 中压焓图所示的一级节流中间完全冷却双级压缩制冷循环为例，说明热力计算的方法。

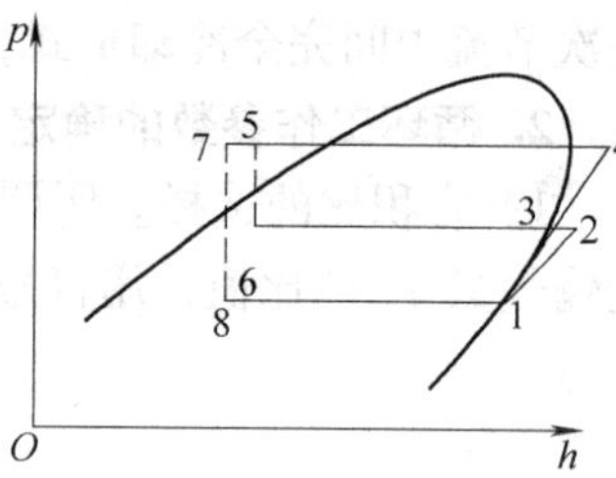

蒸发过程 8-1 为制取冷量的过程，其单位质量制冷量为：

$$q_0 = h_1 - h_8$$

低压级的理论比功为：

$$w_{0d} = h_2 - h_1$$

当装置的制冷量为 Q_0 时，则低压级制冷剂的质量流量 M_{Rd} 为：

$$M_{Rd} = \frac{Q_0}{q_0} = \frac{Q_0}{h_1 - h_8}$$

图 9-9 一级节流中间完全冷却双级压缩制冷循环

从而求出低压级压缩机的理论功率为：

$$N_{0d} = M_{Rd} \cdot w_{0d} = Q_0 \frac{h_2 - h_1}{h_1 - h_8}$$

高压级的理论比功为：

$$w_{0g} = h_4 - h_3$$

若用 M_{Rg} 表示高压级制冷剂的质量流量，根据中间冷却器的热平衡关系，可列出下面的平衡式：

$$M_{Rd}h_2 + M_{Rd}(h_5 - h_7) + (M_{Rg} - M_{Rd})h_5 = M_{Rg}h_3$$

结合图 9-9，上式中的 $M_{Rd}h_2$ 为低压级排气向中间冷却器注入的热量，$M_{Rd}(h_5 - h_7)$ 表示高压级液体在中间冷却器获得的过冷量（相当于向中间冷却器注入的热量），$(M_{Rg} - M_{Rd})h_5$ 表示经节流后向中间冷却器注入的热量，这三项的和应该等于 $M_{Rg}h_3$，即高压级吸入的全部热量。

整理后可得高压级制冷剂的质量流量为：

$$M_{Rg} = M_{Rd}\frac{h_2 - h_7}{h_3 - h_5}$$

高压级压缩机的理论功率为：

$$N_{0g} = M_{Rg} \cdot w_{0g} = Q_0 \frac{h_2 - h_7}{h_3 - h_5} \cdot \frac{h_4 - h_3}{h_1 - h_8}$$

理论循环制冷系数为：

$$\varepsilon_0 = \frac{Q_0}{N_{0d} + N_{0g}} = \frac{(h_3 - h_5)(h_1 - h_8)}{(h_3 - h_5)(h_2 - h_1) + (h_2 - h_7)(h_4 - h_3)}$$

4. 计算实例

例9-1 某冷库制冷系统使用氨制冷剂,已知工作条件:制冷量 $Q_0 = 125\text{kW}$,冷凝温度 $t_k = 40℃$,蒸发温度 $t_0 = -40℃$,低压级压缩机吸气温度 $t_1 = -25℃$。试进行热力计算,并选配合适的制冷压缩机。

解: 氨制冷剂选用一次节流中间完全冷却制冷循环,循环表示如图9-10所示。

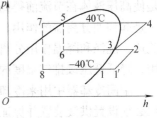

图 9-10

(1) 各状态点参数的确定和系数的计算

1) 中间温度可使用拉塞经验公式来确定:
$$t_m = 0.6t_k - 0.4t_0 + 3 = -5℃$$

2) 中间冷却器盘管出口的氨液温度可认为比中间温度高3℃:
$$t_7 = t_m + 3 = -5℃ + 3℃ = -2℃$$

3) 根据已知的温度条件,利用氨的热力性质表图可查出热力计算所需的状态参数为:
$$p_0 = 0.0716\text{MPa}, p_m = 0.355\text{MPa}, p_k = 1.556\text{MPa},$$
$$h_1 = 1405.887\text{kJ/kg}, h_1' = 1437\text{kJ/kg}, v_1' = 1.62\text{m}^3/\text{kg}, h_2 = 1675\text{kJ/kg},$$
$$h_3 = 1452.541\text{kJ/kg}, v_3 = 0.345\text{m}^3/\text{kg}, h_4 = 1690\text{kJ/kg}, h_5 = 390.247\text{kJ/kg}, h_7 = 185\text{kJ/kg}$$

4) 点2和点4的实际排气焓值 h_{2s}、h_{4s} 可根据压缩机的指示效率计算得出:
$$\eta_{iD} = 0.829 \qquad \eta_{iG} = 0.85$$
$$h_{2s} = h_1' + (h_2 - h_1')/\eta_{iD}, h_{4s} = h_3 + (h_4 - h_3)/\eta_{iG}$$

5) 低压级与高压级的输气系数由经验公式分别计算。

(2) 根据所确定的工作参数进行热力计算,并选配压缩机

1) 单位质量制冷量:
$$q_0 = h_1 - h_8 = (1405.887 - 185)\text{kJ/kg} = 1220.887\text{kJ/kg}$$

2) 低压级的质量流量:
$$q_{md} = Q_0/q_0 = Q_0/(h_1 - h_8)$$

3) 低压级压缩机理论功率:
$$w_{0d} = h_2 - h_1 = (1675 - 1437)\text{kW} = 243.7\text{kW}$$

4) 取低压级压缩机效率:
$$P_{0d} = q_{md} \cdot w_{0d} = Q_0(h_2 - h_1)(h_1 - h_8)$$

5) 高压级循环量:
$$q_{mg} = q_{md}(h_2 - h_7)/(h_3 - h_5)$$

6) 高压级理论输气量 V_{hg}:

7) 高压级压缩机功率:
$$P_{0g} = q_{mg} \cdot w_{0g} = Q_0\left[(h_2 - h_7) \times (h_4 - h_3)\right]/\left[(h_3 - h_5) \times (h_1 - h_8)\right] = 44.78\text{kW}$$

8) 冷凝器负荷:
$$Q_k = q_{mg}(h_4 - h_5) = 198\text{kW}$$

9) 实际制冷系数:
$$\varepsilon = Q_0/(P_{sg} + P_{sd}) = 1.55$$

9.1.6　中间冷却器

中间冷却器分完全中间冷却和不完全中间冷却两种,如图9-11所示,分别适用氨系统

和氟利昂系统。中间冷却器的壳体断面应保证气流速度不超过0.5m/s，盘管中液态制冷剂的流速为0.4~0.7m/s，中间冷却器的传热系数为600~700W/m²·K。氨用中间冷却器有三个作用，第一是降低低压级压缩机排出的气体温度，以避免高压级过高的排气温度；第二是使高压液体在节流前得到过冷，以提高系统制冷能力，减少节流过程产生的闪发气体；第三是起到油分离器的作用，它可将由低压级压缩机带出的润滑油，通过改变流动方向、降低流速、洗涤和降温作用分离出来，并通过放油管排出。而氟利昂用中间冷却器只有前两个作用，降低低压级排气温度的方式也与上不同。

中间冷却器中用来冷却低压级排气的冷却液体是由冷凝器或高压贮液器节流后供给的，它必须设置供液装置并保证恒定液面，中间冷却器的供液和液面恒定大多是采用一套装置提供的，方法主要有三种：

1）在简易制冷装置中，可采用一支普通节流阀，用人工调节供给中间冷却器适当的液体量，由于这种简单的方法在负荷变化大的制冷装置中需要经常改变节流阀的开启度，给调节过程增添了许多麻烦，所以现在已很少采用。

2）用一个机械式的自动浮球阀就可以按比例地调节向中间冷却器的供液量，并恒定液面。浮球阀应安装于中间冷却器桶身高度的1/2处，导液管和导气管应通过截止阀与中间冷却器相接，进液口和出液口要安装截止阀，为防止污物随氨液进入浮球阀，在进液管上还要加装氨液过滤器，进液管和出液管之间安装的节流阀，可在浮球阀出现故障时使用。在这里浮球阀起到了两个作用，一是恒定液位，二是节流降压。

3）液面也可以采用电磁阀或电磁主阀控制，电磁主阀采用液用常闭型，其前端安装液体过滤器和截止阀，后端安装手动节流阀，考虑到电磁阀损坏时装置仍需要正常工作，可在电磁阀进口和出口加装一支手动节流阀。电磁阀实际上是一个执行元件，因此，它需要与遥测式浮球液位控制器联合使用才可以工作，遥测式浮球液位控制器可感受中间冷却器的液面变化，并发出开闭电磁阀的控制信号，遥测式浮球液位控制器一般装两支，一支用来控制正常液位，另一支用来控制警界液位。中间冷却器的连接方式如图9-12所示。

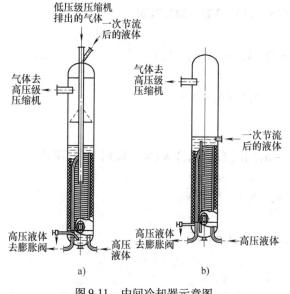

图9-11 中间冷却器示意图

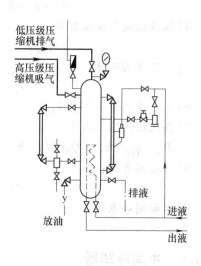

图9-12 中间冷却器的连接方式

> **双级蒸气压缩制冷小结**
>
> 1. 采用双级蒸气压缩制冷的原因。
> 2. 双级制冷压缩的组成及其常见方式。
> 3. 一次节流中间完全冷却的双级压缩式制冷循环与一次节流中间不完全冷却的双级压缩式制冷循环的适用场合及异同。
> 4. 双级压缩式制冷循环的中间压力与中间温度的确定。
> 5. 中间冷却器的作用：一是降低低压级压缩机排出的气体温度，以避免高压级过高的排气温度；第二是使高压液体在节流前得到过冷，以提高系统制冷能力，减少节流过程产生的闪发气体；第三是起到油分离器的作用。
> 6. 双级压缩的局限性。

9.2　复叠式蒸气压缩制冷

9.2.1　采用复叠式蒸气压缩制冷的原因

对于采用氨或氟利昂作为制冷剂的蒸气压缩式制冷装置，尽管采用双级或多级压缩，可以制取较低的温度，但是，随着科研和生产对低温制冷的要求越来越高，如需要 $-70 \sim -120℃$ 的低温箱、低温冷库等，由于受到制冷剂本身物理性质的限制，能够达到的最低蒸发温度有一定的限度，如 R22 在 $-80℃$ 时，蒸发压力已低于 $0.01MPa$，而氨在 $-77.7℃$ 时已经凝固，不能制取更低的温度。双级压缩制冷的局限性主要体现在以下几方面：

1) 双级压缩制冷的制冷温度受制冷剂凝固点的限制不能太低，蒸发温度必须高于制冷剂的凝固点，否则制冷剂无法进行制冷循环。

2) 双级压缩制冷受蒸发压力过低的限制。制冷剂蒸发温度过低，其相应的蒸发压力也非常低，从而导致压缩机和系统低压部分在高真空下运行，增加空气渗入的可能性，进而破坏制冷循环的正常进行。

3) 蒸发压力很低则气态制冷剂的比容很大，这将导致压缩机吸气比容增大，输气系数减小，要制取同样大小的冷量势必需要采用更大尺寸的压缩机。

4) 对于活塞式压缩机，因其阀门自动启闭特性，当吸气压力低于 $0.01 \sim 0.05MPa$ 时，难于克服吸气阀弹簧力，影响压缩机的正常工作。

由于上述原因，所以为了获得低于 $-70℃$ 的温度，就应采用中温制冷剂与低温制冷剂复叠的制冷循环（如氟利昂 R23、R1150 等），采用低温制冷剂的制冷装置，虽然能够制取很低的温度，但低温制冷剂的冷凝温度要求较低，用一般的水冷却和空气冷却无法凝结成液体，必须用一种人工冷源来冷凝低温制冷剂。它不能单独工作，需要有另一台制冷装置与之联合运行，为低温制冷剂循环的冷凝过程提供冷源，降低冷凝温度和压力，这就出现了同时采用两种制冷剂的制冷系统即为复叠式制冷循环。

9.2.2 复叠式蒸气压缩制冷循环

1. 复叠式蒸气压缩制冷循环的组成

复叠式制冷循环通常是由两个（或多个）采用不同制冷剂的单级（也可以是多级）制冷系统组成，分为高温系统和低温系统。其中每一个循环都是完整的单级压缩制冷系统。通常在高温系统里使用沸点较高的制冷剂（中温中压制冷剂），在低温系统里使用沸点较低的制冷剂（低温高压制冷剂）。两部分用一个特殊设备——蒸发-冷凝器联系起来（高温系统的蒸发器和低温系统的冷凝器合成一个设备，称为冷凝蒸发器或蒸发冷凝器），高温部分制冷剂的蒸发用来使低温部分制冷剂冷凝，两部分之间靠蒸发冷凝器来实现传热。高温部分的制冷剂再通过自己系统的冷凝器释放给环境介质——水或空气，而低温部分则通过自己系统的蒸发器来吸收被冷却对象的热量。

图9-13、图9-14、图9-15为由两个单级压缩制冷循环组成的复叠式制冷循环的原理图及压焓图、温熵图。高温部分使用中温制冷剂R22，低温部分使用低温制冷剂R23，最低蒸发温度可达−80℃左右。从图中可清楚地看到两个循环过程和热量的流向。其中，6-7-8-9-10-6为高温部分循环，1-2-3-4-5-1为低温部分循环。高温部分系统中制冷剂的蒸发是用来使低温部分系统中制冷剂冷凝，用一个冷凝蒸发器将两部分联系起来，它既是高温部分的蒸发器，又是低温部分的冷凝器，且低温部分的冷凝温度必须高于高温部分的蒸发温度，这个温差就

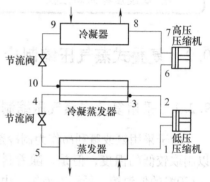

图9-13 复叠式制冷循环的原理图

是蒸发-冷凝器的传热温差。低温部分的制冷剂在蒸发器内向被冷却对象吸取热量（即制取冷量），并将此热量传给高温部分制冷剂，然后再由高温部分制冷剂将热量传给冷却介质（水或空气）。

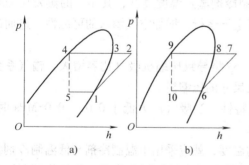

图9-14 复叠式制冷循环的 p-h 图
a) 低温级 b) 高温级

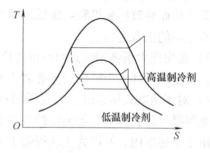

图9-15 复叠式制冷循环的 T-S 图

2. 复叠式蒸气压缩制冷循环的类型

复叠式循环也有多种形式，如两个单级压缩循环复叠、双级压缩循环的复叠、三个单级压缩循环的复叠等。具体采用哪一种则需根据实际情况来选用。

3. 复叠式蒸气压缩制冷循环中间温度的确定

采用复叠式蒸气压缩制冷系统是为了获取比较低的蒸发温度，它的制冷剂选择和使用

为：一般情况下双级复叠 R22 用于高温级，R23 用于低温级；三级复叠的低温装置则采用 R22、R23、R14 的组合方式；在采取严格安全措施的情况下，也可用 C_3H_8 或 C_3H_6 作为高温级，C_2H_4 或 C_2H_6 等作为低温级制冷剂，它在石油、化工等工业低温装置中使用。一般情况下该种系统的常见组合形式与制冷温度和制冷剂的关系见表 9-1。

表 9-1　复叠式制冷循环的组合形式与制冷温度和制冷剂的关系

最低蒸发温度	制冷剂	制冷循环形式
−80℃	R 22-R 23	R 22单级或双级压缩—R 23单级压缩组合的复叠式循环
	R 507-R 23	R 507单级或双级压缩—R 23单级压缩组合的复叠式循环
	R 290-R 23	R 290双级压缩—R 23单级压缩组合的复叠式循环
−100℃	R 22-R 23	R 22双级压缩—R 23单级或双级压缩组合的复叠式循环
	R 507-R 23	R 507双级压缩—R 23单级或双级压缩组合的复叠式循环
	R 22-R 1150	R 22双级压缩—R 1150单级压缩组合的复叠式循环
	R 507-R 1150	R 507双级压缩—R 1150单级压缩组合的复叠式循环
−120℃	R 22-R 1150	R 22双级压缩—R 1150双级压缩组合的复叠式循环
	R 507-R 1150	R 507双级压缩—R 1150双级压缩组合的复叠式循环
	R 22-R 23-R 50	R 22单级压缩—R 23单级压缩—R 50单级压缩组合的复叠式循环
	R 507-R 23-R 50	R 507单级压缩—R 23单级压缩—R 50单级压缩组合的复叠式循环

复叠式制冷循环中间温度的确定应根据制冷系数最大或各个压缩机压力比大致相等的原则。前者对能量利用最经济，后者对压缩机气缸工作容积的利用率较高（即输气系数较大）。由于中间温度在一定范围内变动时对制冷系数影响并不大，故按各级压力比大致相等的原则来确定中间温度更为合理。但是，由于中间温度在一定范围内变化，系统的制冷系数改变不显著，所以按照各级压缩机压缩比大致相等的原则确定中间温度比较合理。蒸发温度为 −80 ～ −100℃ 时，采用氟利昂为制冷剂的复叠式制冷循环，高温采用双级压缩制冷时，低温级压缩机的压缩比，大致可与高温级的低压级压缩机的压缩比相等。当蒸发温度在 −100℃ 以下，低温级应采用双级压缩制冷，这样可以降低各级压缩机的压缩比，增大压缩机的容积效率，提高系统的经济性。

但是，蒸发温度在 −60 ～ −80℃ 之间，可以采用复叠式压缩机制冷，也可以应用双级压缩制冷，如何选定则根据具体情况进行比较分析。一般，对于工业用装置和大型试验装置来说，宜采用复叠式压缩制冷，虽然系统比较复杂，但是具有良好的运行经济性和可靠性；对于小型装置，特别是要求温度调节范围较大时，以采用双级压缩制冷为宜。

4. 膨胀容器

复叠式制冷装置中蒸发冷凝器侧或在低温级应附设膨胀容器，目的在于制冷装置停机后，贮存低温制冷剂。

复叠式制冷装置停止运行后，当系统内的温度升高到环境温度时，低温制冷剂就会全部汽化成过热蒸气，且其压力将高于规定的最大工作压力。为了保证复叠式制冷装置的安全可靠，应使蒸发冷凝器中低温侧的容积足够大，以便在停止运行后，大部分的低温制冷剂的蒸气进入膨胀容器中，不至于系统中的压力过度升高，以保证系统的安全，它起超压保护作用。

5. 提高复叠式制冷循环性能指标的措施

1）选取合理的换热温差。

2）设置低压级排气冷却器。

3）采用气-气热交换器。

4）设置气-液热交换器（回热器）。

5）低温级设置膨胀容器。

6）复叠式制冷系统的启动特性。

6. 复叠式制冷适用的行业

复叠式制冷广泛应用于工业产品的热处理过程和金属的冷处理，广泛应用于军工、航空、航天、化工、医药、机械制造等行业。它的主要优点为：

1）复叠式制冷采用环保制冷剂，符合国际环保要求。

2）性价比高，价格仅为进口同类产品的1/3~1/2。

3）操作简单，采用智能变频PID控制及多点无接触测温系统。

综上所述，复叠式制冷循环因其具有制冷机结构紧凑、可靠性高、操作简便等特点，所以在能源、军工、空间、生物、医疗和生命科学等高科技领域内有着广泛的应用。国内外学者纷纷对自动复叠式制冷技术展开了新的研究。目前，自动复叠式制冷循环呈现出新的发展特点，对其研究主要集中在两个方面：一方面是对原有的制冷循环流程的改进，包括采用新型换热器和高效气液分离器；另一方面则是采用新型制冷工质，包括二元工质和多元工质，以满足环保和制取低温的要求。

9.2.3　冷凝蒸发器

冷凝蒸发器传热温差的大小不仅影响到传热面积和冷量损耗，而且也影响到整个制冷机的容量和经济性，一般为5~10℃，温差选得大，冷凝蒸发器的面积可小些，但却使压力比增加，循环经济性降低。制冷剂的温度越低，传热温差引起的不可逆损失越大，故蒸发器的传热温差因蒸发温度很低而应取较小值，最好不大于5℃。

> **复叠式蒸气压缩制冷小结**
>
> 1. 复叠式制冷循环使用原因及条件。
> 2. 复叠式制冷循环的组成：两个（或多个）采用不同制冷剂的单级（也可以是多级）制冷系统组成，分为高温系统和低温系统。
> 3. 复叠式制冷循环选用制冷剂要求。

思考与练习

9-1　什么是双级压缩制冷？为什么要采用双级压缩制冷？

9-2　双级压缩制冷由哪几部分组成？它有哪些循环方式？

9-3　什么是一次节流中间完全冷却？试简述它的工作过程。

9-4　什么是一次节流中间不完全冷却？它与一次节流中间完全冷却有哪些区别？

9-5 中间冷却器有几种？它的作用有哪些？

9-6 什么是复叠式压缩制冷？采用复叠式压缩制冷的原因有哪些？

9-7 简述复叠式压缩制冷的工作过程，并画出它的压焓图。

9-8 复叠式压缩制冷对制冷剂有哪些要求？常用的复叠式压缩制冷的制冷剂有哪些？

9-9 什么是冷凝蒸发器？

第10章　吸收式制冷

本章目标：

1. 了解溴化锂吸收式制冷的工作原理和设备组成。
2. 了解溴化锂吸收式制冷循环的工作过程及各主要设备的作用和工作原理。
3. 了解溴化锂水溶液的性质。
4. 理解溴化锂水溶液的焓-浓度图，以及制冷循环工作过程在焓-浓度图上的表示。
5. 掌握单效、双效溴化锂吸收式制冷机组及直燃型溴化锂吸收式冷热水机组的工作原理及工作特点。

吸收式制冷和蒸气压缩式制冷一样同属于液体汽化法制冷，都是利用液体在低温下汽化吸收汽化潜热。吸收式制冷依靠消耗热能作为补偿，可以利用工厂低品位的余热和废热，也可以使用燃气、地热能、太阳能转化成的热能，对能源的利用范围很宽广。

对于有余热和废热可利用的用户，吸收式制冷机在首选之列，但如果为了使用吸收式制冷机特地建立热源则不一定经济。

早期的吸收式制冷机用氨水溶液作工质，可以获得0℃以下的冷量，用于生产工艺所需的制冷。但是氨有毒，对人体有危害，装置比较复杂，金属消耗量大，因而氨水吸收式制冷机的使用受到限制。

当前广泛使用的是溴化锂吸收式制冷机，以水为制冷剂，以溴化锂溶液为吸收剂，只能制取0℃以上的冷量，主要用于大型空调系统。由于对CFC类制冷剂使用的限制，世界各国对吸收式制冷更加重视，因此，溴化锂吸收式制冷机的生产和使用迅速发展。

10.1　吸收式制冷原理

吸收式制冷与蒸气压缩式制冷同属于液体汽化制冷，都是利用制冷剂汽化吸热来实现制冷的。但两者把热量从低温转移到高温处所用的补偿方法不同，蒸气压缩式制冷消耗机械能作为补偿，吸收式制冷消耗热能作为补偿。

吸收式制冷循环由发生器、吸收器、冷凝器、蒸发器、溶液泵、节流阀以及溶液热交换器等组成，如图10-1所示。由管道将这些设备连接成封闭系统，构成两个循环回路，即制冷剂循环和溶液循环。

溶液循环主要由发生器、吸收器、溶液泵和溶液热交换器组成。制冷剂—吸收剂稀溶液在发生器中被热媒加热而沸腾（消耗热能作为补偿），稀溶液中的制冷剂（水）受热后由液态转变为高压过热蒸汽而离开发生器，使溶液由稀溶液转变为浓溶液；高温浓溶液离开发生器后，经溶液热交换器与低温稀溶液通过传热间壁换热，浓溶液放出热量后降温（预冷），经过节流降压后进入吸收器；在吸收器中具有强吸收能力的浓溶液，吸收来自蒸发器的低压水蒸气而被稀释成稀溶液；稀溶液被溶液泵汲入并升高其压力；当它流经溶液热交换器时被浓溶液加热而升温（预热），然后再进入发生器。

制冷剂循环主要由冷凝器、节流阀和蒸发器组成。在发生器中汽化产生的高压过热蒸气进入冷凝器，受到冷却介质的冷却，先冷却至饱和状态，然后液化成饱和水；再经过节流阀降压变为湿蒸气，即少量饱和蒸气和大部分饱和液的两相混合流体；其中饱和状态的水在蒸发器中吸热汽化而产生冷效应，使得被冷却对象降温；蒸发器中形成的水蒸气进入吸收器再度被浓溶液吸收。

与蒸气压缩式制冷循环相比，制冷剂循环中的冷凝器、节流阀、蒸发器三个设备和蒸气压缩式制冷循环是相同的，而发生器、吸收器、溶液泵、溶液热交换器等设备构成的溶液循环，起到了蒸气压缩式制冷中压缩机的作

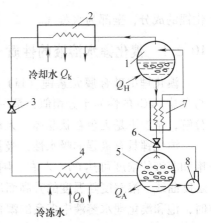

图 10-1　吸收式制冷循环原理图
1—发生器　2—冷凝器　3—节流阀
4—蒸发器　5—吸收器　6—节流阀（辅）
7—溶液热交换器　8—溶液泵

用。吸收器吸走蒸发器中产生的制冷剂蒸气，使蒸发器维持在低压状态，使得液态制冷剂得以在低压低温下吸热汽化而制冷；同时发生器又向冷凝器排出高压的过热蒸汽，使冷凝器保持在高压状态，使得气态制冷剂得以在高温下向冷却介质放出热量而液化。溶液泵起到了压缩机的升压作用，同时将吸收器内吸收完毕的溶液输送至发生器。所以，吸收式制冷机的溶液循环系统完成了蒸气压缩式制冷机中压缩机的使命，只是方式不同而已。

溶液热交换器的作用就是让高温的浓溶液和低温的稀溶液在其中进行换热，前者被预冷后进入低温的吸收器，后者被预热后进入高温的发生器，这样可以降低发生器的加热负荷以及吸收器的冷却负荷，相当于一个节能器，充分利用系统内部能量，提高系统效率。

> **吸收式制冷原理小结**
> 1. 吸收式制冷与蒸气压缩式制冷比较。
> 2. 吸收式制冷的设备组成及循环的组成。
> 3. 吸收式制冷循环中各设备的作用。

10.2　工质对

吸收式制冷机使用的工质不像蒸气压缩式制冷机那样使用单一制冷剂，而是使用制冷剂和吸收剂配对的工质对。两种物质沸点不同，沸点低的为制冷剂，沸点高的为吸收剂。制冷剂和吸收剂混合成溶液状态，称为二元溶液。

溴化锂水溶液就是溴化锂吸收式制冷机组中的工质对，其中水是制冷剂，溴化锂是吸收剂。用水作制冷剂有许多优点，如汽化潜热大、价廉、易得、无毒无味、不燃烧、不爆炸等；缺点是低温水相对应的蒸发压力低、蒸气比体积大，而且用在制冷机中只能取 0℃ 以上的冷水。溴化锂对人体和环境无害，易溶于水，溴化锂水溶液有很强的吸收水蒸气的能力；溴化锂的沸点高达 1265℃，远远高于水的沸点，在溶液沸腾时所产生的蒸气中没有溴

化锂的成分，全部为水蒸气。

10.2.1 溴化锂水溶液的性质

溴化锂由碱金属元素锂（Li）和卤素元素溴（Br）两种元素组成，其分子式为 LiBr，与食盐 NaCl 的性质十分相似，是一种化学性质稳定的物质，在空气中不变质、不挥发、不分解，常温下是无色粒状晶体，无毒、无臭，有咸苦味，其熔点为 549℃，沸点为 1265℃。

溴化锂具有极强的吸水性，极易溶解于水。20℃时溴化锂的溶解度可以达到 108g 左右，饱和溶液的浓度可达 60% 左右。图 10-2 为溴化锂溶解度曲线。溶解度随温度的升高而增大。当温度降低时，饱和溴化锂水溶液中多余的溴化锂就会与水结合成含有 1、2、3 或 5 个水分子的溴化锂水合物晶体析出，形成结晶现象。溴化锂溶液的结晶温度与质量浓度有关，质量浓度略有变化时，结晶温度就有很大变化。当质量浓度在 65% 以上时，这种情况尤为突出。作为机组的工质，溴化锂溶液应始终处于液体状态，无论是运行或停机期间，都必须防止溶液结晶。

溴化锂水溶液对金属的腐蚀性，比用作载冷剂的氯化钠（NaCl）、氯化钙（CaCl）水溶液等要小一些，但仍是一种较强的腐蚀介质，对制造溴化锂吸收式机组常用的碳钢、纯铜等金属材料，具有较强的腐

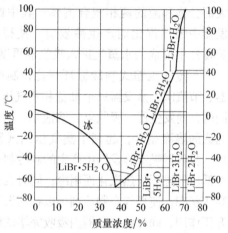

图 10-2 溴化锂溶解度曲线

蚀性。尤其在氧的作用下，金属铁和铜在通常呈碱性的溴化锂溶液中被氧化，生成铁和铜的氢氧化物，最后形成腐蚀的产物和不凝性气体氢气。

腐蚀直接影响了机组的使用寿命。腐蚀产生的氢气是机组运行中不凝性气体的主要来源，而不凝性气体在机组内的积聚，直接影响了吸收过程和冷凝过程的进行，导致机组性能下降。因此，一般机组中都设置自动抽气装置来排除运行过程中产生的不凝性气体。腐蚀形成的铁锈、铜锈等脱落后随溶液循环极易造成喷嘴和屏蔽泵过滤器的堵塞，妨碍机组的正常运行。

在溴化锂吸收式机组中，最根本的防腐措施是保持高度真空，隔绝氧气。此外在溶液中添加缓蚀剂也可以有效地抑制溴化锂溶液对金属的腐蚀。

10.2.2 溴化锂水溶液的焓-浓度图

溴化锂水溶液的焓-浓度图（h-ξ 图）对于吸收式制冷循环的热力分析和热力计算有如蒸气压缩式制冷循环中使用的制冷剂的压焓图（$\lg p$-h 图）一样重要。

图 10-3 为溴化锂水溶液的焓-浓度图。图中的下部为溶液的液态区，实线为等压线，虚线为等温线，上部为等压辅助线。因为蒸汽中不含溴化锂，即 $\xi = 0$，所以气态部分的状态点全部集中在 $\xi = 0$ 的纵轴上。饱和蒸汽状态利用等压辅助线确定。如已知饱和 LiBr 溶液的状态点 A，在 h-ξ 图从 A 点向上作垂线，与对应的压力辅助线交于 B 点，再从 B 点作水平线与 $\xi = 0$ 的纵轴线交于 C 点，C 点即为 A 点溶液相对应的水蒸气状态。

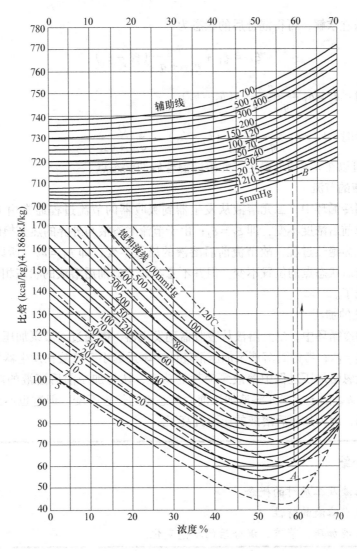

图 10-3 溴化锂水溶液的焓-浓度图

10.2.3 二元溶液的混合、加压和节流

1. 二元溶液的混合

以两股二元溶液的混合为例。第一股的参数为 t_1，p_1，ξ_1，h_1，质量流量为 q_{m1}；第二股的参数为 t_2，p_2，ξ_2，h_2，质量流量为 q_{m2}；两股溶液混合后的参数为 t_3，p_3，ξ_3，h_3，质量流量为 q_{m3}。

二元溶液的混合遵循质量守恒和能量守恒。

溶液质量守恒：
$$q_{m3} = q_{m1} + q_{m2}$$

溶质质量守恒：
$$q_{m3}\xi_3 = q_{m1}\xi_1 + q_{m2}\xi_2$$

能量守恒，绝热混合：
$$q_{m3}h_3 = q_{m1}h_1 + q_{m2}h_2$$

非绝热混合：
$$q_{m3}h_3 + Q = q_{m1}h_1 + q_{m2}h_2$$

式中 Q——混合过程中与外界的热交换量。

以上公式联立求解，可得混合后的状态为

$$\xi_3 = \xi_1 + \frac{q_{m2}}{q_{m1} + q_{m2}}(\xi_2 - \xi_1)$$

绝热混合时：$h_3 = h_1 + \frac{q_{m2}}{q_{m1} + q_{m2}}(h_2 - h_1)$

非绝热混合时：$h_3 = h_1 + \frac{q_{m2}}{q_{m1} + q_{m2}}(h_2 - h_1) - \frac{Q}{q_{m1} + q_{m2}}$

由 ξ_3、h_3 可以在 h-ξ 图上确定二元溶液混合后的状态点。

2. 二元溶液的节流

在吸收式制冷循环中，二元溶液从发生器到吸收器的节流过程通常由 U 形管、孔板等完成。溶液节流前后浓度不变，即 $\xi_1 = \xi_2$；由于节流时溶液与外界的热交换时间非常短，一般认为节流过程为绝热过程，故节流前后溶液的焓值不变，即 $h_1 = h_2$。所以，在 h-ξ 图上，二元溶液节流前后状态点的位置不变。但并不意味着节流前后溶液的状态相同，因为节流后溶液的压力降低了。

3. 二元溶液的加压

在吸收式制冷循环中，二元溶液从吸收器到发生器，需通过溶液泵加压。溶液加压前后浓度不变，即 $\xi_1 = \xi_2$；考虑到溶液泵加压消耗的功率远远小于溶液在发生器中发生过程所消耗的热量，一般忽略加压过程中溶液泵消耗的功率，认为加压前后溶液的焓值相等，即 $h_1 = h_2$。所以，在 h-ξ 图上，二元溶液加压前后状态点的位置不变。但这也不意味着加压前后溶液的状态相同，因为加压后溶液的压力升高了。

工质对小结

1. 二元溶液及工质对的概念。
2. 溴化锂水溶液的特性。
3. 二元溶液加压、节流、混合后的状态变化。

10.3 溴化锂吸收式制冷

10.3.1 溴化锂吸收式制冷机的分类

1. 按用途分类

溴化锂吸收式制冷机按用途可分为冷水机组、冷热水机组和热泵机组。

（1）冷水机组　供应空调或工艺用冷水，冷水出口温度分为 7℃、10℃、13℃、15℃四种。

（2）冷热水机组　供应空调和生活用冷、热水，冷水供、回水温度为 7℃/12℃，用于采暖的热水供、回水温度为 60℃/55℃。

（3）热泵机组　依靠驱动热源的能量，将低势位热量提高到高势位，供采暖或工艺使用，称为吸收式热泵。

2. 按驱动热源的利用方式分类

溴化锂吸收式制冷机按驱动热源的利用方式可分为单效机组、双效机组和多效机组。

（1）单效机组　驱动热源在机组内被直接利用一次。

（2）双效机组　驱动热源在机组的高压发生器内被直接利用，产生的高温制冷剂水蒸气在低压发生器内被二次间接利用。

（3）多效机组　驱动热源在机组内被直接和间接多次利用。

3. 按使用的驱动热源分类

溴化锂吸收式制冷机按使用的驱动热源可分为蒸汽型、热水型和直燃型。

（1）蒸汽型　以蒸汽为驱动热源，单效机组工作蒸汽表压力一般为 0.03~0.15MPa，双效机组工作蒸汽表压力通常采用0.25~0.8MPa。

（2）热水型　以热水为驱动热源，单效机组热水温度一般为85~150℃，双效机组热水温度大于150℃。

（3）直燃型　以燃料的燃烧为驱动热源，又可分为燃油型（轻油或重油）和燃气型（液化气、天然气或城市煤气）。

4. 按机组结构分类

溴化锂吸收式制冷机按机组结构可分为单筒型、双筒型、三筒或多筒型。

（1）单筒型　将高压部分的发生器、冷凝器与低压部分的吸收器、蒸发器安置在同一个筒体内，高、低压两部分之间完全隔离。

（2）双筒型　将高压部分的发生器和冷凝器安置在一个筒体内，将低压部分的吸收器和蒸发器安置在另一个筒体内，从而形成上、下两个筒的组合。

（3）三筒或多筒型　将主要换热设备布置在三个或多个筒体内。

10.3.2　单效溴化锂吸收式冷水机组

单效溴化锂吸收式冷水机组是溴化锂吸收式制冷机的基本形式，这种制冷机可采用低势热能，通常采用 0.03~0.15MPa 的饱和蒸汽或 85~150℃ 的热水为热源。但机组的热力系数较低，约为 0.65~0.7，利用余热、废热、生产工艺过程中产生的排热等为能源，特别在热、电、冷联供中配套使用，有着明显的节能效果。

1. 单效溴化锂吸收式制冷循环的工作过程

图 10-4 为单效双筒溴化锂吸收式制冷系统，其循环流程可分为制冷剂循环和溶液循环两个部分。

（1）制冷剂循环　发生器 2 中产生的制冷剂水蒸气通过发生器挡液板上升到冷凝器 1，在冷凝器中制冷剂水蒸气冷凝成制冷剂水，经节流装置 U 形管 6 降压降温后进入蒸发器 3，制冷剂水在低压下吸收冷冻水（或称为冷媒水）的热量蒸发，产生制冷效应，冷冻水温度被降至7℃左右，送往需冷用户。蒸发出来的制冷剂水蒸气通过吸收器挡液板进入吸收器。

（2）溶液循环　发生器中发生完毕后流出的吸收剂浓溶液，经过热交换器 5 降温和沿途管道降压后进入吸收器 4，吸收由蒸发器产生的冷剂水蒸气，形成稀溶液。稀溶液由发生器泵 11 加压后经热交换器 5 升温，被输送至发生器，重新加热发生，形成制冷剂水蒸气和浓溶液。

与吸收式制冷的原理循环相比较，实际的单效制冷循环有如下特点：

1）吸收器与蒸发器、发生器与冷凝器封闭在同一容器内。一个大气压下，水的饱和温度为100℃，水作为制冷剂要达到制冷所需的5℃低温，就必须降低水的饱和压力。5℃时水的饱和压力为0.0087个大气压（0.87kPa）。因此，通常吸收器与蒸发器内的压力为0.0087个大气压左右，处于高度真空状态。同理，由于环境介质冷却水需先经过吸收器吸热，再去冷凝器。而冷却水进水温度一般在30℃左右，因而冷凝温度一般为45℃左右，对应冷凝压力一般为0.095个大气压（9.5kPa），即发生器、冷凝器内工作压力小于大气压，处于真空状态。由于吸收器与蒸发器、发生器与冷凝器各设备均在真空状态下运行，密封要求将提高。另外，水蒸气的比体积很大，流动时，要求连接管道的截面积较大，否则将产生较大的压力降，降低制冷循环效率。把吸收器与蒸发器、发生器与冷凝器分别密封在一个容器内，只需密封两个容器，容器间的连接管路也可省略，制冷循环效率提高。

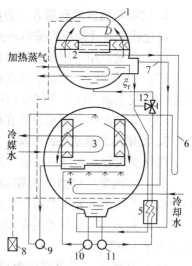

图10-4　单效双筒溴化锂吸
收式制冷系统

1—冷凝器　2—发生器　3—蒸发器
4—吸收器　5—溶液热交换器　6—U
形管　7—防晶管　8—抽气装置
9—蒸发器泵　10—吸收器泵
11—发生器泵　12—三通阀

实际循环中，发生器与冷凝器压力较高，通常密封在称为高压筒的筒体内；吸收器与蒸发器压力较低，密封在称为低压筒的另一个筒体内。

2）节流降压装置为U形管。溴化锂吸收式制冷循环中，冷凝压力一般为9.5kPa左右，蒸发压力一般为0.87kPa左右，冷凝压力与蒸发压力的差值较小，仅有8kPa左右。而同样条件下，蒸气压缩式制冷循环中冷凝压力与蒸发压力的差值一般为7个大气压以上（1个大气压＝101325Pa）。因而用U形管（或节流短管、节流小孔）即可达到节流降压的目的。

3）吸收器内需通入冷却水对溶液进行冷却。吸收过程伴随着大量的溶解热放出，并且溶液的浓度也随着吸收过程的进行不断下降，如果吸收器内温度升高，溶液吸收水蒸气的能力将大为降低。

4）系统设有抽气装置。溴化锂吸收式制冷机在真空状态下运行，外界空气很容易渗入；同时，溴化锂制冷系统极易因腐蚀产生不凝性气体（氢）。为了及时抽出系统中的不凝性气体，提高溴化锂吸收式制冷机性能，机组中备有一套抽气装置。图10-5所示为一套常用的抽气系统。不凝性气体分别由冷凝器上部和吸收器溶液上部抽出。在抽气装置中设有水气分离器，让抽出的不凝性气体首先进入水气分离器，在分离器内，用来自吸收器泵的中间溶液喷淋，吸收不凝气体中的冷剂水蒸气。吸收了水蒸气的稀溶液由分离器底部返回吸收器，吸收过程中放出的热量由在管内流动的冷剂水带走，未被吸收的不凝性气体从分离器顶部排出，经阻油室进入真空泵，压力升高后排至大气。阻油室内设有阻油板，防

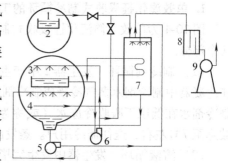

图10-5　抽气装置

1—冷凝器　2—发生器　3—蒸发器　4—吸收器
5—吸收器泵　6—蒸发器泵　7—水气分离器
8—阻油室　9—旋片式真空泵

止真空泵停止运行时大气压力将真空泵油压入制冷机系统。

5）系统增设了防结晶装置。溴化锂溶液的浓度过高或温度过低时，均会产生结晶，堵塞管道，破坏机组的正常运行。为防止溴化锂溶液结晶，通常设置自动溶晶管（也称为防晶管），如图 10-4 中发生器出口处溢流箱的上部连接的一条 J 形管，J 形管的另一端通入吸收器。机器正常运行时，浓溶液由溢流箱的底部流出，经溶液热交换器降温后流入吸收器。如果浓溶液在热交换器出口处因温度过低而结晶，将管道堵塞，则溢流箱内的液位将因溶液不再流通而升高，当液位高于 J 形管的上端位置时，高温的浓溶液便通过 J 形管直接流入吸收器，吸收器出口的稀溶液温度升高，从而提高溶液热交换器中浓溶液出口处的温度，使结晶的溴化锂自动溶解，结晶消除后，发生器中的浓溶液又重新从正常的回流管流入吸收器。

自动溶晶管只能消除结晶，并不能防止结晶产生。为此机组必须配备一定的自控元件来预防结晶的产生。

6）系统增加吸收器泵、蒸发器泵。系统增加吸收器泵、蒸发器泵，目的是为了提高制冷循环效率。

2. 单效溴化锂吸收式制冷循环工作过程在 h-ξ 图上的表示

单效溴化锂吸收式制冷循环的实际工作过程是非常复杂的，为了便于分析，通常将其视为理想工作过程。所谓理想工作过程，是指工质在流动过程中没有任何阻力损失，系统与外界环境不发生热交换，发生终了和吸收终了的溶液均达到平衡状态。

如图 10-6 为单效溴化锂吸收式制冷循环的理想工作过程在 h-ξ 图上的表示。发生器和冷凝器中的压力为 p_k，蒸发器和吸收器中的压力为 p_0，发生器中产生的高压过热制冷剂蒸气的状态点 7 是通过辅助等压线 p_k 来确定的，为发生器中制冷剂蒸气的平均状态。

图中所示的过程包括：

1→2：泵的升压过程，将稀溶液由 p_0 压力下的饱和溶液变为 p_k 压力下的过冷溶液，1、2 两点焓值相等。

2→3：稀溶液在溶液热交换器中的预热过程。

3→3_g：稀溶液在发生器中的加热过程。

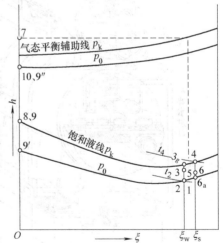

图 10-6　单效溴化锂吸收式制冷循环的理想工作过程在 h-ξ 图上的表示

3_g→4：稀溶液在发生器中沸腾浓缩的过程，即发生过程；发生器排出的过热蒸气，其状态用 7 点过热蒸气表示。

4→5：浓溶液在溶液热交换器中的预冷过程，把浓溶液在 p_k 压力下由饱和溶液变为过冷溶液。

5→6：高压浓溶液的节流过程，5、6 两点焓值相等。

6→6_a：浓溶液在吸收器中由湿蒸气状态冷却至饱和状态。

6_a→1：浓溶液在 p_0 压力下与来自蒸发器的低压水蒸气混合为稀溶液的过程，即吸收过程。

7→8：来自发生器的过热水蒸气在冷凝器中先冷却为饱和蒸气，然后凝结成饱和水的过程，即冷却冷凝过程。

8→9：饱和水的节流降压过程，压力由 p_k 降至 p_0，饱和水变为湿蒸气，即生成 9′ 状态的饱和水和 9″ 状态的饱和水蒸气（闪发蒸气）。

9→10：制冷剂湿蒸气 9 在蒸发器内 p_0 压力下吸热汽化至 10 状态饱和水蒸气的过程。

3. 单效溴化锂吸收式冷水机组构造示例

如图 10-7 所示为一种单效双筒型溴化锂吸收式冷水机组的构造示意图。上筒中放置冷凝器和发生器，下筒中放置蒸发器和吸收器，机组的底部设置溶液热交换器，并在其旁装设溶液泵、真空泵等辅助设备。

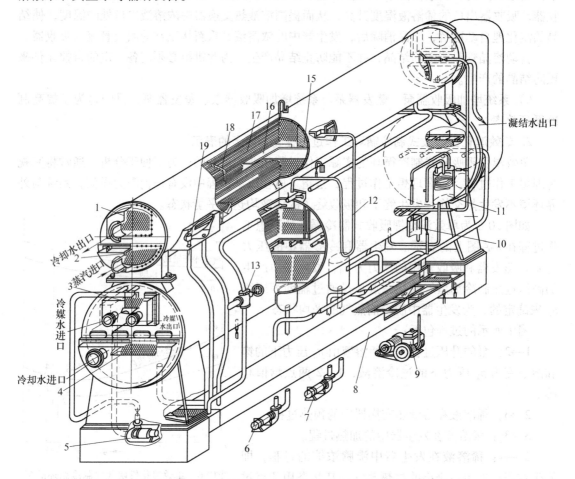

图 10-7　单效双筒型溴化锂吸收式冷水机组

1—冷凝器　2—发生器　3—蒸发器　4—吸收器　5—蒸发器泵　6—发生器泵　7—吸收器泵
8—溶液热交热器　9—真空泵　10—阻油器　11—冷剂分离器　12—节流装置
13—三通调节阀　14—喷淋管　15—挡液板　16—水盘　17—传热管
18—隔板　19—防晶管

10.3.3　双效溴化锂吸收式冷水机组

双效溴化锂吸收式冷水机组使用高品位的驱动热源，通常采用 0.25 ~ 0.8MPa 的饱和蒸汽或 150℃ 以上的高温热水，热力系数约为 1.1 ~ 1.2。双效溴化锂吸收式冷水机组中采用了两个发生器：一个高压发生器和一个低压发生器。高压发生器由外界高品位的驱动热源提供热量，低压发生器则由高压发生器中产生的高温制冷剂水蒸气提供热量，有效利用冷剂水蒸气的凝结潜热。驱动热源的能量在高压发生器和低压发生器中得到了两次利用，所以称为双效循环。这样，一方面使进入发生器的稀溶液进行了两次发生，获得更多的制冷剂水蒸气；另一方面减少了冷凝器中的冷却负荷，使机组的效率得到提高。

双效溴化锂吸收式冷水机组采用了高、低压两个发生器，同时还采用了两个溶液热交换器和一个凝水换热器。相对于单效机组，双效机组的循环流程要复杂得多。下面分别简要介绍双效溴化锂吸收式冷水机组几种循环流程。

1. 串联流程的双效溴化锂吸收式冷水机组

串联流程的机组中，吸收器出来的稀溶液，在溶液泵的输送下，以串联的方式先后进入高、低压发生器。串联流程在双效溴化锂吸收式机组中应用得最早，也最为广泛。图 10-8 为串联流程的蒸汽型双效溴化锂吸收式冷水机组的工作原理图。

与单效机组相比，串联流程的双效机组多了一个高压发生器和一个高温溶液热交换器。在高压发生器中，稀溶液被驱动热源加热。在发生压力下产生的制冷剂水蒸气又被通入低压发生器作为热源，加热低压发生器中的溶液，使之在冷凝压力下产生制冷剂水蒸气。其工作过程如下：

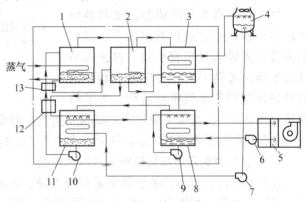

图 10-8　串联流程的蒸汽型双效溴化锂吸收
式冷水机组的工作原理图

1—高压发生器　2—低压发生器　3—冷凝器　4—冷却塔
5—冷却盘管　6—冷冻水泵　7—冷却水泵　8—蒸发器
9—冷剂泵　10—溶液泵　11—吸收器　12—低温溶
液热交换器　13—高温溶液热交换器

（1）制冷剂循环　高压发生器 1 中产生的制冷剂水蒸气，通过管道经过低压发生器 2，在低压发生器中加热溶液后，凝结为制冷剂水，经沿途的流动降压后进入冷凝器 3，部分闪发的水蒸气与低压发生器中产生的冷剂水蒸气一起被冷凝器管内的冷却水冷却，凝结为冷凝压力下的制冷剂水。制冷剂水经管道或其他装置节流后进入蒸发器 8，由冷剂泵 9 输送，喷淋在蒸发器管簇外面，吸取管簇内冷冻水的热量，在蒸发压力下蒸发，使冷冻水温度降低，达到制冷的目的。蒸发器中产生的制冷剂水蒸气流入吸收器 11，被进入吸收器的浓溶液吸收成为稀溶液，稀溶液由溶液泵 10 经低温溶液热交换器 12 和高温溶液热交换器 13 进入高压发生器，在发生器内发生，完成了双效制冷循环的制冷剂回路。

（2）溶液循环　自低压发生器 2 流出的浓溶液，进入低温溶液热交换器 12，在其中加热进入高压发生器 1 的稀溶液。浓溶液温度降低后，喷淋（降压）在吸收器管簇上，吸收来自蒸发器 8 的制冷剂水蒸气。从而维持蒸发器中较低的蒸发压力，使制冷过程得以连续进行。在管簇内冷却水的冷却下，浓溶液吸收水蒸气后成为稀溶液。流出吸收器的稀溶液由溶液泵 10 升压，按串联流程经低温溶液热交换器 12 和高温溶液热交换器 13 送往高压发生器 1 发生，再经高温溶液热交换器 13 降温后，送往低压发生器 2 发生，完成了双效制冷循环的溶液回路。

除了上述制冷剂回路、溶液回路，机组还有热源回路、冷却水回路和冷冻水回路。热源回路有两个：一个是由高压发生器和驱动热源等构成的驱动热源加热回路；另一个是由高压发生器和低压发生器等构成的制冷剂水蒸气加热回路。冷却水回路由吸收器、冷凝器、冷却水泵和冷却塔等构成，向环境介质排放溶液的吸收热和制冷剂水蒸气的凝结热。冷冻水回路由蒸发器、空气处理箱、冷冻水泵等构成，向空调或工艺用户提供冷量。

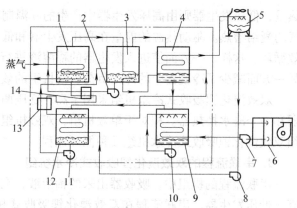

图 10-9　倒串联流程的蒸汽型双效溴化锂吸收式冷水机组的工作原理图
1—高压发生器　2—高温溶液泵　3—低压发生器　4—冷凝器　5—冷却塔　6—冷却盘管　7—冷冻水泵　8—冷却水泵　9—蒸发器　10—冷剂泵　11—溶液泵　12—吸收器　13—低温溶液热交换器　14—高温溶液热交换器

2. 倒串联流程的双效溴化锂吸收式冷水机组

另一种串联流程的机组，吸收器出来的稀溶液，在溶液泵的输送下，以串联的方式先进入低压发生器，再进入高压发生器。区别于前一种串联流程，将这种串联流程称为倒串联流程。为了将低压发生器出口的高温溶液输送到高压发生器，需要设置一台高温溶液泵。如图 10-9 所示为倒串联流程的蒸汽型双效溴化锂吸收式冷水机组的工作原理图。其工作过程不再赘述。

3. 并联流程的双效溴化锂吸收式冷水机组

并联流程的机组中，吸收器出来的稀溶液，在溶液泵的输送下，分成两路，分别进入高、低压发生器。如图 10-10 所示为并联流程的蒸汽型双效溴化锂吸收式冷水机组的工作原理图。

凝水换热器起到了充分利用高压加热蒸汽凝水显热的作用，利用高压蒸汽凝水预热进入低压发生器的稀溶液，降低了机组的气耗。

4. 串并联流程的双效溴化锂吸收式冷水机组

串并联流程是一种结合串联流程和并联流程特点的溴化锂双效机组工作流程。稀溶液出吸收器后分成两路分别进入两个发生器，从高压发生器流出的浓溶液再进入低压发生器，与其中的溶液一起流回吸收器。其工作原理如图 10-11 所示。

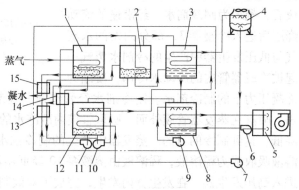

图 10-10　并联流程的蒸汽型双效溴化锂吸收式冷水机组的工作原理图
1—高压发生器　2—低压发生器　3—冷凝器　4—冷却塔　5—冷却盘管　6—冷冻水泵　7—冷却水泵　8—蒸发器　9—冷剂泵　10—吸收器泵　11—溶液泵　12—吸收器　13—低温溶液热交换器　14—高温溶液热交换器　15—凝水换热器

各种流程均有其特点，一般来说，先后进入高、低压发生器的串联流程操作方便，调节稳定，为国外大部分产品所采用；并联流程具有较高的热力系数，为国内的大部分产品所采用；串并联流程介于两者之间，近年来被国内外较多的产品所采用。根据驱动

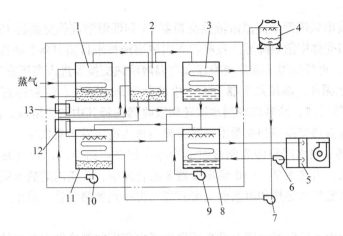

图 10-11　串并联流程的蒸汽型双效溴化锂吸收式冷水机组的工作原理图
1—高压发生器　2—低压发生器　3—冷凝器　4—冷却塔　5—冷却盘管　6—冷冻水泵
7—冷却水泵　8—蒸发器　9—冷剂泵　10—溶液泵　11—吸收器
12—低温溶液热交换器　13—高温溶液热交换器

热源的不同情况，合理选择循环流程，对于提高机组的热效率，降低机组的成本有着重要意义。

10.3.4　直燃型溴化锂吸收式冷热水机组

直燃型溴化锂吸收式冷热水机组的制冷原理与蒸汽型双效溴化锂吸收式冷水机组基本相同，只是高压发生器不以蒸汽为加热热源，而是以燃气或燃油为能源，以燃料燃烧所产生的高温烟气为热源。这种机组具有燃烧效率高、热源温度高、传热损失小，对大气环境污染小、体积小、占地省，既可用于夏季供冷，又可用于冬季采暖，必要时还可提供生活用热水，使用范围广等优点。其广泛用于宾馆、商场、体育场馆、办公大楼、影剧院等无余热、废热可利用的中央空调系统。

直燃型双效冷热水机组和蒸汽型双效制冷机组在制冷方面的工作原理相同，在此只侧重介绍直燃型双效冷热水机组在制热方面的工作原理。图10-12为串联流程的直燃型溴化锂吸收式冷热水机组工作原理图。

机组用于制取热水时，用于制冷的阀门全部关闭，开启所有用于制热的阀门；低压发生器、冷凝器失去作用；冷却水回路停止工作；由蒸发器、空调设备和冷冻水泵构成的冷冻水回路变为热水回路，冷却盘管兼用作加热盘管，冷冻水泵兼用作热水泵。工作过程如下：

（1）溶液循环　自高压发生器1

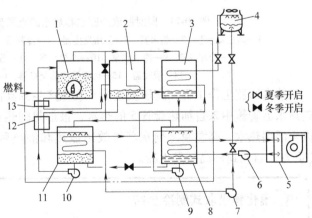

图 10-12　直燃型溴化锂吸收式冷热水机组工作原理图
1—高压发生器　2—低压发生器　3—冷凝器　4—冷却塔
5—冷却（加热）盘管　6—冷冻水（热水）泵　7—冷却水泵
8—蒸发器　9—冷剂泵　10—溶液泵　11—吸收器
12—低温溶液热交换器　13—高温溶液热交换器

流出的浓溶液，按串联流程经高温溶液热交换器13和低温溶液热交换器12送往吸收器11，沿途在管道和机组壳体中散热降温。在吸收器内浓溶液被来自蒸发器8的冷剂水稀释，然后由溶液泵10升压，再经低温溶液热交换器和高温溶液热交换器进入高压发生器。

（2）制冷剂水循环　高压发生器1中产生的制冷剂水蒸气，经管路直接输送到蒸发器8，向蒸发器内管簇放热，冷凝成冷剂水输送到吸收器稀释其中的浓溶液，然后由溶液泵10升压，再经低温溶液热交换器和高温溶液热交换器进入高压发生器发生。

（3）热水循环　热水回路即为制冷时的冷冻水回路。给空调用户（加热盘管5）放热而降温的循环热水，由热水泵6输送到蒸发器8的管簇中，管簇内的热水吸收来自高压发生器的高温制冷剂水蒸气的显热和潜热而温度升高，再回到加热盘管5放出热量，供空调用户用热。

制热循环流程中，蒸发器实质上是高压发生器中产生的制冷剂水蒸气的冷凝器。

有的直燃机组中还另设一个热水器，与加热盘管、热水泵构成专门的热水回路，提供采暖用热或生活热水。这种机组可以同时制取冷冻水和热水，如图10-13所示。

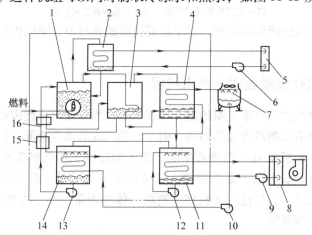

图10-13　同时制取冷冻水和热水的直燃型冷热水机组工作原理图

1—高压发生器　2—热水器　3—低压发生器　4—冷凝器　5—加热盘管　6—热水泵　7—冷却塔
8—冷却盘管　9—冷冻水泵　10—冷却水泵　11—蒸发器　12—冷剂泵　13—溶液泵
14—吸收器　15—低温溶液热交换器　16—高温溶液热交换器

热水回路工作工程：高压发生器1发生产生的高温制冷剂水蒸气直接进入热水器2，加热热水器管簇中来自加热盘管5的热水，被加热的热水由热水泵提供动力向采暖用户供热或供生活用热水。高温制冷剂水蒸气放出显热和潜热后冷凝成制冷剂水，制冷剂水依靠位差（重力）自动返回高压发生器。

溴化锂吸收式制冷小结

1. 溴化锂吸收式制冷机类型。
2. 单效溴化锂吸收式机组制冷循环的工作流程。
3. 双效溴化锂吸收式机组的流程及循环工作过程。
4. 直燃型溴化锂冷热水机组的工作原理及循环工作流程。

思考与练习

10-1　吸收式制冷循环与蒸气压缩式制冷循环的相同处和不同处各是什么？

10-2　简述吸收式制冷循环的原理和工作过程。

10-3　吸收式制冷有哪些基本设备？

10-4　吸收式制冷循环的工质是什么？

10-5　简述单效溴化锂吸收式制冷循环的工作过程。

10-6　溴化锂吸收式制冷机中溶液热交换器起什么作用？

第11章 热泵技术

> **本章目标:**
> 1. 了解热泵的常见类型和基本形式。
> 2. 理解热泵的基本工作原理。
> 3. 了解空气源热泵、水源热泵、土壤源热泵系统的应用方式、工作原理及其特点。

热泵的作用是从周围环境中吸取热量,并把它传递给被加热的对象。热泵实际上是一种热量提升装置,它本身消耗一部分能量,把环境介质中储存的能量予以挖掘,提高温位加以利用,如同水泵将水提高水位后利用一样。

11.1 热泵工作原理

热泵工作的原理与制冷机实际上是相同的,它们都是通过消耗一定的能量,从低温热源吸取热量并向高温热源排放。两者的不同在于使用的目的:制冷机利用蒸发器吸取热量而使对象变冷,达到制冷的目的,而热泵则利用冷凝器放出的热量来制热,为采暖、空调和生活热水提供热量。在《暖通空调术语标准》(GB 50115—1992)中,对"热泵"的解释是"能实现蒸发器和冷凝器功能转换的制冷机"。

11.1.1 工作原理

按照热泵循环驱动方式的不同,可以将热泵分为蒸气压缩式热泵、吸收式热泵和蒸汽喷射式热泵等。

1. 蒸气压缩式热泵

蒸气压缩式热泵和蒸气压缩式制冷一样,主要由压缩机、蒸发器、冷凝器和节流阀组成,系统中充有特定的工作介质(简称工质),其工作原理如图 11-1 所示。热泵工作时,来自蒸发器的工质蒸气被吸入压缩机,蒸气在压缩机中被压缩提高压力和温度后排入冷凝器,在冷凝器中蒸气向冷却介质(被加热对象)释放热量并降低温度而变成液体;冷凝后的高压液体经节流阀降低压力和温度,然后进入蒸发器;在蒸发器中液体吸收低温热源的热量又变成蒸气,接着再被吸入压缩机。如此,工质在封闭系统中不断循环,热泵便连续工作,不断地

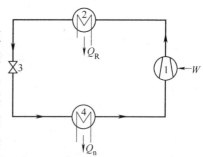

图 11-1 蒸气压缩式热泵系统示意图
1—压缩机 2—冷凝器
3—节流阀 4—蒸发器

把从低温热源吸收的热量连同消耗的压缩功转化来的热量输送到温度较高的被加热对象中去。

2. 吸收式热泵

吸收式热泵中具有一个吸收系统,用于吸收和释放工质,借以推动循环工作。与蒸气压缩式热泵相比,吸收式热泵中用一个溶液回路代替了压缩机。该溶液回路由吸收器、溶液泵、发生器及溶液节流阀等部件所组成。吸收式热泵工作原理如图 11-2 所示。吸收式热泵工作时,蒸发器中产生的蒸气由吸收器中的吸收剂溶液所吸收,从而形成富含工质的溶液,该溶液由泵压送入发生器,由外界加热使之沸腾,这样工质便分离出来而成为高温高压的蒸气;该部分蒸气接着进入冷凝器,在冷凝器中向冷却介质放热,凝结成液态后经过节流阀降温降压进入蒸发器,在蒸发器中工质又被汽化成为低压的蒸气,然后进入吸收器内被吸收,如此不断循环。而发生器中经沸腾后的吸收剂,已成为含工质量极少的稀溶液,它经过溶液节流阀再回到吸收器中,以便再次吸收工质蒸气。可以看出,吸收式热泵和吸收式制冷的工作原理是一样的。

3. 蒸汽喷射式热泵

蒸汽喷射式热泵中,用喷射泵代替压缩机以驱动系统工作。喷射泵由喷嘴、混合室、扩压管等部分组成。如图 11-3 所示,热泵工作时,来自锅炉等蒸汽发生器的高压蒸汽,经喷嘴降低压力而获得很高的速度,高速蒸汽抽吸蒸发器中的工质蒸汽并一道进入混合室,混合后的蒸汽均以高速流动,然后进入扩压管降低速度提高压力,接着进入冷凝器,其余过程与压缩式热泵相同。蒸汽喷射式热泵中推动工质循环的动力是高压蒸汽,加入的有用能是热能。

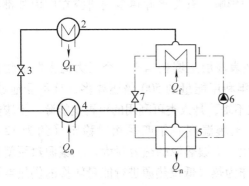 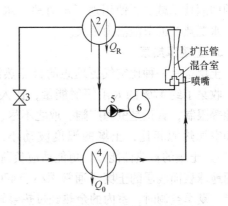

图 11-2 吸收式热泵系统示意图　　　　图 11-3 蒸汽喷射式热泵系统示意图
1—发生器　2—冷凝器　3—节流阀　4—蒸发器　　　　1—蒸汽喷射泵　2—冷凝器　3—节流阀
5—吸收器　6—溶液泵　7—溶液回路节流阀　　　　4—蒸发器　5—泵　6—锅炉

11.1.2 热泵的低位热源

热泵从低位热源中吸取热量加以利用,所有形式的热泵都需要有低位热源。一般来说,热泵要求的低位热源的温度越低,其能利用的低位热源的范围就越大,但其能量的利用效率也越低,对热泵的要求也越高。根据热泵的低位热源不同,可以将热泵系统分为空气源热泵、水源热泵和土壤源(地源)热泵。

1. 空气源热泵

因空气是自然界存在的最普遍的物质之一,用环境空气作为热泵的低位热源是热泵系统中一个最常见的选择。空气源热泵无论在什么条件下均可应用,对环境也不会产生有害影响,且系统运行和维护方便,因此,在热泵的应用中以空气源热泵最为普遍。但由于空气的温度随季节变化较大、单位热容量小、传热系数低且含有一定的水蒸气,使得空气源热泵的单机容量较小、热泵性能系数低、对机组变工况能力要求高、成本高、在低温环境下工作时需要定期除霜。

在空气源热泵系统中,制热时系统从室外空气吸收热量释放到室内;制冷时,系统吸收室内的热量释放到室外空气中。空气源热泵系统成为住宅和许多商业建筑中使用最广泛的热泵形式之一,大多数空气源热泵的制冷量为 $3.5 \sim 105\text{kW}$。

2. 水源热泵

水的热容大、传热系数高,是热泵系统的理想低位热源。水源热泵是以水源作为热泵的低位热源,可供使用的水源常指地表水(河川水、湖水、海水等)和地下水(深井水、泉水、地下热水等)。地表水热泵系统有潜在水面以下的、多重并联塑料管组成的地下水热交换器,它们被连接到建筑物中。用地表水作热泵的低位热源要求热泵附近有方便的水源(江、河、湖、海),且水源在冬季的最低温度不能在零度附近。但由于水源热泵有较高的热泵性能系数,成本也较低,在有条件的地方应尽可能选用。地下水热泵系统通常包括带潜水泵的取水井和回灌井。地下水取出后,利用板式换热器和建筑内循环水进行小温差换热,之后将地下水回灌地下。地下水的温度在全年只有很小的变化,比地表水更适合作热泵的低位热源,但地下水资源有限,长期使用会造成地下水枯竭、地面下沉等不良后果,近年来发展的回灌技术减少了使用地下水对地下水资源的影响。有关水源热泵的研究在国内外都很多,水源热泵的节能潜力很大。

3. 土壤源热泵

土壤也是一种比空气更理想的自然热源。地表浅层土壤相当于一个巨大的太阳能集热器,收集了约47%的太阳辐射能量,比人类每年利用能量的500倍还要多,且不受地域、资源等限制,真正是资源广阔、取之不尽、用之不竭,是人类可利用的可再生能源。土壤热源和空气热源相比,土壤的温度波动小,地下土壤温度一年四季相对稳定(约为 $12 \sim 20℃$)。土壤的蓄热性能好,更能适应负荷的变化;土壤热源的热容量大。土壤源热泵就是利用地球表面浅层的土壤(通常深小于400m)作为热泵低位热源进行能量转换的供热空调装置。夏季空调时,室内的余热经过热泵转移后,通过埋地换热器释放于土壤中,同时蓄存热量,以备冬季采暖用;冬季供暖时,通过埋地换热器从土壤中取热,经过热泵提升后,供给采暖用户,同时,在土壤中蓄存冷量,以备夏季空调用。土壤源热泵的"冬取夏灌"的能量利用方式,在一定程度上实现了土壤热源的内部平衡,符合可持续发展的趋势。

地表浅层地热资源的温度一年四季相对稳定,冬季比环境空气温度高,夏季比环境温度低,是最好的热泵热源和空调冷源。地源热泵系统利用可再生能源,热泵性能系数高,对环境无不良影响,也不受水源条件的限制,运行费用低,可靠性高。

11.1.3　热泵基本形式

在实际应用中,根据热泵系统换热设备中进行热量传递的载能介质(即系统的室外侧和室内侧使用的载能介质),可以将热泵设备归纳为四种类型。

1. 空气-空气热泵

在这类热泵中，热源（制冷运行时为冷源或热汇）和用作供热（冷）的介质均为空气。这也是最普通的热泵形式，特别适用于由工厂制造并组装的单元式热泵，它已经广泛地用于住宅和商业之中。该种装置可通过电动和手动操作的换向阀来进行内部切换，以使被调空间获得热量或冷量。系统中，一个换热盘管作为蒸发器，而另一个作为冷凝器。在制热循环时，被调的空气流过冷凝器而室外空气流过蒸发器。工质换向后则成了制冷循环，被调空气流过蒸发器而室外空气流过冷凝器。

2. 空气-水热泵

这也是热泵型冷水机组的常见形式。它与空气-空气热泵的区别，在于供热（冷）侧采用热泵工质-水换热器。冬季按制热循环运行，供热水进行采暖；夏季按制冷循环运行，供冷水进行空调。制热与制冷循环的切换通过换向阀改变热泵工质的流向来实现。

3. 水-空气热泵

这类热泵热源为水（制冷运行时为冷源或热汇），用作供热（冷）的介质为空气。

4. 水-水热泵

无论是制热还是制冷运行时，均以水作为换热或供热（冷）的介质。一般可用切换热泵工质回路来实现制热或制冷，有时更方便的是用水回路中的三通阀来完成切换。如果水质较好，可允许水源水直接进入蒸发器（制冷时为冷凝器）。在某些特殊场合，为了避免污染，常采用中间换热器来实现水源水与进行过水处理的封闭冷水系统之间的热交换。

热泵工作原理小结

1. 热泵和制冷的原理相同，目的不同，热泵是利用冷凝器放出的热量来制热。
2. 按照工作原理，热泵也可分为蒸气压缩式、吸收式、蒸汽喷射式热泵等。
3. 按热泵低位热源，可将热泵分为空气源热泵、水源热泵、土壤源热泵等。
4. 热泵机组的基本形式：空气-空气热泵、空气-水热泵、水-空气热泵、水-水热泵。

11.2 热泵技术的应用

热泵技术作为一种节能技术，能够提供比驱动能源多的热能，在节约能源、保护环境方面具有独特的优势，因此在空调领域中获得了较为广泛的应用，取得了一定的节能和环保效益。目前在空调系统中应用最多的是蒸气压缩式热泵装置，既能在夏季制冷又能在冬季制热，是一种冷热源两用设备。下面分别对空气源热泵、水源热泵、土壤源热泵系统在空调中的应用情况进行介绍。

11.2.1 空气源热泵的应用

空气源热泵系统的安装和使用都很方便，应用非常广泛，在住宅、商店、学校、俱乐部等小型建筑物中用得很多。空气源热泵适用范围广，对环境无害，机组安装方便，不需占有有效室内空间，系统运行维护方便。但热泵单机制冷量较小，在低温环境下工作时，需要定期除霜，当室外温度低于 -5℃时，制热量明显下降，温度更低时甚至会影响启动。空气源热泵目前较适用于室外空调计算温度在 -10℃ 以上的城市，以及建筑面积 10000 ~ 15000m² 之间、单位面积冬季热负荷不太大的建筑，对于长江以南而冬季相对湿度不过高的地区尤为适用。对于夏季冷负荷较小而冬季热负荷较大的地区，或对于夏季冷负荷很大而冬季热负荷很小的地区不宜单独采用热泵。目前空气源热泵产品主要是热泵型房间空调器和风冷热泵型冷热水机组。

1. 热泵型房间空调器

在单户住宅和很多办公场所，房间空调器的使用非常普及，目前生产的房间空调器多为热泵型的，既能在夏季制冷又能在冬季供热。与单冷式空调器相比，热泵型空调器加装了一个电磁换向阀，使制冷剂可正反两个方向流动，从而实现制冷和制热工况的转换。下面以分体壁挂式热泵型空调器为例介绍其基本结构及工作原理。

（1）基本结构　分体式空调器主要由室内机组、室外机组及连接管路三部分组成，其结构如图 11-4 所示。

1）室内机组。室内机组的作用是向房间提供调节空气，使房间的温度达到设定要求。它由外壳、室内换热器、空气过滤网、离心电动机、控制操作开关、接水盘和排水管等组成。在外壳前方设有进风口风向板，内设有空气过滤网，用以滤除空气中的尘埃和污物。冷风或热风从出风口导向板吹出，导向板可转动，风向调节杆可左右移动。面板上装有指示灯，显示压缩机的运转

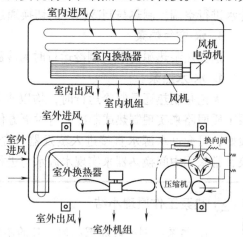

图 11-4　分体式热泵型房间空调器结构示意图

状态。控制操作板部分装有运转、温度等若干种操作模式。空气中的水分遇冷而凝结成水，经接水盘和排水管排至室外。

2）室外机组。室外机组的作用主要是用于制冷剂的散热。其由外壳、压缩机、室外换热器、四通换向阀（安装在压缩机与冷凝器之间）、室外加热电热丝（在低温下仍可制热运转）、轴轮风扇和风扇电动机等组成。外壳上有进出风口，使冷凝器散发出的热量及时被风机引出机外。

3）连接管路。室内机组和室外机组是通过 $\phi 20mm$ 以下的紫铜管进行连接的，连接管头目前采用的形式有三种：自封式快速接头、一次性快速接头、扩口管螺母接头。效果最好的是快速接头，它密封可靠且使用寿命长。

（2）工作原理　热泵型房间空调器属于空气-空气热泵，它的工作原理如图 11-5 （制冷工况）和图 11-6 （制热工况）所示。

在制冷工况下运行时，电磁换向器没有接通电源，经压缩机排出的高温制冷剂，

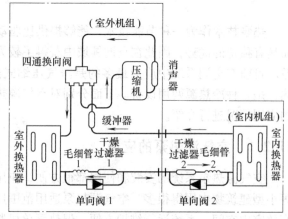

图 11-5　热泵型房间空调器工作原理图（制冷工况）

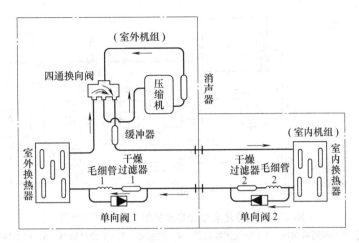

图 11-6 热泵型房间空调器工作原理图（制热工况）

经电磁换向阀流向室外换热器，此时的室外换热器作冷凝器使用。在冷凝器中，制冷剂放热冷凝。经过毛细管进入室内换热器（作蒸发器使用）吸热汽化，又经过电磁换向阀回到压缩机。

在制热工况下运行时，电磁换向阀接通电源，驱动阀内机构完成制冷剂通道的切换，使压缩机排出的高温制冷剂蒸气经电磁换向阀通道切换后，排向室内换热机器，此刻的室内换热器作冷凝器使用。制冷剂的热量通过离心风扇作用与室内冷空气进行热交换，吹向室内的空气是已经吸收了制冷剂热量的暖风。这时制冷剂经放热后已冷凝成液体，然后经毛细管进入室外换热器，此时室外换热器作为蒸发器使用。液态的制冷剂吸收室外侧空气中的热量蒸发汽化，回到电磁换向阀，经切换后的通道进入压缩机，继续循环。在制热过程中，室内侧放出的热量，应包括制冷剂在室外侧吸收的热量和压缩机做功产生的热量。因此，压缩机消耗 1kW 电能，在室内产生的热量要大于消耗 1kW 的电热丝所产生的热量，所以该种空调器的经济性较好。

2. 风冷热泵型冷热水机组

风冷热泵型冷热水机组属于空气-水热泵，目前它在各种商业和工业场所中使用得越来越多，它可以满足全年制冷采暖的需要，有的还可以提供生活热水。图 11-7 是风冷热泵型冷热水机组的常见形式。冬季按制热循环运行，供热水作为空调采暖。夏季按制冷循环运行，供冷水作为空调用。制冷与制热循环的切换通过换向阀改变热泵工质的流向来实现。

风冷热泵型冷热水机组的压缩机大多为半封闭式螺杆式压缩机，其节流机构有热力膨胀阀、电子膨胀阀。有冬夏共用一个热力膨胀阀的，也有冬夏分开设两个热力膨胀阀的。其水侧换热器大多采用钎焊板式和套管式换热器，制冷量大于 116kW 的机组大多采用干式壳管式和卧式壳管式换热器，也采用板式换热器。

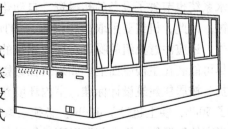

图 11-7 风冷热泵型冷热水机组

风冷热泵机组采用的工质有 R22、R134a。现以螺杆式压缩机为机头的风冷热泵型冷热水机组制冷系统为例介绍风冷热泵型机组的工作流程，如图 11-8 所示。

在制冷工况时，电磁阀 12 开启，电磁阀 6 关闭，从螺杆压缩机排出的高温高压制冷剂

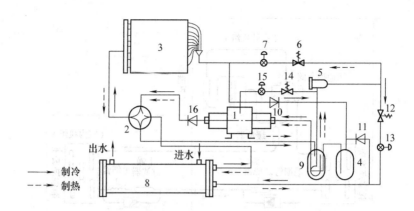

图 11-8　风冷热泵型冷热水机组工作流程示意图

1—压缩机　2—四通换向阀　3—空气侧换热器　4—贮液器　5—干燥过滤器　6、12、14—电磁阀
7、13、15—单向膨胀阀　8—水侧壳管式换热器　9—气液分离器
10、11、16—止回阀

气体经止回阀16、四通换向阀2,进入空气侧换热器3,冷凝后的制冷剂液体经止回阀10进入贮液器4。从贮液器4出来的高压液体经气液分离器9中的换热器得到过冷,过冷后制冷剂液体分两路,一路经电磁阀14、制冷膨胀阀15降为低压低温的液体喷入螺杆式压缩机的压缩腔内进行冷却;另一路经干燥过滤器5、电磁阀12和膨胀阀进入水侧壳管式换热器8,在额定工况下,将冷水从12℃冷却到7℃,同时制冷剂液体吸热蒸发后转变为低温低压的制冷剂蒸气。低温低压的制冷剂蒸气再经四通换向阀2进入气液分离器9,分离后的制冷剂气体进入压缩机。

在制热工况时,四通换向阀2换向,电磁阀12关闭,电磁阀6打开,从螺杆压缩机排出的高温高压制冷剂气体直接进入壳管式换热器8,将热水从40℃加热到45℃,送入空调系统,在换热器中冷凝的液体,经止回阀11,进入贮液器4。从贮液器4出来的制冷剂液体经气液分离器中的换热器过冷后,再经干燥过滤器5、电磁阀6、制热膨胀阀7进入空气侧换热器3。在其中蒸发后的制冷剂气体经四通换向阀2,回到气液分离器9。在气液分离器中分离后的制冷剂气体回到压缩机。

风冷热泵型冷热水机组占地少,可节省机房面积,省去了冷却水系统,安装简便,在缺水地区尤其具有比其他水冷机组更大的优势。节能、供热时省去了锅炉等供热设备,无冷却水系统也节省了设备的初投资,自动化程度高。由于机组安装在屋面,常年风吹雨淋,易腐蚀。因此,机组要采取防腐措施,如顶板、底板等采用不锈钢、铝合金或镀锌面板等。另外,还应注意机组的噪声对周边建筑的影响,应优先选用噪声低、振动小的机组,而且机组尽可能装在主楼屋面上。如果装在裙楼上,要注意防止噪声对主楼房间和周围邻近房间的干扰,按居住建筑设计标准,室内环境允许的噪声必须在一定的范围内,若在白天噪声值超过了50db,晚上超过了40db就必须采取降噪措施。风冷热泵型机组在冬季供热工况运行时,当室外气温低,机组蒸发温度过低时,室外侧空气换热盘管翅片表面会结霜,在除霜时供热水的温度会发生波动,因此,应采取合理的除霜控制方法,减小热泵的能量损失,而且要设一个辅助加热器以减小除霜时供水温度的波动。

该机组一般用于中、小型制冷量的场合。

11.2.2　水源热泵的应用

在地下水丰富或地表水水源良好的地方，采用地下水或地表水的水源热泵系统换热性能好、换热系统小、能耗低、性能系数较高。下面以较常用的水环热泵空调系统和地下水水源热泵空调系统为例介绍水源热泵系统的应用。

1. 水环热泵空调系统

水环热泵空调系统是水-空气热泵的一种应用方式，即通过水环路将众多的水-空气热泵机组并联成一个以回收建筑物余热为主要特征的空气调节系统。水环热泵空调系统是一种很有发展前景的节能型空调系统，从国内外使用情况来看，办公楼、商场等场合是水环热泵空调系统的主要应用场合。该系统于 20 世纪 60 年代首先在美国加利福尼亚州出现，故也称为加利福尼亚系统。国内从 20 世纪 90 年代开始，在一些工程中采用。水环热泵空调系统按负荷特性在各房间或区域分散布置水源热泵机组，根据房间各自的需要，控制机组制冷或制热，将房间余热传向水侧换热器（冷凝器）或从水侧吸收热量（蒸发器）；以双管封闭式循环水系统将水侧换热器连接成并联环路，以辅助加热和排热设备供给系统热量的不足和排除多余热量。《公共建筑节能设计标准》（GB50189—2005）规定：对有较大内区且常年有稳定的大量余热的办公、商业等建筑，宜采用水环热泵空气调节系统。

（1）水环热泵空调系统的组成　典型的水环热泵空调系统原理如图 11-9 所示。水环热泵空调系统由四部分组成：室内水源热泵机组（水-空气热泵机组）、水循环环路、辅助设备（冷却塔、加热设备、蓄热装置等）、新风与排风系统。

1）室内水源热泵机组（水-空气热泵机组）。室内水源热泵机组是由全封闭压缩机、制冷剂/空气换热器、制冷剂/水换热器、四通换向阀、毛细管、风机和空气过滤器等部件组成，其工作原理如图 11-10 所示。机组供冷时（图 11-10a），制冷剂/空气换热器 2 为蒸发器，制冷剂/水换热器 3 为冷凝器，其制冷剂流程为：全封闭压缩机 1→四通换向阀 4→制冷剂/水换热器 3→毛细管 5→制冷剂/空气换热器 2→四通换向阀 4→全封闭压缩机 1。机组供热时（图 11-10b），制冷剂/空气换热器 2 为冷凝器，制冷剂/水换热器 3 为蒸发器，其制冷剂流程为：全封闭压缩机 1→四通换向阀 4→制冷剂/空气换热器 2→毛细管 5→制冷剂/水换热器 3→四通换向阀 4→全封闭压缩机 1。

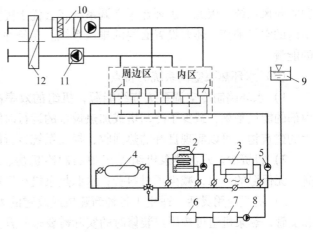

图 11-9　典型的水环热泵空调系统原理图

1—水-空气热泵机组　2—闭式冷却塔　3—加热设备（如燃油、气、电锅炉）　4—蓄热容器　5—水环路的循环水泵　6—水处理装置　7—补给水水箱　8—补给水泵　9—定压装置　10—新风机组　11—排风机组　12—热回收装置

2）水循环环路。所有室内水源热泵机组都并联在一个或几个水环路系统上。通过水循环环路使流过各台水源热泵空调机组的循环水量达到设计流量，以确保机组的正常运行。

3）辅助设备。为了保持水环路中的水温在一定范围内，提高系统运行的经济可靠性，

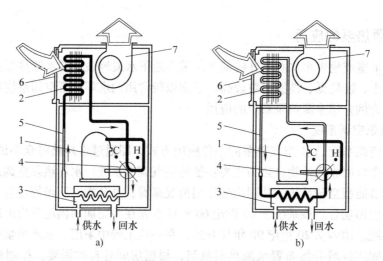

图 11-10　水源热泵机组工作原理图

a）制冷方式运行　b）供热方式运行

1—全封闭压缩机　2—制冷剂/空气换热器　3—制冷剂/水换热器

4—四通换向阀　5—毛细管　6—过滤器　7—风机

水环热泵空调系统应设置一些辅助设备，主要有排热设备、加热设备和蓄热容器等。

4）新风与排风系统。室外新鲜空气量是保障良好室内空气品质的关键。因此，水环热泵空调系统中一定要设置新风系统，向室内送入必要的室外新鲜空气量（新风量），以满足稀释人群及活动所产生污染物的要求和人对室外新风的需求。水环热泵空调系统中通常采用独立新风系统。因此，水环热泵空调系统将会优于传统的全空气集中式空调系统。为了维持室内的空气平衡，还要设置必要的排风系统。在条件允许的情况下，应尽量考虑回收排风中的能量。

（2）水环热泵空调系统的特点

1）水环路制冷空调系统节约能源，机组的效率高于空气-空气热泵，供冷-供热可实现内部的能量平衡，减少了冷却塔或加热设备的运行时间，特别对于有多余热量和内区面积较大的建筑物，可以实现良好的热回收，提高系统运行的经济性。

2）投资少。水源热泵机组无集中的制冷机房、锅炉房、空调机房；风管少可减少层高，无保温的冷水，减少了材料费；水源热泵机在厂家组装，减少安装费用。

3）机组应用灵活，适用于各种新建成或改建的大楼，新建大楼可先装水源热泵的主管和支管，热泵机组可按用户装修时的实际需要来配置。用户也可根据实际需要来选择采暖和供冷，水系统不受室外温度变化的影响；用户也可随意调节房间温度，不受大楼中央空调关闭的影响。

4）机组维修成本低，系统安装方便，启动调整容易。

5）单台水源热泵空调机的制冷量不能过大，否则噪声较大。

6）不利于利用新风，安装要与室内装修密切配合，水源热泵机组质量要求高。

2. 地下水水源热泵空调系统

国内地下水水源热泵空调系统的应用开始于 20 世纪 80 年代。1985 年，广州能源所首先在广东东莞市游泳池开始应用水-水热泵。20 世纪 90 年代中，国内才开始批量生产水-水热泵，以井水（单井抽灌技术或多井抽灌技术）为低位热源，通过阀门的启闭来改变水路中水的流动方向，实现机组的供冷工况和制热工况的转换。在国外，地下水热泵系统的应用工程近年来已逐渐增多，大量的工程应用表明地下水热泵系统相对于传统的供暖、供冷方式及空气源热泵具有很大的优势。

根据地下水与建筑物内循环水系统的关系，可以把地下水水源热泵系统分为开式地下水水源热泵系统和闭式地下水水源热泵系统。开式地下水水源热泵系统是将地下水直接供应到每台热泵机组，之后将地下水回灌地下。在闭式地下水水源热泵系统中，使用板式换热器把建筑物内循环水系统和地下水系统分开。地下水由配备水泵的水井或井群供给，然后排向地表（湖泊、河流、水池等）或者排入地下（回灌）。由于开式地下水水源热泵系统可能导致管路堵塞，更重要的是可能导致腐蚀发生，通常不建议在地下水水源热泵系统中直接应用地下水。大多数家用或商用系统采用间接供水，以保证系统设备和管路不受到地下水矿物质及泥沙的影响，减少系统维护费用。图 11-11 和图 11-12 分别为开式地下水水源热泵系统和闭式地下水水源热泵系统的示意图。

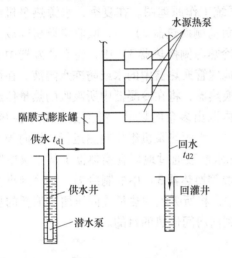

图 11-11　开式地下水水源热泵系统示意图

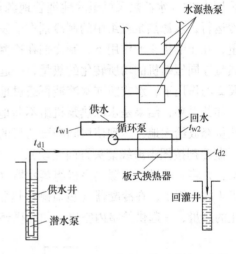

图 11-12　闭式地下水水源热泵系统示意图

地下水水源热泵系统的特点见表 11-1。

表 11-1　地下水水源热泵系统的特点

	特　点	说　明
优点	节能	地下水水源热泵系统能效比高，可以充分利用地下水、地表水、海水、城市污水等低品位能源
	环保	地下水水源热泵系统不向空气排放热量，缓解城市热岛效应，无污染物排放
	多功能	制冷、制热、制取生活热水
	运行费用低	能效比高、耗电量低，运行费用可大大降低
	投资适中	在水源水容易获取、取水构筑物投资不大的情况下，地下水水源热泵系统的初投资比较适中
缺点	水质处理复杂	水源水质差别较大，致使水质处理比较复杂
	取水构筑物繁琐	地下水打井、地表水构筑物施工比较繁琐
	地下水回灌较难	地下水回灌要根据不同的地质情况采用相应的保证回灌措施

11.2.3　土壤源热泵的应用

　　土壤源热泵一般也称为地源热泵，这种系统就是把传统空调器的冷凝器或蒸发器直接埋入地下，使其与大地进行换热，或是通过中间介质（水或冷冻剂）作为热载体，并使中间介质在封闭环路中通过大地循环流动，从而实现与大地进行热交换的目的。也就是说，地源热泵是以大地为热源对建筑物进行空调的技术。冬季通过热泵将大地低品位的热能提高品位对建筑物供暖，同时大地储存冷量，以备夏用；夏季是通过将建筑物里的热量转移到地下，对建筑物进行降温，同时存储热量，以备冬用。

　　地源热泵系统主要由三部分组成：地下埋管热交换器、水源热泵机组及建筑物内空调末端系统。地源热泵系统三部分之间靠水（或防冻水溶液）或空气换热介质进行热量的传递。水源热泵机组与地下埋管热交换器之间的换热介质通常为水或防冻水溶液，建筑物内空调末端换热的介质可以是水或空气。地源热泵系统可以在制冷和供热两个工况下运行，图11-13为采用水-空气水源热泵机组的地埋管地源热泵系统工作原理图。在夏季，水源热泵机组作制冷运行，水源热泵机组中的制冷剂在蒸发器（负荷侧换热器7）中，吸收空调房间放出的热量，在压缩机4的作用下，制冷剂在冷凝器（冷热源侧换热器3）中，将在蒸发器中吸收的热量连同压缩机的功所转化的热量，一起排给地埋管换热器中的水或防冻水溶液。在循环水泵2的作用下，水或防冻水溶液再通过地埋管换热器，将在冷凝器中所吸收的热量传给土壤。如此循环，结果是水源热泵机组不断地从室内取出多余的热量，并通过地埋管换热器，将热量释放给大地，达到使房间降温的目的。冬季，水源热泵机组作制热运行，换向阀5换向（制冷剂按图中虚线箭头方向流动），水或防冻水溶液通过地埋管换热器1从土壤中吸收热量，并将它传递给水源热泵机组蒸发器（冷热源侧换热器3）中的制冷剂，制冷剂再在压缩机4的作用下，在冷凝器（负荷侧换热器7）中，将所吸收的热量连同压缩机消耗的功所转化的热量，一起供给室内空气，如此循环以达到向房间供热的目的。

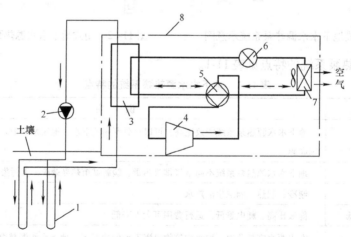

图11-13　地埋管地源热泵系统工作原理图

1—地埋管换热器　2—循环水泵　3—冷热源侧换热器　4—压缩机　5—换向阀
6—节流装置　7—负荷侧换热器　8—水-空气水源热泵机组

　　土壤源热泵空调系统与其他空调系统的主要差别在于增加了埋管换热器。很多商用或公用大楼的项目都具有游乐场、草地或停车场，可供采用地下埋管换热器使用。这种换热器与工程中常见的其他换热器不同，它不是两种流体之间的换热，而是埋管中的液体与固体（地层）的换热。埋管换热器的设计是否合理是决定土壤源热泵系统运行可靠性和经济性的关键。根据国外的经验，由于土壤源热泵运行费用低，增加的初投资可在 3～7 年内收回，土壤源热泵空调系统在整个服务周期内的平均费用将低于传统的空调系统。

由于土壤源热泵采用了大地这一特殊的热源体，与广泛采用的空气源热泵相比，它的季节平均性能系数提高，尤其在极端气候条件下仍能保持较高的性能系数；不向建筑外大气环境排放废冷或废热，有利于环保；一机多用，可供暖、空调，还可供应生活热水；室外换热器埋在地下，不存在冬季除霜的问题；不影响建筑外立面的美观。由于其节能和环保的双重效益，国际上将土壤源热泵列入 21 世纪最有发展前景的 50 项新技术之一。

> **热泵应用小结**
>
> 1. 热泵节能、环保，在空调上有广泛的应用。
> 2. 空气源热泵的应用主要指热泵型房间空调器和风冷式热泵冷热水机组，可将空气中的热量取出用于房间供暖或生产热水。
> 3. 水源热泵的应用包括水环热泵空调系统和地下水水源热泵空调系统等。
> 4. 土壤源热泵利用地埋管换热器，冬季将土壤中蕴含的热量取出给建筑物供暖，夏季将建筑物中的热量存入土壤中以达到制冷的效果。

思考与练习

11-1 什么叫热泵？它的工作原理是什么？

11-2 蒸气压缩式热泵是由哪几大部件组成的？

11-3 什么是热泵的低位热源？常用的低位热源有哪些？

11-4 热泵机组的基本形式有哪些？

11-5 空气源热泵在空调系统中有哪些应用形式？各有什么特点？

11-6 什么是水环热泵空调系统？说明其工作原理。

11-7 地下水水源热泵空调系统的工作原理是什么？有什么特点？

11-8 土壤源热泵系统的工作原理是什么？有什么特点？

第 12 章 蓄 冷 技 术

本章目标：

1. 了解蓄冷技术的作用、特点、分类。
2. 理解蓄冷的基本原理。
3. 掌握蓄冷系统的基本工作流程。
4. 明确发展蓄冷技术的意义。

12.1 蓄冷与蓄冷剂

12.1.1 基本概念

众所周知，某些工程材料（介质）具有蓄冷（热）特性，应用这种蓄冷（热）特性并加以合理应用的技术称为蓄冷（热）技术。从热力学上说，蓄冷技术就是蓄热技术。而用来蓄冷（热）的材料（介质）就称为蓄冷剂。

由于社会生产力和人民物质文化生活水平的提高，电力消耗增长迅速，电力工业的快速增长难以适应需求，电力供应高峰不足而低谷相对过剩的矛盾非常突出。因此，做好削峰填谷、调荷节能的工作显得尤为重要。这也就推动了蓄冷技术的发展和应用。

蓄冷技术最适宜的应用对象是间歇使用、冷负荷较大且相对集中的用户，比如公共、商用建筑和一些工业生产工程的空气调节。同时，可以成为城市集中供热供冷的冷热源形式，也可以为某些特殊工程提供应急备用冷热源。

蓄冷空调系统根据水、冰以及其他物质的储能特性，应用蓄冷技术，充分利用电网低谷时段的低价电能，在夜间电网低谷时间，同时也是空调负荷很低的时间，制冷主机开机制冷并由蓄冷设备将冷量储存起来。待白天电网高峰用电时间，同时也是空调负荷高峰时间，再将冷量释放出来满足高峰空调负荷的需要。这样，不仅有利于平衡电网负荷，实现移峰填谷，缓解电力的供需矛盾，而且节省了运行费用，获得较好的经济效益。

蓄冷空调系统主要有以下特点：

1）转移制冷机组用电时间，可以削峰填谷，起到平衡电力负荷的作用。

2）蓄冷空调系统的运行费用由于电力部门实行峰谷电价政策，比常规空调系统要低，分时电价差值越大，得益越多。

3）蓄冷空调系统的制冷设备容量和装设功率小于常规空调系统，一般可减少 30% ~ 50%。

4）蓄冷空调系统的一次投资比常规空调系统要高。如果计入供电增容费及用电集资费等，有可能投资相当或增加不多。

5）蓄冷空调系统制冷设备满负荷运行比例增大，状态稳定，提高设备利用率。

6）蓄冷空调不一定节电，而是合理使用峰谷段的电能。

12.1.2　蓄冷技术的分类

蓄冷技术有很多具体的形式，可以按照蓄冷进行的原理、蓄冷持续的时间、蓄冷工作模式和运行策略、蓄冷使用的材料进行简单的分类。

1. 按照蓄冷进行的原理分类

在介质吸热或放热过程中，必然会引起介质的温度或物态发生变化。蓄冷就是利用工质状态变化过程中所具有的显热、潜热效应或化学反应中的反应热来进行冷量的储存。实现蓄冷的原理主要有显热蓄冷、潜热蓄冷和热化学蓄冷。用于空调的蓄冷方式主要有显热蓄冷和潜热蓄冷。

2. 按照蓄冷持续时间分类

按照蓄冷持续时间，主要有昼夜蓄冷和季节性蓄冷两种类型。昼夜蓄冷是将电动制冷机组在夜间低谷期运行制取的冷量，以显热或潜热的形式将冷量储存起来并用于次日白天高峰期的冷量需求。季节性蓄冷是在冬季将形成的冷量（以冰或冷水的形式）储存在特定的容器或地下蓄水层中，在夏季再将其释放出来供应用户的冷负荷需求。

3. 按照蓄冷工作模式和运行策略分类

按照蓄冷工作模式和运行策略，主要有全负荷蓄冷和部分负荷蓄冷。全负荷蓄冷策略是将蓄冷时间与空调时间完全错开，将建筑物设计周期在用电高峰时段的冷负荷全部转移到用电低谷时段。在夜间非用电高峰期，启动制冷机进行蓄冷，当蓄冷量达到空调所需的全部冷量时，制冷机停机；在白天使用空调时，蓄冷系统将冷量释放到空调系统，使用空调期间制冷机不运行。部分负荷蓄冷策略是按建筑物设计周期所需要的冷量部分由蓄冷装置供给，部分由制冷机供给。在夜间非用电高峰时制冷设备运行，储存部分冷量；白天使用空调期间一部分负荷由蓄冷设备承担，另一部分则由制冷设备承担，制冷机基本上是全天运行。

4. 按照用于蓄冷的介质分类

按照用于蓄冷的介质，有水蓄冷、冰蓄冷、其他相变蓄冷材料蓄冷等。水蓄冷是水作为蓄冷介质，利用水的显热进行冷量储存。冰蓄冷就是将水制成冰，利用冰的相变潜热进行冷量的储存。

在季节性蓄冷中，多采用水或冰来进行。在昼夜蓄冷中，根据具体要求可以采用使用水作为蓄冷介质的显热蓄冷，或利用冰和共晶盐作为蓄冷介质的潜热蓄冷。

12.1.3　蓄冷剂

1. 水

水具有良好的热力学性质，是一种价格低廉、使用方便的蓄冷剂，它已成为目前蓄冷空调应用中进行显热蓄冷的主要材料。一般蓄冷温差为 6～10℃，蓄冷温度为 4～6℃，单位蓄冷能力低，蓄冷体积大，适宜现有工程的改造、规模较小或有其他可资利用水池的工程。

用水做蓄冷剂主要具有以下优点：

1）可以使用常规的制冷机组，设备的选择性和可用性范围广，运行时性能系数高，能耗低。

2）可以在不增加制冷机组容量条件下达到增加供冷容量的目的，适用于常规空调系统的扩容和改造。

3）可以利用消防水池、原有的蓄水设施或建筑物地下基础梁空间等作为蓄冷水槽来降低初投资。

4）技术要求低，维修方便，无需特殊的技术培训。

5）可以实现蓄冷和蓄热双重用途。

用水做蓄冷剂的缺点主要是：

1）水蓄冷只利用显热，其蓄冷密度低，在同样蓄冷量条件下，需要大量的水，使用时受到空间条件的限制。

2）由于一般使用开启式蓄水槽，水和空气接触容易产生菌藻，管路也容易生锈，增加水处理费用。

3）蓄冷槽内不同温度的水容易混合，影响蓄冷效果。

2. 冰

冰是一种廉价易得、使用安全、方便且热容量大的潜热蓄冷材料，在空调蓄冷中使用最为普遍。冰的溶解潜热为 335kJ/kg，在常规空调 7/12℃ 的水温使用范围，其蓄冷量可达 386kJ/kg，是利用水的显热蓄冷量的 17 倍。因此，与水蓄冷相比，储存同样多的冷量，冰蓄冷所需的体积将比水蓄冷所需的体积小得多。

冰蓄冷在制冰过程中，由于蒸发温度较低（-10 ~ -6℃），导致制冷机的性能系数降低，增加了耗电量，限制了常规制冷机的使用。因此，冰蓄冷对制冷设备要求更高，必须进行专门的设计，采取合适的运行和控制方式，从整体上提高系统的性能系数。

冰蓄冷空调系统通常为用户提供 2 ~ 4℃ 的低温冷水，这为加大冷水的利用温差提供了条件。采用低温介质会使空调系统的冷量损失增加，但介质的循环量由于温差的加大而减少，节省输送动力和系统建设投资。近年来，低温送风技术的应用研究，进一步推动了冰蓄冷技术的发展，提高了冰蓄冷空调技术的竞争力。

冰蓄冷与水蓄冷方式相比，尽管存在着系统复杂、制冰蓄冷过程性能系数降低等不利因素，但因其具有蓄冷量大、蓄冷装置紧凑、介质输送系统能耗低和占用空间相对较少等优势，因而，无论在国内与国外，无论是新建筑空调系统的设计或旧建筑空调系统的改造，冰蓄冷技术都成为蓄冷技术的一种主流方式。

3. 共晶盐

相变蓄冷中要求相变材料必须具有适当的相变温度、较高的相变潜热、良好的热物理性质、长期的化学稳定性、来源较方便、价格较低。目前最常用的相变物质是共晶盐，它是由无机盐、水、促凝剂和稳定剂等多种原料调配而成的混合物。适当的改变添加剂及其配方，就可以获得所需要的相变温度的溶液，目前已开发出相变温度低至 -11℃，高至 27℃ 的共晶盐材料。目前应用较广泛的是相变温度约为 8 ~ 9℃ 的共晶盐蓄冷材料，其相变潜热约为 95kJ/kg。共晶盐具有无毒、不燃烧，不会发生生物降解，在固液相变过程中不会发生膨胀和收缩等特性。

一般来说，共晶盐蓄冷系统中蓄冷槽的体积比冰蓄冷槽大，比水蓄冷槽小。其主要优越性在于它的相变温度较高，可以克服冰蓄冷要求很低的蒸发温度的弱点，并可以使用普通的空调冷水机组。

相变蓄冷与冰蓄冷比较有两个特点：一是释冷的温度较高，能够很好地与常规制冷、空调设备配合使用；二是占用体积大，消耗同样的电量相变蓄冷贮槽的体积是 $0.048m^3/kW \cdot h$，而其他冰蓄冷系统所需的体积是 $0.019 \sim 0.027m^3/kW \cdot h$。从设备投资和占用建筑空间方面评价，共晶盐蓄冷介于冰蓄冷和水蓄冷之间，具有相当好的适应性，有良好的应用前景。但目前由于共晶盐的材料品种单一、价格较高，其应用范围也受到了一定的限制。

表 12-1 中列出了三种主要蓄冷方法性能的比较，三种方式各有利弊，可以根据具体情况分析选用。

表 12-1　三种主要蓄冷方式性能的比较

项目	水蓄冷系统	冰蓄冷系统	共晶盐蓄冷系统
蓄冷槽体积/m^3	8 ~ 10	1*	2 ~ 3
蓄冷温度/℃	5 ~ 7	0	5 ~ 9
机组效率	1*	0.6 ~ 0.7	0.92 ~ 0.95
冷量损失	一般	大	小
不冻液需否	否	需	否
泵-风机性能	1*	0.7	1.05
投资比较	约 0.6	1*	1.3 ~ 2.0

注：*为参考基准。

蓄冷技术小结

1. 蓄冷技术是指利用蓄冷剂将冷量（热量）蓄存起来加以合理应用的技术，其最大特点是可以削峰填谷，平衡电力负荷。
2. 蓄冷方式主要有显热蓄冷、潜热蓄冷，常用的蓄冷剂有水、冰、共晶盐。

12.2　蓄冷系统

12.2.1　水蓄冷系统

水蓄冷系统一般是以普通制冷机作为冷源，以保温槽为蓄冷装置，加上其他辅助设备、连接管与控制系统等构成。基本上是在常规空调系统的基础上，增加蓄冷槽及其辅助设备，是一种最为简单的蓄冷系统形式。如图 12-1 所示是水蓄冷系统的代表性流程图。图中表示用户侧进水温度是 7℃，回水温度是 15℃。蓄冷时，保温槽内水的温度由 15℃降至 7℃；释冷时，保温槽内水的温度逐渐由 7℃升至 15℃。这种情况下，在冷源侧需要设置旁通管，通过三通阀来调节冷水机组以满足 7/12℃和 7/15℃的水温参数要求。目前常用的水蓄冷形式主要有四种：分层式水蓄冷、隔膜式水蓄冷、空槽式水蓄冷和迷宫式水蓄冷。

1. 分层式水蓄冷系统

分层式水蓄冷系统常常使用一个很大的蓄冷槽储存温度为 4.4 ~ 7.2℃的冷冻水。储存的冷冻水可以补偿供电高峰时的制冷机负荷，从而将制冷机的负荷转到供电低谷时降低能耗成本。在冷槽中的水由于自身重量的不同可以分成三个区域：从空气处理器返回的上部较热的回水，中间层有较陡温度梯度的水流，下部制冷机的冷水。分层式水蓄冷系统和制冷机房包括以下设备：制冷机、圆柱形蓄冷槽、泵、管道、空气系统控制设备及其附属设备。

水的密度和水的温度密切相关，在水温约为4℃时，水的密度最大，当水温大于4℃时，温度升高而密度减少；当水温在0~4℃范围内，温度升高密度增大。分层式水蓄冷系统就是根据不同水温会使密度大的水自然聚集在蓄水槽的下部，形成高密度的水层来进行的。在分层蓄冷时，通过使4~6℃的冷水聚集在蓄冷槽的下部，6℃以上的温水自然地聚集在蓄冷槽的上部，来实现冷温水的自然分层。自然分层水蓄冷系统的原理如图12-2所示。在蓄冷槽的上、下设置了两个均匀分布水流的散流器，在蓄冷和释冷的过程中，温水始终从上部散流器流入或流出，而冷水始终从下部散流器流入或流出，以便达到自然分层的要求，尽可能形成上、下分层水的各自水平移动，避免温水和冷水的相互混合。在蓄冷过程中，阀门F1和F2关闭，水泵B停开；F3和F4打开，水泵A和冷水机组运行。从冷水机组来的冷水通过F3，由下部散流器缓慢流入蓄水槽，而温水从上部散流器缓慢流出，通过F4和水泵A进入冷水机组的蒸发器制备冷水。由于蓄水槽中总的水量不变，随着冷水量的增加，温水量的减少，斜温层向上移动，直到槽中全部为冷水为止。在释冷过程中，阀门F3和F4关闭，水泵A和冷水机组停止运行；F1和F2打开，水泵B运行。从空调用户回来的温水通过阀门F2由上部散流器缓慢流入蓄水槽，而冷水由下部散流器缓慢流出，通过F1和水泵B送到用户，与空气进行热湿交换，温度升高，再进入蓄水槽，直到蓄水槽中全部为温水为止。

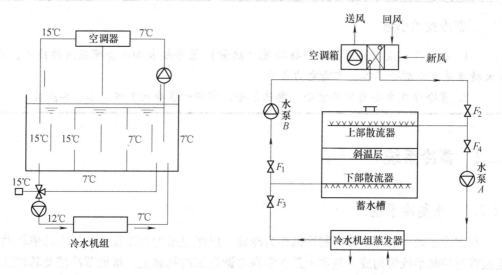

图12-1　水蓄冷系统流程示意图　　　　　图12-2　自然分层水蓄冷系统

如图12-2所示的开式流程是水蓄冷空调系统中最常用的。其主要特点是系统简单，一次性投资少，温度梯度损失小，蓄冷效率高以及直接向用户供冷等。

2. 隔膜式水蓄冷系统

隔膜式水蓄冷系统是在蓄水槽中加一层隔膜，将蓄水槽中的温水和冷水隔开。隔膜可垂直放置也可水平放置，这样相应构成了垂直隔膜式水蓄冷空调系统和水平隔膜式水蓄冷空调系统，分别如图12-3、图12-4所示。

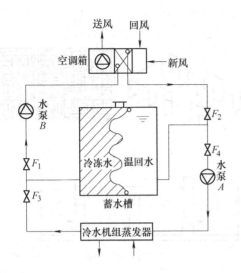

图 12-3 垂直隔膜式水蓄冷系统

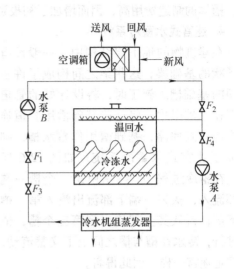

图 12-4 水平隔膜式水蓄冷系统

　　一般隔膜都是由橡胶制成一个可以左右或上下移动的刚性隔板。要注意防止隔板和蓄水槽壁间渗水，从而引起温、冷水的混合。垂直隔膜由于水流的前后波动，易发生破裂等，因而其使用逐渐减少。水平隔膜采用较多，以上下波动方式分隔温水和冷水，利用水温不同所产生的密度差，将温水贮存在冷水的上面，即使发生破裂等损坏也能靠自然分层来防止温、冷水的混合，减少蓄冷量的损失。

3. 空槽式水蓄冷系统

　　空槽式水蓄冷系统，在蓄冷和释冷转换时，总有一个蓄水槽是空的，因此得名。如图 12-5 所示，该系统共有四个蓄水槽，开始蓄冷时，槽 1 是空的，温水从槽 2 中抽出，通过阀门 F18、F14、F15、F16、F3 和冷水机组制冷，水泵 A、F5、F9，进入槽 1。当槽 1 被冷水充满时，槽 2 中的温水正好被抽光。接着槽 3 和槽 4 的温水依次按上述方式制成冷水进入槽 2 和槽 3，直到槽 4 空槽为止，蓄冷结束。释冷开始时，槽 4 是空的，从槽 3 抽出的冷水流经阀门 F19、F14、F13 、F4、F1 和空调用户、水泵 B、F12 进入槽 4。当槽 3 中的冷水被抽光时，槽 4 中正好充满温水。接着槽 2 中冷水流经用户升温后，进入槽 3；槽 2 中

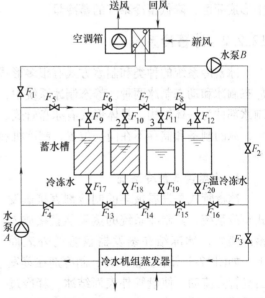

图 12-5 空槽式水蓄冷系统

的冷水同样升温后进入槽 3，直至槽 1 空槽为止，释冷结束。槽的数量和容量可根据用电和空调负荷情况确定。

　　这种水蓄冷系统方式可以避免温、冷水的混合所造成的冷量损失，具有较高的蓄冷效率。它可以用于夏天蓄冷，也可用于冬天蓄热。但系统中管道布置复杂，阀门多，自控要求

高，槽体的制造费用高，因而增加了初投资。

4. 迷宫式水蓄冷系统

在建筑物的地下层结构中，一般设有格子状的基础梁，这些梁之间构成了许多空间的基础槽。施工时，将设计好的管道预埋在基础梁中，将这些基础槽用管道连接成迷宫式回路，基础槽用作蓄水槽，则形成了迷宫式水蓄冷系统，如图 12-6 所示。在蓄冷过程中，冷水由第一个槽一端上部流入，从另一端下部流出流入第二槽的下部，再从其上部流出到第三个槽，依次进行，冷水在槽与槽之间上下交替流动，好像走迷宫一样，因此得名。

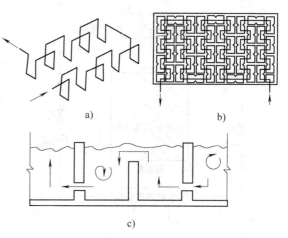

迷宫式水蓄冷系统利用地下层结构中的基础槽作为蓄水槽，不必设置专门的蓄

图 12-6　迷宫式水蓄冷系统示意图
a）水流示意图　b）平面图　c）断面图

水槽，节省了初投资；同时由于蓄冷槽是由多道墙体隔离的许多小槽所组成的，这样对不同水温的冷水的分离效果较好。另外，由于在蓄冷和释冷过程中，水交替从上部和下部的入口流入小蓄水槽中，每相邻的小蓄水槽中，温水从下部入口流入或冷水从上部入口流入，这样容易产生浮力，造成混合；流速过高会导致扰动和温、冷水的混合，流速太低会在小蓄水槽中形成死区，降低蓄冷系统的蓄冷量。

12.2.2　冰蓄冷系统

冰蓄冷系统的种类和制冰方式有很多形式，根据制冰方法分类，可以将冰蓄冷系统分成静态制冰和动态制冰两种。静态制冰系统中，冰的制备和融化在同一位置进行，蓄冰设备和制冰部件为一体结构，具体形式有冰盘管式、完全冻结式和封装式蓄冷系统。动态制冰系统中，冰的制备和储存不在同一位置，制冰机和蓄冰槽相对独立，如制冰滑落式、冰晶式系统等。

1. 冰盘管式蓄冷系统

冰盘管式是发展最早的制冷剂直接蒸发式蓄冷系统，其制冷系统的蒸发器直接放入蓄冷槽中，冰冻结在蒸发器盘管的外表面上，如图 12-7 所示。蓄冰时，制冷剂在蒸发器盘管内流动，使盘管外表面结冰。释冷过程采用外融冰方式，从空调用户侧流回的温度较高的回水进入蓄冰槽与冰接触，冰由外

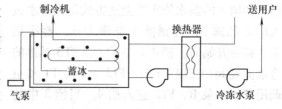

图 12-7　冰盘管式蓄冷系统

向内融化，产生温度较低的冷水提供给空调用户直接使用，或经过换热设备间接使用。

蓄冰过程中，随着盘管外表面冰层厚度的增加，盘管表面和水之间的热阻增大，盘管内制冷剂的蒸发温度将会降低，导致压缩机功耗增大。为此，必须增大传热面积或减少结冰厚度。为防止盘管间产生"冰桥"现象并控制冰层的厚度，需要设置厚度控制器或增加盘管

的中心距。蓄冰槽的蓄冰率 IPF 一般保持在 40% ~50% ，即蓄冰槽内应保持 50% 以上的水，确保能够正常抽取低温冷水使用并进行融冰。

蓄冰槽内的结冰和融冰的均匀是蓄冷和释冷效果好坏的一个重要因素。为了使蓄冰槽内的结冰和融冰均匀，一般在槽内设置空气搅拌器。将压缩空气送至蓄冷槽的底部，利用空气的浮力产生大量气泡升起搅动水流。在制冰过程中，水的扰动使槽内的水温快速均匀降低，从而使盘管外的结冰厚度趋于一致。在融冰释冷过程中，扰动使进入槽内的水流分布均匀，加速冰的融化。在融冰临近结束时，管外的冰很薄，冰层之间的间距增大，空气的扰动将避免水流的短路，改善融冰的效果。蓄冰槽可以用钢筋水泥制成，内加保温层，也可以用钢板焊接而成，外加保温层。由于系统一般是开式的，还可以用砖砌成，内加保温层。

冰盘管式蓄冷系统由于融冰、释冷速度快，非常适用于工业制冷和低温送风空调系统。

2. 完全冻结式蓄冷系统

完全冻结式蓄冷系统大多由一组规格化制造的模糊化蓄冰桶（槽）多只并联构成，蓄冰桶（槽）内的盘管中通以二次（中间）冷媒（一般为乙二醇水溶液）。完全冻结式蓄冷系统是将冷水机组制备的低温二次冷媒送入蓄冷槽中的盘管内，使管外 90% 以上的水冻结成冰，因此称为完全冻结式。其系统原理如图 12-8 所示。释冷过程一般采用内融冰方式，从空调用户侧流回的温度较高的乙二醇水溶液进入蓄冰槽，在盘管内流动，将管外

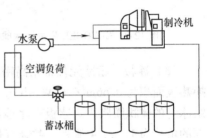

图 12-8　完全冻结式蓄冷系统

的冰融化，融冰过程首先是乙二醇水溶液通过盘管直接与管外的冰进行热交换，使管外的冰融化成水，附着在管外壁周围；接着是乙二醇水溶液通过盘管和管外的水把热量传给与水接触的冰。融冰过程对于冰块来讲，首先是从内部开始的。在融冰时，传热首先是以传导为主，接着是以传导和对流为主。

完全冻结式蓄冷由于采用二次冷媒，在蓄冰和融冰使用过程中均需增加间接热交换设备，因而在换热效率方面有一定影响。这种形式的蓄冷设备的主要特点是蓄冰率 IPF 较大（在 90% 以上），而且释冷速度也比较稳定。在融冰后期，由于冰的密度比水小，冰向上浮，乙二醇水溶液通过管壁直接与下部的水进行热交换，下部冰很薄以至很快断开，冰块浮在水上，形成冰水混合物，水的温度升高，融冰速度会很快。

3. 封装式蓄冷系统

封装式蓄冷系统采用水或有机盐溶液作为蓄冷介质，将蓄冷介质封装在塑料密封件内，再把这些装有蓄冷介质的密封件堆放在密闭的金属贮罐内或开放的贮槽中一起组成蓄冰装置。蓄冰时，制冷机组提供的低温二次冷媒（乙二醇水溶液）进入蓄冷装置，使封装件内的蓄冷介质结冰；释冷时，仍以乙二醇水溶液作为载冷剂，将封装件内冷量取出，直接或间接（通过热交换装置）向用户供冷。

封装式蓄冰装置按封装件形式的不同有所不同，目前主要有三种：

（1）冰球　冰球式封装件直径一般为 5 ~10cm。美国 CRYOGEL 公司生产的冰球如图 12-9 所示，表面上有许多凹坑，当水结冰膨胀时，凹陷能外凸成光滑圆球形。蓄冰球外壳可用高密度聚乙烯烃材料制成，球内充注具有高相变潜热的蓄能水溶液。我国相关企业开发生产的齿球式冰球和波纹式冰球在改善传热效果或适应体积胀缩方面具有自身的特点。

（2）**蕊心冰球** 冰球外壳由 PE 塑料吹制而成，其外形设计有伸缩段，有利于其贮冰、融冰过程中的膨胀和收缩。在冰球的中心放置金属蕊心并附有铝鳍片以促进冰球的传热导，使换热能在冰球表面与中心处同时进行，从而使制冰效率和速率明显提高，其金属配重作用也可避免冰球在开敞式贮槽制冰时浮起。蕊心冰球结构如图 12-10 所示。

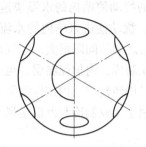

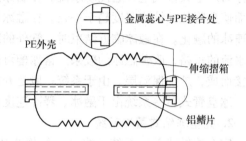

图 12-9　CRYOGEL 公司的冰球外形　　　　图 12-10　蕊心冰球结构图

（3）**冰板** 蓄冰元件采用高密度聚乙烯材料，制成中空扁平板，在板内充注去离子水，换热表面积为 $0.66m^2/$（kW·h）。内部充填的水溶液约占90%空间，预留10%的空间作为结冰时的体积膨胀用。冰板有序地放置在圆形卧式密封罐内，约占贮罐体积的80%，载冷剂的可分为1、2、4流程。贮罐直径为 $1.5 \sim 3.6m$，长度为 $2.4 \sim 21m$。冰板结构如图 12-11 所示。

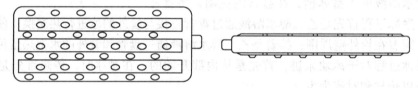

图 12-11　冰板结构图

封装式的蓄冷容器分为密闭式贮罐和开敞式贮槽。密闭式贮罐由钢板制成圆柱形，根据安装方式又可分为卧式和立式。开敞式贮槽通常为矩形，可采用钢板、玻璃钢加工，也可采用钢筋混凝土现场浇筑。蓄冷容器可布置在室内或室外，也可埋入地下，在施工过程中应妥善处理保温隔热以及防腐或防水问题，尤其应采取措施保证乙二醇水溶液在容器内和封装件内均匀流动，防止开敞式贮槽中蓄冰元件在蓄冷过程中向上浮起。

典型的封装式蓄冷系统如图 12-12 所示。在制冰时，由蓄冰泵将载冷剂送至制冷机组降温后送入蓄冰槽和密封件进行热交换，将其内的水溶液降温至零度以下，水溶液开始发生相变而结冰，而载冷剂则升温离开蓄冰槽，再用泵送入制冷机组降温，密封件依照载冷剂流动接触顺序先后结冰，至结冰末阶段时，蓄冰槽内密封件完全冻结后，载冷剂离开蓄冰槽的温度约降至 $-5℃$ 时，则控制制冷机组停机，完成制冰过程。在融冰时，由融冰泵将蓄冰槽中的载冷剂抽送至热交换器与空调回水进行热交换来满足空调负荷的需求。

4. 制冰滑落式蓄冷系统

制冰滑落式蓄冷系统以制冰机为制冷设备，以保温的槽体为蓄冷设备。制冰机单机容量为 $35 \sim 530kW$，现场组装的带水冷冷凝器的蓄冷装置容量可达 1400kW。蓄冷槽体体积一般为 $0.024 \sim 0.027m^3/$（kW·h）。如图 12-13 所示为制冰滑落式蓄冷系统的原理图。

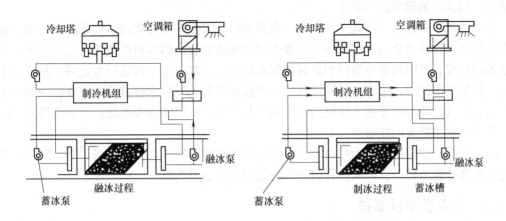

图 12-12　封装式蓄冷系统流程图

该系统可以在冰蓄冷和水蓄冷两种蓄冷模式下运行。当在冰蓄冷模式下运行时，制冷剂在蒸发器内蒸发为气态（蒸发温度为 $-9 \sim -4$℃），使喷洒在蒸发器外表面的水冻结成冰，待冰达到一定厚度（一般控制在 $3 \sim 6.5$mm）时，进行切换，进入收冰阶段，压缩机的排气以不低于 32℃的温度进入蒸发器，使蒸发器外侧的冰脱落进入蓄冰槽内。蓄冰槽的蓄冰率一般为 40% ~50%。这样结冰和收冰过程反复进行，直至蓄冰过程结束；释冰时，从用户返回的温水直接喷洒在蒸发器的外表面上，进行结冰和收冰过程，蓄冰槽提供的低温冷水直接或间接供给用户使用。当在水蓄冷模式下运行时，蒸发器内制冷剂和外侧从用户返回的温水进行热交换，使水的温度下降，落至蓄冷槽内，然后送给用户使用。

在该系统中，由于片状的冰具有很大表面积，热交换性能好，所以有较高的释冰速率。通常情况下，即使蓄冰槽内 80% ~90% 冰被融化，仍能保持释冷温度不高于 2℃。因此，尤其适合于尖峰用冷的场合，当用于大温差低温空调系统时，有利于进一步节省投资。当然这种系统蓄冷装置初投资较高，设备用房对层高也会有不利的要求。

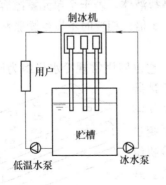

图 12-13　制冰滑落式蓄冷系统原理图

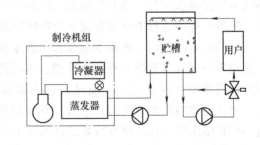

图 12-14　冰晶式蓄冷系统示意图

5. 冰晶式蓄冷系统

冰晶式空调系统如图 12-14 所示。特殊设计的制冷机组将蓄冷介质（8% 的乙二醇水溶液）冷却到冰结点温度以下，形成非常细小的均匀冰晶；直径 $100\mu m$ 的冰晶和乙二醇水溶液在一起，形成泥浆状的液冰，也被称为冰泥。冰晶或冰泥贮存在蓄冰槽内，当有空调负荷要求时，取其冷量满足用户要求。

这种系统不像制冰滑落式，冰制到一定程度时，需要热流体流过，使冰脱落下来。蓄冰槽也不像冰球式或盘管式，在其内要设置大量冰球或盘管。因而蓄冰槽的构造很简单，只要有足够的强度、足够的蓄冷容积和良好的保温即可。另外，由于该系统生成的冰晶直径小而均匀，其换热面积大，融冰、释冰速度快，并且冰晶和乙二醇水溶液均匀混合在一起，不像其他冰蓄冷系统容易在冰桶或冰槽内产生冰桥和死角，所以制冰和融冰速度快而稳定，同样的管径可以输送较大的冷量。

冰晶式蓄冷空调系统最大的缺点是制冷设备需要特殊设计和制造，费用高，同时，其制冷能力和蓄冷能力偏小，因此，目前还不适用于大型空调系统。

12.2.3 共晶盐蓄冷系统

共晶盐蓄冷系统的蓄冷原理和冰蓄冷基本相同，系统的组成则与水系统相似。在工程应用中，通常将共晶盐混合物封装在塑料盒内，并将一定数量的这种封装盒层叠放置于蓄冷槽内构成共晶盐蓄冷装置，使水从盒间流过，封装盒及其构件在蓄冷槽占 2/3 的容积，蓄冷槽同时也用作换热器。蓄冷槽一般采用开敞式，以钢筋混凝土现场浇筑为多，也可用钢板加工而成。由于共晶盐在发生相变时都有一定程度的密度和体积的变化，这就要求盛装共晶盐的容器能够承受压力周期性变化的影响，具有足够的强度和刚度。否则，容易产生疲劳断裂，发生泄漏。有些共晶盐与空气接触会吸收水分，从而失去蓄冷的能力；有些共晶盐会氧化或失去水分，影响其蓄冷能力。

共晶盐在实际应用过程中要防止层化现象的发生。所谓层化就是共晶盐在过饱和状态下溶解时，部分无机盐灰沉淀在容器的底部，相应地使一部分液体浮在容器上方的现象。层化现象若不阻止，将会使共晶盐在使用一段时间后损失近 40% 的溶解热，使其蓄冷能力仅剩下 60%。影响层化的因素很多，包括容器的厚度、材料、形状，共晶盐的种类以及成核方法等。共晶盐蓄冷装置以美国 Transphase 公司的 T 形产品为代表。它以板式封装件为单元蓄冰容器，内部充满五水硫酸钠化合物为主要成分的共晶盐液体。若干个单元蓄冰容器在蓄冰槽内有序排列和定位，加上共晶盐溶液的密度为水的 1.5 倍，相变时不发生膨胀和收缩，所以在充冷、释冷过程中单元容器不会产生浮动。

共晶盐蓄冷空调系统基本组成和水蓄冷系统相同，它也使用常规冷水机组为制冷设备，一般也采用开式水系统和开式蓄冷槽；不同的是此时蓄冰装置使用的蓄冷介质不是水，而是封装在容器内的共晶盐溶液，单从蓄冰装置的结构形式来看，它与封装件蓄冷系统也有一些相似之处。共晶盐蓄冷系统在流程上通常把制冷机组与蓄冰装置串联连接，制冷机组可以布置在上游或下游。共晶盐蓄冷空调系统在设计、运行管理等方面都有自己的特点，在工程中应用要根据具体情况，尽可能减少制冷机组的运行时间和节约能源。

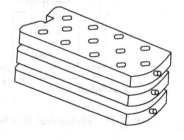

图 12-15　板状蓄冰容
器叠放示意图

共晶盐溶液可以封装在不同形状的蓄冰容器中，一般有球状、管状和板状，目前应用最多的是板状。如图 12-15 所示是板状蓄冰容器叠放在一起的示意图。

蓄冷系统小结

1. 常用的蓄冷系统有水蓄冷系统、冰蓄冷系统和共晶盐蓄冷系统。

2. 水蓄冷系统一般以普通制冷机作为冷源，以保温槽为蓄冷装置，加上其他辅助设备组成，常用的水蓄冷形式主要有四种：分层式水蓄冷、隔膜式水蓄冷、空槽式水蓄冷和迷宫式水蓄冷。

3. 冰蓄冷系统常见形式有冰盘管式、完全冻结式、封装式、制冰滑落式和冰晶式系统等。

4. 共晶盐蓄冷系统使用常规冷水机组为制冷设备，将共晶盐溶液封装在不同形状的蓄冰容器中进行蓄冷。

思考与练习

12-1 什么叫蓄冷技术？有什么特点？

12-2 蓄冷技术有哪些类型？

12-3 常用的蓄冷剂有哪些？各有什么特点？

12-4 水蓄冷系统的工作原理是什么？可分为哪几类？

12-5 冰蓄冷系统有哪几类？

附　　录

附录 1　R717 饱和液体及饱和蒸气热力性质表、压-焓图

附表 1　R717 饱和液体及饱和蒸气热力性质表

温度 t /℃	压力 p /kPa	比焓/(kJ/kg)		比熵/[kJ/(kg·K)]		比体积/(L/kg)	
		液体 h′	气体 h″	液体 s′	气体 s″	液体 v′	气体 v″
−60	21.86	−69.699	1371.333	−0.10927	6.65138	1.4008	4715.8
−55	30.09	−48.732	1380.388	−0.01209	6.53900	1.4123	3497.5
−50	40.76	−27.489	1387.182	0.08412	6.43263	1.4242	2633.4
−45	54.40	−5.919	1397.887	0.17962	6.33175	1.4364	2010.6
−40	71.59	15.914	1405.887	0.27418	6.23589	1.4490	1555.1
−35	93.00	38.046	1413.754	0.36797	6.14461	1.4619	1217.3
−30	119.36	60.469	1421.262	0.46089	6.0575	1.4753	963.49
−28	131.46	69.517	1424.170	0.49797	6.02374	1.4808	880.04
−26	144.53	77.870	1426.993	0.53483	5.99056	1.4864	805.11
−24	158.63	87.742	1429.762	0.57155	5.95794	1.4920	737.70
−22	173.82	96.916	1432.465	0.60813	5.92587	1.4977	676.97
−20	190.15	106.130	1435.100	0.64458	5.89431	1.5035	622.14
−18	207.07	115.381	1437.665	0.68108	5.86325	1.5093	572.57
−16	226.47	124.668	1440.160	0.71702	5.83268	1.5153	527.68
−14	246.59	133.988	1442.581	0.75300	5.80256	1.5213	486.96
−12	268.10	143.341	1444.929	0.78883	5.77289	1.5274	449.97
−10	291.06	152.723	1447.201	0.82448	5.74365	1.5336	416.32
−9	303.12	157.424	1448.308	0.84224	5.72918	1.5067	400.63
−8	315.56	162.132	1449.396	0.86026	5.71481	1.5399	385.65
−7	328.40	166.846	1450.464	0.87772	5.70054	1.5430	371.35
−6	341.64	171.567	1451.513	0.89526	5.68637	1.5462	357.68
−5	355.31	176.293	1452.541	0.91254	5.67229	1.5495	344.61
−4	369.39	181.025	1453.550	0.93037	5.65831	1.5527	332.12
−3	383.91	185.761	1454.468	0.94785	5.64441	1.5560	320.17
−2	398.88	190.503	1455.505	0.96529	5.63061	1.5593	308.74
−1	414.29	195.249	1456.452	0.98267	5.61689	1.5626	297.74
0	430.17	200.000	1457.739	1.00000	5.60326	1.5660	287.31
1	446.52	204.754	1458.284	1.01728	2.58970	1.5693	277.28
2	463.34	209.512	1459.168	1.03451	5.57642	1.5727	267.66
3	480.66	214.273	1460.031	1.05168	5.56286	1.5762	258.45
4	498.47	219.038	1460.873	1.06880	5.54954	1.5796	249.61
5	516.79	223.805	1461.693	1.08587	5.53630	1.5831	241.14
6	535.63	228.574	1462.492	1.10288	5.52314	1.5866	233.02
7	554.99	233.346	1463.269	1.11966	5.51006	1.5902	225.22
8	574.89	238.119	1464.023	1.13672	5.49705	1.5937	217.74
9	595.34	242.894	1463.757	1.15365	5.48410	1.5973	210.55
10	616.35	247.670	1465.466	1.17034	5.47123	1.6010	203.65

（续）

温度 t /℃	压力 p /kPa	比焓/（kJ/kg）		比熵/[kJ/（kg·K）]		比体积/（L/kg）	
		液体 h'	气体 h"	液体 s'	气体 s"	液体 v'	气体 v"
11	637.92	252.447	1466.154	1.18706	5.45842	1.6046	197.02
12	660.07	257.225	1466.820	1.20372	5.44568	1.6083	190.65
13	682.80	262.003	1467.462	1.22032	5.43300	1.6120	184.53
14	706.13	266.781	1468.082	1.23686	5.42039	1.6158	178.64
15	730.07	271.559	1468.680	1.25333	5.40784	1.6196	172.98
16	754.62	276.336	1469.250	1.26974	5.39534	1.6234	167.54
17	779.80	281.113	1469.805	1.28609	5.39291	1.6273	162.30
18	805.62	285.888	1470.332	1.30238	5.37054	1.6311	157.25
19	832.09	290.662	1470.836	1.32660	5.35824	1.6351	152.40
20	859.22	295.435	1471.317	1.33476	5.34595	1.6390	147.72
21	887.01	300.205	1471.774	1.35085	5.33374	1.64301	143.22
22	915.48	304.975	1472.207	1.36687	5.32158	1.64704	138.88
23	944.65	309.741	1472.616	1.38283	5.30948	1.65111	134.69
24	974.52	314.505	1473.001	1.39873	5.29742	1.65522	130.66
25	1005.1	319.266	1473.362	1.41451	5.28541	1.65936	126.78
26	1036.4	324.025	1473.699	1.43031	5.27345	1.66354	123.03
27	1068.4	328.780	1474.011	1.44600	5.26153	1.66776	119.41
28	1101.2	333.532	1474.839	1.46163	5.24966	1.67203	115.92
29	1134.7	338.281	1474.562	1.47718	5.23784	1.67633	112.56
30	1169.0	343.026	1474.801	1.49269	5.22605	1.68068	109.30
31	1204.1	347.767	1475.014	1.50809	5.21431	1.68507	106.17
32	1240.0	252.504	1475.175	1.52345	5.20261	1.68950	103.13
33	1276.7	257.237	1475.366	1.53872	5.19095	1.69398	100.21
34	1314.1	261.966	1475.504	1.55397	5.17932	1.69850	97.376
35	1352.5	366.691	1475.616	1.56908	5.16774	1.70307	94.641
36	1391.6	371.411	1475.703	1.58416	5.15619	1.70769	91.998
37	1431.6	376.127	1475.765	1.59917	5.14467	1.71235	89.442
38	1472.4	380.838	1475.800	1.61411	5.13319	1.71707	86.970
39	1514.1	385.548	1475.810	1.62897	5.12174	1.72183	84.580
40	1556.7	390.247	1475.795	1.64379	5.11032	1.72665	82.266
41	1600.2	394.945	1475.750	1.65852	5.09894	1.73152	80.028
42	1644.6	399.639	1475.681	1.67319	5.08758	1.73644	77.861
43	1689.9	404.320	1475.586	1.68780	5.07625	1.74142	75.764
44	1736.2	409.011	1475.463	1.70234	5.06495	1.74645	73.733
45	1783.4	413.690	1475.314	1.71681	5.05367	1.75154	71.766
46	1831.5	418.366	1475.137	1.73122	5.04242	1.75668	69.860
47	1880.6	423.037	1474.934	1.74556	5.03120	1.76189	68.014
48	1930.7	427.704	1474.703	1.75984	5.01999	1.76716	66.225
49	1981.8	432.267	1474.444	1.77406	5.00881	1.77249	64.491
50	2033.8	437.026	1474.157	1.78821	4.99765	1.77788	62.809
51	2086.9	441.682	1473.840	1.80230	4.98651	1.78334	61.179
52	2141.1	447.334	1473.500	1.81634	4.97539	1.78887	59.598
53	2196.2	450.984	1473.138	1.83031	4.96428	1.79446	58.064
54	2252.5	455.630	1472.728	1.84432	4.95319	1.80013	56.576
55	2309.8	460.274	1472.290	1.85808	4.94212	1.80586	55.132

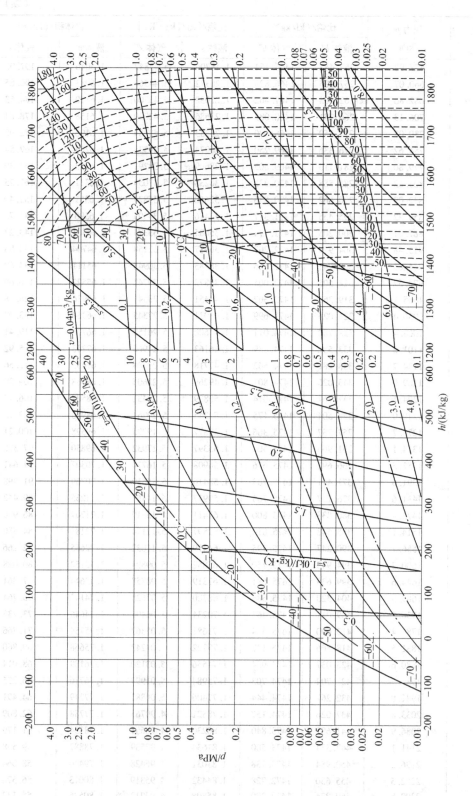

附图 1 R717 的压-焓图

附录2　R134a 饱和液体及饱和蒸气热力性质表、压-焓图

附表 2　R134a 饱和液体及饱和蒸气热力性质表

温度 t /℃	压力 p /kPa	比焓/(kJ/kg)		比熵/[kJ/(kg·K)]		比体积/(L/kg)	
		液体 h'	气体 h"	液体 s'	气体 s"	液体 v'	气体 v"
−85	2.56	94.12	345.37	0.5348	1.8702	0.64884	5899.997
−84	2.78	95.18	345.97	0.5416	1.8675	0.65022	5515.059
−83	3.03	96.36	346.58	0.5480	1.8639	0.65143	5097.447
−82	3.29	97.54	347.19	0.5543	1.8604	0.65262	4715.850
−81	3.57	98.71	347.80	0.5606	1.8569	0.65382	4366.959
−80	3.87	99.89	348.41	0.5668	1.8535	0.65501	4045.366
−79	4.19	101.04	349.02	0.5731	1.8503	0.65623	3759.812
−78	4.54	102.20	349.63	0.5792	1.8471	0.65744	3493.348
−77	4.91	103.36	350.24	0.5853	1.8439	0.65864	3248.319
−76	5.30	104.51	350.86	0.5914	1.8409	0.65986	3025.483
−75	5.72	105.68	351.48	0.5974	1.8379	0.66106	2816.477
−74	6.17	106.83	352.09	0.6034	1.8349	0.66227	2626.073
−73	6.65	107.99	352.71	0.6094	1.8320	0.66349	2450.663
−72	7.16	109.16	353.33	0.6153	1.8292	0.66471	2288.719
−71	7.70	110.33	353.95	0.6212	1.8264	0.66591	2137.182
−70	8.27	111.46	354.57	0.6272	1.8239	0.66719	2004.070
−69	8.88	112.64	355.19	0.6330	1.8211	0.66840	1873.702
−68	9.53	113.83	355.81	0.6388	1.8184	0.66960	1752.404
−67	10.22	115.00	356.44	0.6446	1.8158	0.67083	1641.775
−66	10.95	116.19	357.06	0.6504	1.8132	0.67205	1538.115
−65	11.72	117.38	357.68	0.6562	1.8107	0.67327	1442.296
−64	12.53	118.57	358.31	0.6619	1.8082	0.67450	1353.013
−63	13.40	119.76	358.93	0.6676	1.8057	0.67574	1270.244
−62	14.31	120.96	359.56	0.6733	1.8033	0.67697	1193.497
−61	15.27	122.16	360.19	0.6790	1.8010	0.67822	1122.071
−60	16.29	123.37	360.81	0.6847	1.7987	0.67947	1055.363
−59	17.36	124.57	361.44	0.6903	1.7964	0.68073	993.557
−58	18.49	125.78	362.07	0.6959	1.7942	0.68199	935.875
−57	19.68	126.99	362.70	0.7016	1.7920	0.68326	882.258
−56	20.93	128.20	363.32	0.7072	1.7900	0.68455	832.420
−55	22.24	129.42	363.95	0.7127	1.7878	0.68583	785.161
−54	23.63	130.64	364.58	0.7183	1.7858	0.68712	741.612
−53	25.08	131.86	365.21	0.7239	1.7838	0.68843	700.754
−52	26.61	133.08	365.84	0.7294	1.7819	0.68973	662.603
−51	28.21	134.31	366.47	0.7349	1.7800	0.69105	626.867
−50	29.90	135.54	367.10	0.7405	1.7782	0.69238	593.412

(续)

温度 t /℃	压力 p /kPa	比焓/(kJ/kg)		比熵/[kJ/(kg·K)]		比体积/(L/kg)	
		液体 h'	气体 h''	液体 s'	气体 s''	液体 v'	气体 v''
-49	31.66	136.77	367.73	0.7460	1.7763	0.69372	561.993
-48	33.51	137.99	368.36	0.7515	1.7747	0.69510	533.282
-47	35.44	139.24	368.99	0.7569	1.7728	0.69642	505.116
-46	37.47	140.47	369.62	0.7624	1.7713	0.69782	479.896
-45	39.58	141.72	370.25	0.7678	1.7695	0.69916	454.926
-44	41.80	142.96	370.88	0.7733	1.7679	0.70055	432.125
-43	44.11	144.21	371.51	0.7787	1.7663	0.70194	410.626
-42	46.53	145.46	372.14	0.7841	1.7647	0.70334	390.430
-41	49.05	146.71	372.77	0.7895	1.7632	0.70476	371.402
-40.00	51.69	147.96	373.40	0.7949	1.7618	0.70619	353.529
-39.00	54.44	149.22	374.03	0.8002	1.7603	0.70762	336.610
-38.00	57.30	150.48	374.66	0.8056	1.7589	0.70907	320.695
-37.00	60.28	151.74	375.29	0.8109	1.7575	0.71053	305.661
-36.00	63.39	153.00	375.91	0.8162	1.7562	0.71200	291.481
-35.00	66.63	154.26	376.54	0.8216	1.7549	0.71348	278.087
-34.00	69.99	155.53	377.17	0.8269	1.7536	0.71497	265.480
-33.00	73.50	156.78	377.80	0.8322	1.7526	0.71654	254.035
-32.00	77.14	158.07	378.42	0.8374	1.7512	0.71799	242.169
-31.00	80.92	159.35	379.05	0.8427	1.7500	0.71951	231.457
-30.00	84.85	160.62	379.67	0.8479	1.7488	0.72105	221.302
-29.00	88.94	161.90	380.30	0.8532	1.7477	0.72260	211.679
-28.00	93.17	163.18	380.92	0.8584	1.7466	0.72416	202.582
-27.00	97.57	164.47	381.55	0.8636	1.7455	0.72574	193.928
-26.00	102.13	165.75	382.17	0.8688	1.7444	0.72732	185.709
-25.00	106.86	167.04	382.79	0.8740	1.7434	0.72892	177.937
-24.00	111.76	168.32	383.42	0.8792	1.7425	0.73059	170.783
-23.00	116.84	169.61	384.04	0.8844	1.7416	0.73223	163.788
-22.00	122.10	170.92	384.65	0.8895	1.7405	0.73380	156.856
-21.00	127.54	172.20	385.28	0.8947	1.7397	0.73553	150.767
-20.00	133.18	173.52	385.89	0.8997	1.7387	0.73712	144.450
-19.00	139.01	174.82	386.51	0.9049	1.7378	0.73880	138.728
-18.00	145.03	176.11	387.13	0.9100	1.7371	0.74057	133.457
-17.00	151.27	177.43	387.74	0.9151	1.7361	0.74221	128.035
-16.00	157.71	178.74	388.35	0.9201	1.7353	0.74393	123.054
-15.00	164.36	180.04	388.97	0.9253	1.7346	0.74572	118.481
-14.00	171.23	181.35	389.58	0.9303	1.7338	0.74747	113.962
-13.00	178.33	182.67	390.19	0.9354	1.7331	0.74924	109.640
-12.00	185.65	183.99	390.80	0.9404	1.7323	0.75102	105.499

（续）

温度 t /℃	压力 p /kPa	比焓/(kJ/kg)		比熵/[kJ/(kg·K)]		比体积/(L/kg)	
		液体 h'	气体 h''	液体 s'	气体 s''	液体 v'	气体 v''
-11.00	193.20	185.31	391.40	0.9454	1.7316	0.75281	101.566
-10.00	201.00	186.63	392.01	0.9504	1.7309	0.75463	97.832
-9.00	209.03	187.96	392.62	0.9554	1.7302	0.75646	94.243
-8.00	217.32	189.29	393.22	0.9604	1.7295	0.75829	90.783
-7.00	225.85	190.62	393.82	0.9654	1.7289	0.76016	87.527
-6.00	234.65	191.95	394.42	0.9704	1.7283	0.76203	84.374
-5.00	243.71	193.29	395.01	0.9753	1.7276	0.76388	81.304
-4.00	253.04	194.62	395.61	0.9803	1.7270	0.76584	78.495
-3.00	262.64	195.96	396.21	0.9852	1.7265	0.76776	75.747
-2.00	272.52	197.31	396.80	0.9901	1.7258	0.76967	73.063
-1.00	282.68	198.65	397.40	0.9951	1.7254	0.77168	70.601
0.00	293.14	200.00	397.98	1.0000	1.7248	0.77365	68.164
1.00	303.89	201.35	398.57	1.0049	1.7243	0.77565	65.848
2.00	314.94	202.70	399.16	1.0098	1.7238	0.77769	63.645
3.00	326.30	204.06	399.73	1.0146	1.7232	0.77967	61.441
4.00	337.98	205.42	400.32	1.0196	1.7228	0.78176	59.429
5.00	349.96	206.78	400.90	1.0244	1.7223	0.78384	57.470
6.00	362.28	208.14	401.48	1.0293	1.7219	0.78593	55.569
7.00	374.92	209.51	402.05	1.0341	1.7214	0.78805	53.767
8.00	387.90	210.88	402.62	1.0390	1.7210	0.79017	52.002
9.00	401.22	212.25	403.20	1.0438	1.7206	0.79235	50.339
10.00	414.88	213.63	403.76	1.0486	1.7201	0.79453	48.721
11.00	428.90	215.01	404.33	1.0534	1.7197	0.79673	47.176
12.00	443.27	216.39	404.89	1.0583	1.7193	0.79896	45.680
13.00	458.01	217.77	405.45	1.0631	1.7190	0.80120	44.249
14.00	473.12	219.16	406.01	1.0679	1.7186	0.80348	42.866
15.00	488.60	220.55	406.57	1.0727	1.7182	0.80577	41.532
16.00	504.47	221.94	407.12	1.0774	1.7179	0.80810	40.260
17.00	520.73	223.34	407.67	1.0822	1.7175	0.81044	39.016
18.00	537.38	224.74	408.21	1.0870	1.7171	0.81281	37.823
19.00	554.43	226.14	408.76	1.0917	1.7168	0.81520	36.682
20.00	571.88	227.55	409.30	1.0965	1.7165	0.81762	35.576
21.00	589.75	228.96	409.84	1.1012	1.7162	0.82007	34.503
22.00	608.04	230.37	410.37	1.1060	1.7158	0.82255	33.475
23.00	626.76	231.79	410.90	1.1107	1.7155	0.82506	32.486
24.00	645.90	233.20	411.43	1.1154	1.7152	0.82760	31.526
25.00	665.49	234.63	411.96	1.1202	1.7149	0.83017	30.603
26.00	685.52	236.05	412.47	1.1249	1.7146	0.83276	29.703

（续）

温度 t	压力 p	比焓/(kJ/kg)		比熵/[kJ/(kg·K)]		比体积/(L/kg)	
/℃	/kPa	液体 h'	气体 h"	液体 s'	气体 s"	液体 v'	气体 v"
27.00	706.00	237.49	412.99	1.1296	1.7144	0.83539	28.847
28.00	726.93	238.92	413.51	1.1343	1.7141	0.83805	28.008
29.00	748.34	240.36	414.01	1.1390	1.7137	0.84073	27.195
30.00	770.21	241.80	414.52	1.1437	1.7135	0.84347	26.424
31.00	792.56	243.24	415.02	1.1484	1.7132	0.84622	25.663
32.00	815.39	244.69	415.52	1.1531	1.7129	0.84903	24.942
33.00	838.72	246.15	416.01	1.1578	1.7127	0.85186	24.235
34.00	862.54	247.61	416.50	1.1625	1.7124	0.85474	23.551
35.00	886.87	249.07	416.99	1.1672	1.7121	0.85768	22.899
36.00	911.71	250.53	417.45	1.1718	1.7117	0.86051	22.234
37.00	937.07	252.00	417.94	1.1765	1.7116	0.86359	21.634
38.00	962.95	253.48	418.41	1.1812	1.7113	0.86663	21.034
39.00	989.36	254.96	418.87	1.1859	1.7110	0.86971	20.451
40.00	1016.32	256.44	419.34	1.1906	1.7108	0.87284	19.893
41.00	1043.82	257.93	419.79	1.1952	1.7104	0.87601	19.343
42.00	1071.88	259.43	420.24	1.1999	1.7102	0.87922	18.812
43.00	1100.50	260.93	420.69	1.2046	1.7099	0.88254	18.308
44.00	1129.69	262.43	421.11	1.2092	1.7096	0.88579	17.799
45.00	1159.45	263.94	421.55	1.2139	1.7093	0.88919	17.320
46.00	1189.80	265.46	421.97	1.2186	1.7090	0.89261	16.849
47.00	1220.74	266.97	422.39	1.2232	1.7087	0.89604	16.390
48.00	1252.28	268.50	422.81	1.2279	1.7084	0.89965	15.956
49.00	1284.43	270.03	423.22	1.2326	1.7081	0.90325	15.529
50.00	1317.19	271.57	423.62	1.2373	1.7078	0.90694	15.112
51.00	1350.58	273.12	424.01	1.2420	1.7075	0.91067	14.711
52.00	1384.60	274.67	424.39	1.2466	1.7071	0.91448	14.315
53.00	1419.25	276.22	424.77	1.2513	1.7068	0.91834	13.931
54.00	1454.56	277.79	425.15	1.2560	1.7064	0.92231	13.566
55.00	1490.52	279.36	425.51	1.2607	1.7061	0.92634	13.203
56.00	1527.15	280.94	425.86	1.2654	1.7057	0.93045	12.852
57.00	1564.45	282.52	426.20	1.2701	1.7053	0.93464	12.509
58.00	1602.43	284.12	426.54	1.2748	1.7049	0.93893	12.177
59.00	1641.10	285.72	426.87	1.2795	1.7045	0.94330	11.854
60.00	1680.47	287.33	427.18	1.2842	1.7041	0.94775	11.538
61.00	1720.56	288.94	427.48	1.2890	1.7036	0.95232	11.227
62.00	1761.36	290.57	427.79	1.2937	1.7032	0.95702	10.932
63.00	1802.89	292.21	428.07	1.2985	1.7027	0.96181	10.640
64.00	1845.15	293.85	428.34	1.3033	1.7021	0.96672	10.354
65.00	1888.17	295.51	428.61	1.3080	1.7016	0.97175	10.080

（续）

温度 t /℃	压力 p /kPa	比焓/(kJ/kg)		比熵/[kJ/(kg·K)]		比体积/(L/kg)	
		液体 h'	气体 h"	液体 s'	气体 s"	液体 v'	气体 v"
66.00	1931.94	297.17	428.84	1.3128	1.7011	0.97692	9.805
67.00	1976.48	298.85	429.09	1.3176	1.7005	0.98222	9.545
68.00	2021.80	300.53	429.31	1.3225	1.6999	0.98766	9.286
69.00	2067.90	302.23	429.51	1.3273	1.6993	0.99326	9.033
70.00	2114.81	303.94	429.70	1.3321	1.6986	0.99902	8.788
71.00	2162.53	305.67	429.86	1.3370	1.6979	1.00496	8.546
72.00	2211.07	307.41	430.02	1.3419	1.6972	1.01110	8.311
73.00	2260.44	309.16	430.16	1.3469	1.6964	1.01741	8.082
74.00	2310.67	310.93	430.29	1.3518	1.6956	1.02396	7.858
75.00	2361.75	312.71	430.38	1.3568	1.6948	1.03073	7.638
76.00	2413.70	314.51	430.47	1.3618	1.6939	1.03774	7.424
77.00	2466.53	316.33	430.53	1.3668	1.6930	1.04500	7.213
78.00	2520.27	318.17	430.56	1.3719	1.6920	1.05259	7.006
79.00	2574.91	320.03	430.56	1.3771	1.6909	1.06047	6.802
80.00	2630.48	321.92	430.53	1.3822	1.6898	1.06869	6.601
81.00	2687.00	323.82	430.48	1.3874	1.6886	1.07728	6.407
82.00	2744.47	325.76	430.40	1.3927	1.6874	1.08628	6.214
83.00	2802.91	327.72	430.27	1.3981	1.6860	1.09574	6.024
84.00	2862.35	329.71	430.10	1.4035	1.6846	1.10570	5.836
85.00	2922.80	331.74	429.86	1.4089	1.6829	1.11621	5.647
86.00	2984.27	333.80	429.61	1.4145	1.6813	1.12736	5.464
87.00	3046.80	335.91	429.29	1.4202	1.6795	1.13923	5.283
88.00	3110.39	338.05	428.91	1.4259	1.6775	1.15172	5.103
89.00	3175.08	340.27	428.51	1.4318	1.6755	1.16552	4.929
90.00	3240.89	342.54	427.99	1.4379	1.6732	1.18024	4.751
91.00	3307.85	344.88	427.37	1.4441	1.6706	1.19624	4.572
92.00	3375.98	347.31	426.69	1.4505	1.6679	1.21380	4.397
93.00	3445.32	349.83	425.83	1.4572	1.6648	1.23325	4.215
94.00	3515.91	352.48	424.84	1.4642	1.6613	1.25507	4.033
95.00	3587.80	355.23	423.70	1.4714	1.6574	1.27926	3.851
96.00	3661.03	358.27	422.30	1.4794	1.6529	1.30887	3.661
97.00	3735.68	361.53	420.69	1.4880	1.6478	1.34352	3.469
98.00	3811.83	365.18	418.60	1.4975	1.6415	1.38682	3.261
99.00	3889.62	369.47	415.94	1.5088	1.6336	1.44484	3.037
100.00	3969.25	375.04	412.19	1.5234	1.6230	1.53410	2.779

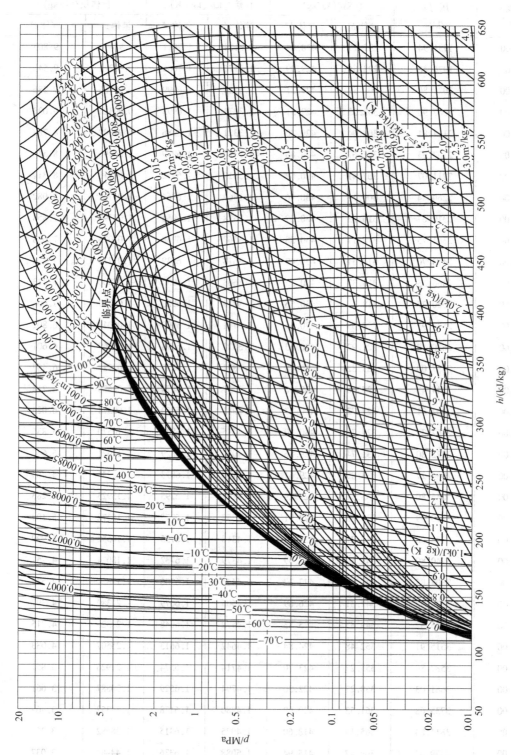

附图 2 R134a 的压-焓图

附录3　R12 饱和液体及饱和蒸气热力性质表、压-焓图

附表3　R12 饱和液体及饱和蒸气热力性质表

温度 t /℃	压力 p /kPa	比焓/(kJ/kg)		比熵/[kJ/(kg·K)]		比体积/(L/kg)	
		液体 h'	气体 h''	液体 s'	气体 s''	液体 v'	气体 v''
−60	22.62	146.463	324.236	0.77977	1.61373	0.63689	637.911
−55	29.98	150.808	326.567	0.79990	1.60552	0.64226	491.000
−50	39.15	155.169	328.897	0.81964	1.59810	0.64782	383.105
−45	50.44	159.549	331.223	0.83901	1.59142	0.65355	302.683
−40	64.17	163.948	333.541	0.85805	1.58539	0.65949	241.910
−35	80.71	168.369	335.849	0.86776	1.57996	0.66563	195.398
−30	100.41	172.810	338.143	0.89516	1.57507	0.67200	159.375
−28	109.27	174.593	339.057	0.90244	1.57326	0.67461	147.275
−26	118.72	176.380	339.968	0.90967	1.57152	0.67726	136.284
−24	128.80	178.171	340.876	0.91686	1.56985	0.67996	126.282
−22	139.53	179.965	341.780	0.94400	1.56825	0.68269	117.167
−20	150.93	181.764	342.682	0.93110	1.56672	0.68547	108.847
−18	163.04	183.567	343.580	0.93816	1.56526	0.68829	101.242
−16	175.89	185.374	344.474	0.94518	1.56385	0.69115	94.2788
−14	189.50	187.185	345.365	0.95216	1.56256	0.69407	87.8951
−12	203.90	189.001	346.252	0.95910	1.56121	0.69703	82.0344
−10	219.12	190.822	347.134	0.96601	1.55997	0.70004	76.6464
−9	227.04	191.734	347.574	0.96945	1.55938	0.70157	74.1155
−8	235.19	192.647	348.012	0.97287	1.55897	0.70310	71.6864
−7	243.55	193.562	348.450	0.97629	1.55822	0.70465	69.3543
−6	252.14	194.477	348.886	0.97971	1.55765	0.70622	67.1146
−5	260.96	195.395	349.321	0.98311	1.55710	0.70780	64.9629
−4	270.01	196.313	349.755	0.98650	1.55657	0.70939	62.8952
−3	279.30	197.233	350.187	0.98989	1.55604	0.71099	60.9075
−2	288.82	198.154	350.619	0.99327	1.55552	0.71261	58.9963
−1	298.59	199.076	351.049	0.99664	1.55502	0.71425	57.1579
0	308.61	200.00	351.477	1.00000	1.55452	0.71590	55.3892
1	318.88	200.925	351.905	1.00335	1.55404	0.71756	53.6869
2	329.40	201.852	352.331	1.00670	1.55356	0.71924	52.0481
3	340.19	202.780	352.755	1.01004	1.55310	0.72094	50.4700
4	351.24	203.710	353.179	1.01337	1.55264	0.72265	48.9499
5	263.55	204.642	353.600	1.01670	1.55220	0.72438	47.4853
6	374.14	205.575	354.020	1.02001	1.55176	0.72612	46.0737
7	386.01	206.509	354.439	1.02333	1.55133	0.72788	44.7129
8	398.15	207.445	354.856	1.02663	1.55091	0.72966	43.4006
9	410.58	208.383	355.272	1.02993	1.55050	0.73146	42.1349

（续）

温度 t /℃	压力 p /kPa	比焓/(kJ/kg)		比熵/[kJ/(kg·K)]		比体积/(L/kg)	
		液体 h'	气体 h''	液体 s'	气体 s''	液体 v'	气体 v''
10	423.30	209.323	355.686	1.03322	1.55010	0.73326	40.9137
11	436.31	210.264	356.098	1.03650	1.54970	0.73510	39.7352
12	449.62	211.207	356.509	1.03978	1.54931	0.73695	38.5975
13	463.23	212.152	356.918	1.04305	1.54893	0.73882	37.4991
14	477.14	213.099	357.325	1.04632	1.54856	0.74071	36.4382
15	491.37	214.048	357.730	1.04958	1.54819	0.74262	35.4133
16	505.91	214.998	358.134	1.05284	1.54783	0.74455	34.4230
17	520.76	215.951	358.535	1.05609	1.54748	0.74649	33.4658
18	535.94	216.906	358.935	1.05933	1.54713	0.74846	32.5405
19	551.45	217.863	359.333	1.06258	1.54679	0.75045	31.6457
20	567.29	218.821	359.729	1.06581	1.54645	0.75246	30.7802
21	583.47	219.783	360.122	1.06904	1.54612	0.75449	29.9429
22	599.98	220.746	360.514	1.07227	1.54579	0.75655	29.1327
23	616.84	221.712	360.904	1.07549	1.54547	0.75863	28.3485
24	634.05	222.680	361.291	1.07871	1.54515	0.76073	27.5894
25	651.62	223.650	361.676	1.08193	1.54484	0.76286	26.8542
26	669.54	224.623	362.059	1.08514	1.54453	0.76501	26.1422
27	687.82	225.598	362.439	1.08835	1.54423	0.76718	25.4524
28	706.47	226.576	362.817	1.09155	1.54393	0.76938	24.7840
29	725.50	227.557	363.193	1.09475	1.54363	0.77161	24.1362
30	744.90	228.540	363.566	1.09795	1.54334	0.77386	23.5082
31	764.68	229.526	363.937	1.10115	1.54305	0.77614	22.8993
32	784.85	230.515	364.305	1.10434	1.54276	0.77845	22.3088
33	805.41	231.506	364.670	1.10753	1.54247	0.78079	21.7359
34	826.36	232.501	365.033	1.11072	1.54219	0.78316	21.1802
35	847.72	233.498	365.392	1.11391	1.54191	0.78556	20.6408
36	869.48	234.499	365.749	1.11710	1.54163	0.78799	20.1173
37	891.64	235.503	366.103	1.12028	1.54135	0.79045	19.6081
38	914.23	236.510	366.454	1.12347	1.54107	0.79294	19.1156
39	937.23	237.521	366.802	1.12665	1.54079	0.79546	18.6362
40	960.65	238.535	367.146	1.12984	1.54051	0.79802	18.1706
41	984.51	239.552	367.487	1.13302	1.54024	0.80062	17.7182
42	1008.8	240.574	367.825	1.13620	1.53996	0.80325	17.2785
43	1033.5	241.598	368.160	1.13938	1.53968	0.80592	16.8511
44	1058.7	242.627	368.491	1.14257	1.53941	0.80863	16.4356
45	1084.3	243.659	368.818	1.14575	1.53913	0.81137	16.0316
46	1110.4	244.696	369.141	1.14894	1.53885	0.81416	15.6386
47	1136.9	245.736	369.461	1.15213	1.53856	0.81698	15.2563
48	1163.9	246.781	369.777	1.15532	1.53828	0.81985	14.8844
49	1191.4	247.830	370.088	1.15351	1.53799	0.82277	14.5224
50	1219.3	248.884	370.396	1.16170	1.53770	0.82573	14.1701

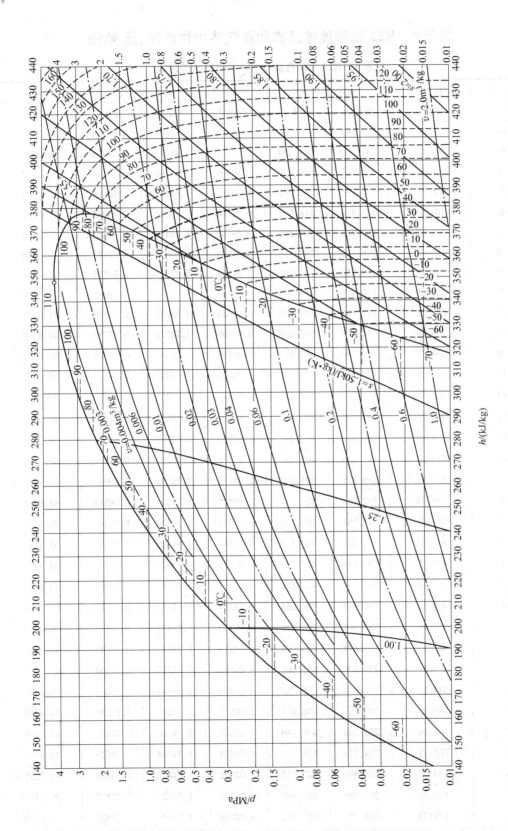

附图 3　R12 的压-焓图

附录4 R22 饱和液体及饱和蒸气热力性质表、压-焓图

附录4 R22 饱和液体及饱和蒸气热力性质表

温度 t /℃	压力 p /kPa	比焓/(kJ/kg)		比熵/[kJ/(kg·K)]		比体积/(L/kg)	
		液体 h'	气体 h"	液体 s'	气体 s"	液体 v'	气体 v"
−60	37.48	134.763	379.114	0.73254	1.87886	0.68208	537.152
−55	49.47	139.830	381.529	0.75599	1.86389	0.68856	414.827
−50	64.39	144.959	383.921	0.77919	1.85000	0.69526	324.557
−45	82.71	150.153	386.282	0.80216	1.83708	0.70219	256.990
−40	104.95	155.414	388.609	0.82490	1.82504	0.70936	205.745
−35	131.68	160.742	390.896	0.84743	1.81380	0.71680	166.400
−30	163.48	166.140	393.138	0.86976	1.80329	0.72452	135.844
−28	177.76	168.318	394.021	0.87864	1.79927	0.72769	125.563
−26	192.99	170.507	394.896	0.88748	1.79535	0.73092	116.214
−24	209.22	172.708	395.762	0.89630	1.79152	0.73420	107.701
−22	226.48	174.919	396.619	0.90509	1.78779	0.73753	99.9362
−20	244.83	177.142	397.467	0.91386	1.78415	0.74091	92.8432
−18	264.29	179.376	398.305	0.92259	1.78059	0.74436	86.3546
−16	284.93	181.622	399.133	0.93129	1.77711	0.74786	80.4103
−14	306.78	183.878	399.951	0.93997	1.77371	0.75143	74.9572
−12	329.89	186.147	400.759	0.94862	1.77039	0.75506	69.9478
−10	354.30	188.426	401.555	0.95725	1.76713	0.75876	65.3399
−9	367.01	189.571	401.949	0.96155	1.76553	0.76063	63.1746
−8	380.06	190.718	402.341	0.06585	1.76394	0.76253	61.0958
−7	393.47	191.868	402.729	0.97014	1.76237	0.76444	59.0996
−6	407.23	193.021	403.114	0.97442	1.76082	0.76636	57.1820
−5	421.35	194.176	403.496	0.97870	1.75928	0.76831	55.3394
−4	435.84	195.335	403.876	0.98297	1.75775	0.77028	53.5682
−3	450.70	196.497	404.252	0.98724	1.75624	0.77226	51.8653
−2	465.94	197.662	404.626	0.99150	1.75475	0.77427	50.2274
−1	481.57	198.828	404.994	0.99575	1.75326	0.77629	48.6517
0	497.59	200.000	405.261	1.00000	1.75279	0.77804	47.1354
1	514.01	201.174	405.724	1.00424	1.75034	0.78041	45.6757
2	540.83	202.351	406.084	1.00848	1.74889	0.78249	44.2702
3	548.06	203.530	406.440	1.01271	1.74746	0.78460	42.9166
4	565.71	204.713	406.793	1.01694	1.74604	0.78673	41.6124
5	583.78	205.899	407.143	1.02116	1.74463	0.78889	40.3556
6	602.28	207.089	407.489	1.02537	1.74324	0.79107	39.1441
7	621.22	208.281	407.831	1.02958	1.74185	0.79327	37.9759

（续）

温度 t	压力 p	比焓/(kJ/kg)		比熵/[kJ/(kg·K)]		比体积/(L/kg)	
/℃	/kPa	液体 h'	气体 h''	液体 s'	气体 s''	液体 v'	气体 v''
8	640.59	209.477	408.169	1.03379	1.74047	0.79549	36.8493
9	660.42	210.675	408.504	1.03799	1.73911	0.79775	35.7624
10	680.70	211.877	408.835	1.04218	1.73775	0.80002	34.7136
11	701.44	213.083	409.162	1.04637	1.73640	0.80232	33.7013
12	722.65	214.291	409.485	1.05056	1.73506	0.80465	32.7239
13	744.33	215.503	409.804	1.05474	1.73373	0.80701	31.7801
14	766.50	216.719	410.119	1.05892	1.73241	0.80939	30.8683
15	789.15	217.937	410.430	1.06309	1.73109	0.81180	29.9874
16	812.29	219.160	410.736	1.06726	1.72978	0.81424	29.1361
17	835.93	220.386	411.038	1.07142	1.72848	0.81671	28.3131
18	860.08	221.615	411.336	1.07559	1.72719	0.81922	27.5173
19	884.75	222.848	411.629	1.07974	1.72590	0.82175	26.7477
20	909.93	224.084	411.918	1.08390	1.72462	0.82431	26.0032
21	935.64	225.324	412.202	1.08805	1.72334	0.82691	25.2829
22	961.89	226.568	412.481	1.09220	1.72206	0.82954	24.5857
23	988.67	227.816	412.755	1.09634	1.72080	0.83221	23.9107
24	1016.0	229.068	413.025	1.10048	1.71953	0.83491	23.2572
25	1043.9	230.324	413.289	1.10462	1.71827	0.83765	22.6242
26	1072.3	231.583	413.548	1.10876	1.71701	0.84043	22.0111
27	1101.4	232.847	413.802	1.11299	1.71576	0.84324	21.4169
28	1130.9	234.115	414.050	1.11703	1.71450	0.84610	20.8411
29	1161.1	235.387	414.293	1.12116	1.71325	0.84899	20.2829
30	1191.9	236.664	414.530	1.12530	1.71200	0.85193	19.7417
31	1223.2	237.944	414.762	1.12943	1.71075	0.85491	19.2168
32	1255.2	239.230	414.987	1.13355	1.70950	0.85793	18.7076
33	1287.8	240.520	415.207	1.13768	1.70826	0.86101	18.2135
34	1321.0	241.814	415.420	1.14181	1.70701	0.86412	17.7341
35	1354.8	243.114	415.627	1.14594	1.70576	0.86729	17.2686
36	1389.0	244.418	415.828	1.15007	1.70450	0.87051	16.8168
37	1424.3	245.727	416.021	1.15420	1.70325	0.87378	16.3779
38	1460.1	247.041	416.208	1.15833	1.70199	0.87710	15.9517
39	1496.5	248.361	416.388	1.16246	1.70073	0.88048	15.5375
40	1533.5	249.686	416.561	1.16655	1.69946	0.88392	15.1351
41	1571.2	251.016	416.726	1.17073	1.69819	0.88741	14.7439
42	1609.6	252.352	416.883	1.17486	1.69692	0.89997	14.3636
43	1648.7	253.694	417.033	1.17900	1.69564	0.89459	13.9938
44	1688.5	255.042	417.174	1.18310	1.69435	0.89828	13.6341
45	1729.0	256.396	417.308	1.18730	1.69305	0.90203	13.2841
46	1770.2	257.756	417.432	1.19145	1.69174	0.90586	12.9436
47	1812.1	259.123	417.548	1.19560	1.69043	0.90976	12.6122
48	1854.8	260.497	417.655	1.19977	1.68911	0.91374	12.2895
49	1898.2	261.877	417.752	1.20393	1.68777	0.91779	11.9753
50	1942.3	263.264	417.838	1.20811	1.68643	0.92193	11.6693

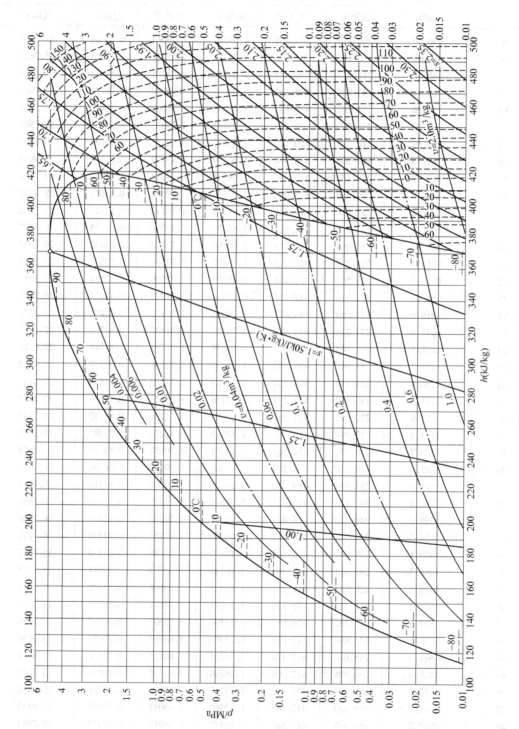

附图 4　R22 的压-焓图

参 考 文 献

[1]   郭庆堂. 实用制冷工程设计手册 [M]. 北京: 中国建筑工业出版社, 1995.
[2]   彦启森. 空气调节用制冷技术 [M]. 北京: 中国建筑工业出版社, 1995.
[3]   姚健行, 等. 空气调节用制冷技术 [M]. 北京: 中国建筑工业出版社, 1996.
[4]   雷霞. 制冷原理 [M]. 北京: 机械工业出版社, 2003.
[5]   李建华. 冷库设计 [M]. 北京: 机械工业出版社, 2003.
[6]   陆耀庆. 实用供热空调设计手册 [M]. 北京: 中国建筑工业出版社, 2002.
[7]   路延魁. 空气调节设计手册 [M]. 北京: 中国建筑工业出版社, 1995.
[8]   杨磊. 制冷技术 [M]. 北京: 科学出版社, 1980.
[9]   李建华. 制冷工艺设计 [M]. 北京: 机械工业出版社, 2008.
[10]   第四机械工业部第十设计研究院. 空气调节手册 [M]. 北京: 中国建筑工业出版社, 1983.
[11]   制冷工程设计手册编写组. 制冷工程设计手册 [M]. 北京: 中国建筑工业出版社, 1978.
[12]   中国制冷协会科普工作委员会. 制冷系统原理、运行、维护 [M]. 北京: 宇航出版社, 1988.
[13]   陈沛霖, 等. 空调与制冷技术手册 [M]. 上海: 同济大学出版社, 1990.
[14]   金文. 制冷装置 [M]. 北京: 化学工业出版社, 2007.
[15]   雒新峰. 供热通风与空调系统运行调节与维护 [M]. 北京: 化学工业出版社, 2005.
[16]   田国庆. 食品冷加工工艺 [M]. 北京: 机械工业出版社, 2008.
[17]   刘泽华, 等. 空调冷热源工程 [M]. 北京: 机械工业出版社, 2005.
[18]   蒋能照, 等. 水源·地源·水环热泵空调技术及应用 [M]. 北京: 机械工业出版社, 2007.
[19]   黄翔. 空调工程 [M]. 北京: 机械工业出版社, 2006.
[20]   徐伟. 地源热泵工程技术指南 [M]. 北京: 中国建筑工业出版社, 2001.
[21]   马最良, 等. 水环热泵空调系统设计 [M]. 北京: 化学工业出版社, 2004.
[22]   易新, 等. 现代空调用制冷技术 [M]. 北京: 机械工业出版社, 2003.
[23]   汪善国. 空调与制冷技术手册 [M]. 北京: 机械工业出版社, 2006.
[24]   华泽钊, 等. 蓄冷技术及其在空调工程中的应用 [M]. 北京: 科学出版社, 1997.
[25]   和耀东. 中央空调 [M]. 北京: 冶金工业出版社, 2002.
[26]   赵荣义. 简明空调设计手册 [M]. 北京: 中国建筑工业出版社, 1998.
[27]   汪善国. 空调与制冷技术手册 [M]. 北京: 机械工业出版社, 2006.
[28]   徐勇. 通风与空气调节工程 [M]. 北京: 机械工业出版社, 2007.
[29]   魏龙. 制冷空调机器设备 [M]. 北京: 电子工业出版社, 2007.